现代城市规划丛书

和谐城市的塑造

——关于城市空间形态演变的政治经济学实证分析

王伟强　著

中国建筑工业出版社

图书在版编目(CIP)数据

和谐城市的塑造——关于城市空间形态演变的政治经济学实证分析/王伟强著. —北京：中国建筑工业出版社，2005
(现代城市规划丛书)
ISBN 7-112-07405-3

Ⅰ. 和...　Ⅱ. 王...　Ⅲ. 城市规划-研究-上海市
Ⅳ. TU984.251

中国版本图书馆 CIP 数据核字（2005）第 043691 号

现代城市规划丛书
和谐城市的塑造
——关于城市空间形态演变的政治经济学实证分析
王伟强　著

*

中国建筑工业出版社出版、发行（北京西郊百万庄）
新　华　书　店　经　销
北京嘉泰利德公司制版
北京中科印刷有限公司印刷

*

开本：787×1092 毫米　1/16　印张：14　字数：336 千字
2005 年 6 月第一版　2005 年 6 月第一次印刷
印数：1—3 000 册　定价：**30.00** 元
ISBN 7-112-07405-3
(13359)

如有印装质量问题，可寄本社退换
(邮政编码 100037)

本社网址：http://www.china-abp.com.cn
网上书店：http://www.china-building.com.cn

本书试图建立关于上海城市空间研究的政治经济学的基本分析框架。该框架分为三个层次，第一层次为宏观社会经济层面，主要考察经济全球化、管理分权化、快速市场化背景下的上海城市制度特征；第二层次分析在第一层次作用下的上海城市空间建成环境中资本流动的基本特征；第三层次研究前两个层次投影在上海特定的空间形态上的物质表征。

运用实证研究的手段，基于以上综合的城市空间政治经济学的分析方法，本书通过上海自20世纪90年代以来所发生的城市空间演进的案例研究，揭示了城市空间塑造的机制和方式。案例研究涉及新兴的城市地区—上海浦东，城市住宅形态变迁、城市边缘区和正在日益分化的两极——信息化和非正规经济影响下的空间形态等多方面，为研究上海10年发展提供多方位的全新视角。

在实证研究的基础上，本书验证及揭示上海城市空间自20世纪90年代以来快速变迁的基本规律，并反思及批判中国城市空间在快速市场化及经济全球化影响下“决策跟随资本”、“形式跟随利润”的诟病，进而对上海城市空间未来的发展趋势提出优化的建议及策略。

According to the framework of a comprehensive perspective of political economics on urban form, this study carries out analysis on three levels through the case study of Shanghai in 1990s: firstly, to review the institutional characteristics of Shanghai under the macro environment of economic globalization, decentralization and privatization; secondary, to trance the capital flow on urban built environment; thirdly, to figure out the influence of the former two factors upon typical urban space.

Based on the case studies of Shanghai in 1990s, which including the study of New Urban Development Area of Pudong, the commodity residential areas, urban fringe, and the influences of IT development as well as informal economic sector activities, this study not only illustrates a new angel for the overview of Shanghai's dramatic growth in 1990s, but also discusses the way for the future of Shanghai and Chinese cities as well.

序

自20世纪60年代开始，整个世界都在不同程度上经历了一场城市更新和再城市化，信息时代将城市引入再城市化的过程，也出现了全球化的发展。20世纪80年代以来，城市化对中国城市发展的影响是有史以来最深刻而又最剧烈的，从计划经济向市场经济的演变将中国社会带入了转型期，快速的城市化不仅迅速改变了历史城市，也改革了新兴城市的空间结构。在社会逐渐资本化和城市人口膨胀的过程中，一方面，急剧的城市化缺乏理想的城市模式，另一方面，追逐利润和城市建设的短期行为正将传统的城市改变为高密度、高容积的非人性化空间。在欧洲正在反思汽车化，并大力增长公共交通的时候，中国的汽车产业正准备以每年600万辆的速度将城市带入汽车化的时代。汽车化冲击着传统的城市街道空间，正在摧毁历史城市的结构，造成了城市的无序蔓延和扩张。一系列的资源和环境问题也不断引发，已经关系到国家能源安全、水安全和土地安全。

自20世纪90年代以来，上海的城市空间经历了城市历史上自1843年开埠以来的第二次彻底变革，这一变革至今依然方兴未艾。1990年以来浦东地区的开发，2000年以来上海郊区及辅城的建设，2010年上海世博会的举办，这三项相互影响、互为因果、又相互独立演变的大事件，正在彻底改变上海的城市空间结构，乃至影响到中国许多城市的空间结构。

每座城市都有属于她独特的空间结构，空间不仅是形态的问题，是历史形成的城市创造力和城市精神的表现。从深层次上看，城市空间体现了城市和社会的理想、经济、信仰、制度、伦理和价值观。城市空间是人与社会生活的反映，有什么样的人，什么样的社会，什么样的政治经济体系，就会有什么样的城市和城市空间。城市体现了国家的意识形态和社会制度，城市是政治经济的产物，也是我们的生活与生产伦理的产物。

1990年的浦东开放和开发标志着上海城市空间进入后现代化和再城市化阶段的开始，上海正在建设一种理想化的密集型城市。这是一种理想化的综合功能城市，一种有完善的公共交通及市政基础设施的城市，一种高效率的城市，生态适宜的城市，美观的城市，一种富于创造精神的城市，一种在她的市民中相互之间有着密切的邻里关系、易于交往的城市，一种居民和建筑相对密集、又适宜居住的城市，一种多中心的网络城市，一种多重活动、多重功能叠合与包容的城市。浦东的发展带来了产业结构和城市空间结构的根本变化，将原有的黄浦江沿岸的生产空间转型为生活空间，使原有的边缘空间转化为城市空间的中心。由此产生了自2000年以来黄浦江两岸的改造和公共开放空间的进步，开始了上海再城市化的过程。

近10年来，上海的城市建设经历了根本性的变化，创立了举世瞩目的成就。上海的城市建设和社会经济一样，取得了前所未有的发展，不仅是城市的结构更趋合理，城市的整体环境也在向国际一流的水平迈进，上海也被评为中国最适宜居住的城市。经过上海市新的一轮总体规划的修编以及各个区县详细规划和修建性详细规划的编制，建设与规划脱节，规划落后于建设的被动局面得到了根本的扭转。上海城市的总体发展正在从规模性的建设，走向深层次的功能性开发。上海的城市建设与空间环境也正由单纯的追求新颖和变化，转向追求品质、追求实质、追求功能和追求结构性发展。无论是规划水平、设计水平或是建设水平都有了极大的进步，城市环境和生活品质有了很大的提高，为上海成为21世纪的国际大都市奠定了坚实的基础。也正是在这一政治经济动力的推动下，自2000年开始，上海的城市发展将视野向效区拓展。2003年的上海城市规划工作会议又确立了建设嘉定、松江和临港新城三座辅城的战略发展目标。

城市空间不仅是物质的空间，更是文化和政治经济的空间，城市空间的形成不仅有物质层面的因素，更有文化和政治经济因素。20世纪90年代是上海发生历史性巨变的时代，城市基础设施建设全面展开，城市面貌发生了日新月异的变化。以金融、商贸、交通通信、房地产和旅游等为主的第三产业和高新技术产业迅猛发展，跨国公司投资项目迅速集聚，城市功能从工商业城市发展成为经济资源集聚的中心和多功能的经济中心城市。上海对长江三角洲和全国的集聚和辐射作用日益扩大，城市的社会经济发展为全世界所瞩目。

王伟强博士长期以来致力于城市空间结构的研究，而且不仅在理论研究上，同时也用他的研究和规划、设计实践亲身参与了上海城市空间结构的发展变化，这本专著就是他的理论研究成果。王伟强博士认为，城市空间形态的演变背后有着深层的原因，是跨学科研究的对象。这本专著深入研究了上海城市空间演变的政治经济动力和城市空间形态演变的机制，是对城市空间政治经济学的分析研究。从宏观社会经济、上海城市空间建成环境中资本流动的基本特征和上海特定的空间形态上的物质表征等三个层面上做了实证分析研究。指出城市空间是特定社会经济制度下的产物，因此，要在地缘政治经济影响的分析过程中，将城市空间置于特定社会的生产方式下来考察，强调城市空间在资本积累和资本循环中的功能和作用。

迄今为止，对中国20世纪90年代以来城市空间结构变化的研究分析，基本上限于经济、政策或是城市模式和形态、地理空间模式研究，对上海的城市空间研究则更多的是注重空间形态，或是从经济、市政、城市管理、产业配置的专业层面进行研究，缺乏跨学科的宏观整合。因此，王伟强博士的这本专著填补了这一空白，不仅反思上海城市空间中存在的问题，指出了目前的四种基本矛盾所在，同时也提出了上海城市空间发展的对策，展示了未来发展的前景。

王伟强博士有丰富的学习和工作经历，曾多次赴欧洲和美国考察，不仅博览群书，而且积极从事城市规划、城市设计的研究，参与了北京城市中轴线的城市设计以及上海大都市郊区发展的研究，以及上海世博会的研究。这本专著是他的学术研究的积累，也是他参与上海城市空间发展的成果。

郑时龄

2005年3月

目　录

序　郑时龄
导论

第一章　城市空间的政治经济学 …… 5

1.1　城市空间的概念框架 …… 5
1.2　城市空间形态研究与城市研究 …… 7
1.3　1970年代以来西方城市研究的主要理论 …… 12
1.4　建构综合的城市空间政治经济学 …… 31
1.5　本章小结 …… 32

第二章　上海城市空间的生产方式 …… 33

2.1　中国城市空间研究的动态 …… 33
2.2　城市空间的全球化——政治经济学分析 …… 35
2.3　城市空间的塑造者——城市空间的行为学分析 …… 46
2.4　典型城市空间的分析——资本流动趋向与建成环境 …… 56
2.5　本章小结 …… 57

第三章　新兴的城市地区——浦东 …… 58

3.1　1990年代中国政治经济发展的实验品——浦东 …… 59
3.2　浦东—上海经济一体化的进程 …… 65
3.3　浦东—上海城市空间结构演进的共时性 …… 71
3.4　陆家嘴金融贸易中心区的崛起 …… 76
3.5　本章小结 …… 87

第四章　大城市边缘区城市形态变迁——长征镇 …… 89

4.1　大城市边缘区的概念 …… 89
4.2　大城市边缘区城市形态变迁的内涵 …… 92
4.3　长征镇的城市形态变迁的背景 …… 95
4.4　长征镇社会经济形态的变迁 …… 97
4.5　地方政府的作用——长征镇政府的积极市场干预 …… 99
4.6　跨国公司的投资——上海锦江麦德龙购物中心 …… 104
4.7　长征镇空间形态的变迁 …… 106
4.8　城市空间形态塑造的策略探讨 …… 108
4.9　本章小结 …… 110

第五章　住宅的市场化开发对上海城市形态的影响 …… 112

5.1　上海房地产开发建设的市场化变革 …… 112
5.2　FDI 对上海房地产市场的影响 …… 117
5.3　住宅市场化开发的机制分析 …… 121
5.4　住宅市场化开发影响下的上海空间形态变迁 …… 132
5.5　本章小结 …… 147

第六章　分化的两极——信息化与非正规经济活动的空间投影 …… 149

6.1　同步增长的信息化和非正规经济进程 …… 149
6.2　上海信息化进程 …… 149
6.3　上海的非正规经济活动 …… 163
6.4　“数字鸿沟”与“财富鸿沟” …… 176
6.5　城市空间结构的分异 …… 182
6.6　政府对城市空间分异的反应 …… 185
6.7　本章小结 …… 187

第七章　上海城市空间的未来 …… 189

7.1　上海城市空间发展的反思 …… 189
7.2　上海城市空间发展的对策 …… 200
7.3　本章小结 …… 205

参考文献 …… 207

Contents

Preface **Prof. Zheng Shiling**

Introduction

Chapter One The political economics of urban space ······ 5

1.1 The concept of urban space ······ 5

1.2 Urban form studies and urban studies ······ 7

1.3 Major theories of urban studies in western countries since 1970s ······ 12

1.4 Building a comprehensive framework of the political economics of urban space ··· 31

1.5 Summary ······ 32

Chapter Two The production of Shanghai urban form ······ 33

2.1 Brief review of urban form studies in China ······ 33

2.2 Globalization of urban form—the perspective of political economics approach ······ 35

2.3 Builders of urban form—the perspective of behaviors approach ······ 46

2.4 Analysis on specific urban form—capital flow and built-up environment ······ 56

2.5 Summary ······ 57

Chapter Three The new urban development area—Pudong ······ 58

3.1 The experiment of economic development in China in 1990s—Pudong ······ 59

3.2 The process of economic integration of Pudong and Shanghai ······ 65

3.3 The synchronic evolution of Shanghai urban spacial structure ······ 71

3.4 The rise of Lujiazui CBD ······ 76

3.5 Summary ······ 87

Chapter Four The urban form changes in urban fringe—Changzheng Town ······ 89

4.1 The concept of urban fringe ······ 89

4.2 The intension of the urban form changes in urban fringe ······ 92

4.3 The background of urban form changes in Changzheng Town ······ 95

4.4 The changes of social pattern in Changzheng Town ······ 97

4.5 The role of local government—the positive intervention by the government of Changzheng Town ······ 99

4.6 The foreign investment of multi-country company—the case of Jingjiang-Metro Supermarket ······ 104

4.7 The urban form changes in Changzheng Town 106
4.8 Discussion on the strategy for shaping urban form 108
4.9 Summary 110

Chapter Five Private housing development and its impact on urban form of Shanghai 112

5.1 The reform of real estate development mechanism by market operation in Shanghai 112
5.2 FDI and its impact on real estate development in Shanghai 117
5.3 The mechanism analysis of private housing development 121
5.4 Private housing development and its impact on changes of urban form in Shanghai 132
5.5 Summary 147

Chapter Six The polarization of the urban form—the influence by IT development and the informal economic sector 149

6.1 The IT development grows in pace with the increase of the activities of informal economic sector 149
6.2 The IT development process in Shanghai 149
6.3 The informal economic sector in Shanghai 163
6.4 "The digital gap" and "the fortune gap" 176
6.5 The segmentalization of urban form 182
6.6 The response from government 185
6.7 Summary 187

Chapter Seven The future of urban form of Shanghai 189

7.1 Introspection of the development of urban form in Shanghai 189
7.2 The strategy of the development of urban form in Shanghai 200
7.3 Summary 205

Reference 207

导 论

英国人文地理学者马西（Doreen Massy）曾经以地质学（geology）作为隐喻分析历史和空间。她认为地理学不可只看地表，一轮轮的资本积累勾连着特定的社会关系而堆叠出一层层的地层组织，形成我们看得见的地理空间形式。

自20世纪80年代以来，世界大城市正在经历一场深刻的空间结构的重构。伴随着世界经济格局的重组，全球经济一体化的进程，城市与区域的演进也进入了一个活跃时期，其空间结构演变与重组已成为世界范围内研究的热点课题。城市空间已日益成为一个跨学科的研究对象，不同学科从各自的研究视角，探讨城市空间构成及其意义，试图研究城市空间形态演进的机制。

本书将对城市空间的研究，理解为是综合的城市研究，指出需要建立综合的城市空间研究的政治经济学观。所谓综合观，即不仅需要研究在特定社会形态下的资本运动轨迹对城市空间的影响，并同样重要地需要研究参与该社会过程的各利益团体的行为动机，这样才能全面地解析城市空间形态变迁的机制。全书以上海作为主要实证研究的对象，探讨了中国城市在经济全球化、管理分权化、快速市场化的宏观政治经济背景影响下的城市空间形态的变迁及其机制，旨在为中国城市空间研究走向多元化探索一种积极的途径。

中国城市自20世纪80年代开始进行城市经济改革，步入从计划经济向市场经济的转型期，城市化的进程和城市现代化的进程也以空前速度发展，并带来了城市空间形态及结构的剧烈变迁。尤其是20世纪90年代以来，随着中国越来越主动地加入世界经济一体化的进程，对城市发展的战略及城市空间形态的演进亦带来深远的影响。

中国的城市自1990年代以来的变革，以上海的发展最为瞩目。借助浦东开发的契机，从1990年代开始，上海走到了中国改革开放的最前沿。1990年代的上海城市发展是在特定城市经济和社会形态的转型中进行的，其特殊性表现在，一方面，在于其压缩在不到20年内的跳跃式发展；另一方面，上海的发展直接纳入了信息化和全球经济一体化的新形势中。

1990年代上海的社会经济制度受到了经济全球化、管理分权化、快速市场化的强烈影响，越来越迅速地加入世界经济的体系中，并将世界城市作为发展的目标与定位。这一时期上海经济呈现出高速的增长，在城市建成环境中吸收了大规模的来自本地及国内外的资本，城市建设呈现出大规模的开发热潮。从1990年到2000年，是上海发生巨变的10年，在这10年中的建筑建设量相当于上海1990年以前近150年的建设量，快速的城市开发使得上海的城市空间形态呈现明显的演化过程。在这一时期城市的大规模建设中，各利益团体（各级地方政府、跨国公司、各种类型的房地产开发商、城市规划师与建筑师），以及城市居民各自扮演了特定的角色，共同参与了城市空间的塑造。

城市空间结构的形成和变化是城市内部、外部各种社会力量相互作用的物质空间反映。拥有资源或影响力的力量，在相互作用之后的合力的物化，体现为城市空间的重组或扩展。笔者认为应将城市空间视为特定社会经济制度下的产物，必须将城市空间置于特定社会的生产方式下来考察，考察资本积累和资本循环的功能和作用在对城市空间塑造的影响，同时还要注意分析世界政治经济因素对城市社会变迁的影响，特别是经济全球化对中国城市的影响，将城市空间演化过程与社会过程结合起来综合解剖分析，这样才能全面地解析城市空间形态变迁的机制。

我国正处于制度创新时期和经济转轨的过渡时期，无论是行政、法规还是市场都尚未完善，许多情况在其他历史阶段、其他国家地区都没有类似的经验，城市建设具有极大的随机性，城市形态也因而具有明显的中国特色和原生性。迄今为止，国内学者对于中国 1990 年代城市空间结构变化的分析，基本上是出于经济、政策层面，或是空间类型学（建筑空间类型学及地理空间模型）两方面的考虑，并做了大量积极的探讨。本书则试图通过对上海 1990 年代城市空间形态变迁的研究，从综合的社会学和其他学科角度建立中国城市空间研究的综合政治经济学分析框架。通过这样的努力，希望对分析研究其他中国城市空间形态的变迁具有借鉴作用，对研究上海城市空间未来的发展趋势以及制定相应的政策及技术措施具有参考意义，并为中国城市空间研究走向多元化提供了一种积极的途径。

运用实证研究的方法，本书通过对上海 1990 年代城市空间形态变迁重点地区的深入分析，深刻地探讨了中国城市在经济全球化、管理分权化、快速市场化的宏观政治经济背景影响下的城市空间形态的变迁及其机制。主要内容包括以下方面：

第一章，城市空间的政治经济学。通过文献综述，分析和回顾城市空间研究的各类学科方向及方法，如较偏重城市空间的类型学研究建筑与城市规划学及城市地理学，城市空间社会经济属性的社会学和经济学，在重点分析西方近年来城市空间研究的政治经济学和新韦伯主义流派的基础上，指出需要建立综合的城市空间研究的政治经济学观。

第二章，上海城市空间的生产方式。建立在文献综述的基础上，本章提出上海城市空间综合政治经济学分析的基本分析框架。该框架分为三个层次，第一层次为宏观社会经济层面，主要考察经济全球化、管理分权化、快速市场化背景下的上海城市制度特征；第二层次分析在第一层次作用下的上海城市空间建成环境中资本流动的基本特征；第三层次研究前两个层次投影在上海特定的空间形态上的物质表征。

第三、四、五、六章为上海 1990 年代城市空间快速发展的典型案例实证研究。通过考察及研究上海典型快速发展的城市空间建成环境（城市新兴地区、城市边缘区、住宅社区、信息化及非正规经济活动影响下的空间分异）中资本流动的基本特征及相对应的物质空间表征，印证制度的变迁及社会各利益团体的行为对 1990 年代上海城市空间形态变迁的综合作用。案例研究在结构上分为两组，第一组（第三章，第四章）着重于不同的政府及政策机制运作下城市空间形态的变迁内涵；第二组（第五章，第六章）着重城市经济市场化机制运作下城市空间的分异趋势。

第三章，新兴的城市地区——浦东。1990 年代上海浦东的开发是中国政治经济改革的试验场，它既是一项国家发展战略，同时对城市及地区的发展影响重大。在建成区的资本投入方面，可以明显地反映出以经济增长导向为主的城市发展战略快速地塑造及改变了城市空间，并在与整个城市发展的关系中越来越显示出竞争性和独立性。上海浦东的变化明显反映出经济全球化、管理分权化、快速市场化三种趋势在城市空间的综合效应。

第四章，大城市边缘地区的活力——上海城郊长征镇。在我国由计划经济体制向市场经济体制转轨的背景下，创新机制激发了地方政府逐步挣脱行政束缚以及充分利用市场机制的积极性与灵感。通过对上海近郊长征镇近几年来的城市形态变迁过程进行调查研究，发现上海边缘区的经济发展与城市建设具有明显的中国特色和原生性，可以清晰地反映地方政府通过自下而上的发展动力和制度创新，吸引国际国内资本，快速刺激农业经济向城市经济转化，促进地方经济市场化发展的态度及行动，对大城市边缘区的城市空间形态形成及变迁起着举足轻重的作用。

第五章，住宅市场化开发下的城市住宅空间形态的变迁。居住改变生活，改变城市。1990年代上海大力推行住宅市场化，传统的城市居住形态、地域格局产生了剧烈的变化。房地产业的发展与运作对城市规划的实施起着相当重要的作用，房地产的开发才真正完成了城市规划实质环境建设的目标。从上海市城市房地产开发量的分析，住宅开发占据了3/4,因此住宅开发对上海城市空间形态变迁的影响重大。同时在上海住宅空间形态的10年变迁中，也明显地反映出国际资本及民间资本的综合影响，以及各区县地方政府的竞争对住宅空间塑造的作用。

第六章，分化的两极——信息化与非正规经济活动的空间投影。信息化作为全球化的重要特征，信息化进程不仅导致城市社会经济结构重组，并且直接影响城市空间结构的重组。随着上海快速的城市发展以及受全球性信息化进程的影响，城市社会、经济、空间结构的重组趋势日益明显。同时，伴随着快速城市化过程，农民工大量涌入城市，但其中仅有一小部分转化为城市工人；城市经济结构重组及国营企业体制改革也导致大量显性及隐性的失业工人；这两部分社会群体游离于城市主流社会及正规经济部门，他们的活动不可回避地已开始投影于城市的空间形态。作为上海社会经济快速发展的双生产物，信息化和非正规活动，日益分化的两极，正直接影响城市社会经济形态及城市空间形态。

第七章，上海城市空间发展的反思、批判与对策。在研究上海的基础上，验证及揭示中国城市空间自1990年代以来快速变迁的基本规律，并反思及批判中国城市空间在快速市场化及经济全球化影响下“决策跟随资本”、“形式跟随利润”的诟病，进而对上海城市空间未来的发展趋势提出优化的建议及策略。

第一部分 理论研究
第一章 城市空间的政治经济学
文献综述：
城市空间的概念/城市空间的类型学/城市空间的社会属性/城市空间的政治经济学/城市空间的行为学
第二章 上海城市空间的生产方式
城市空间的政治经济学
经济全球化
分权化
市场化
城市空间的行为学
利益集团的
角色与行为
城市空间的实证研究
第二部分 实证研究
制度机制
行为机制
第三章 新兴城市地区——上海浦东
自上而下的政府制度支持
政府/跨国资本/建筑师
第四章 大城市边缘区——上海城郊长征镇
自下而上的政府制度支持
政府、跨国资本
第五章 住宅空间形态变迁
住宅市场化
政府/发展商/城市居民
第六章 城市空间分异
信息化与非正规经济
政府/城市居民
第三部分 策略研究
第七章 上海城市空间的未来
公平、公正的公共政策
市民社会与公共参与

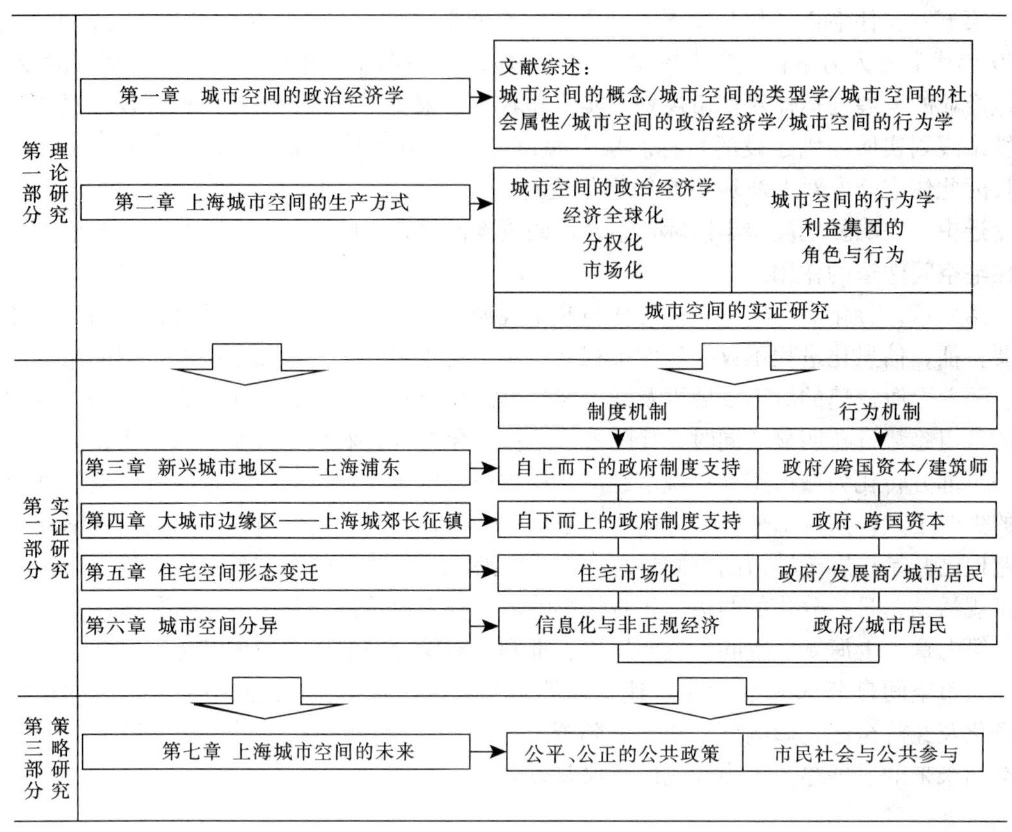

图0－1 本书研究框架

第一章　城市空间的政治经济学

1.1　城市空间的概念框架

1.1.1　空间的概念

从哲学意义上说，世界是在时间和空间中按自己固有的规律运动着的物质世界。因而，从属性上看，空间是物质存在的广延性；从结构上看，空间是物质的分布形式和分布范围。一定的体积、一定的位置，就是物质的空间形式。

辩证唯物主义认为，时间、空间和运动着的物质统一而不可分割，物质运动永远发生在空间和时间之内。这一原理得到了科学特别是物理学的证明。在爱因斯坦相对论看来，空间、时间、物质和运动并不是彼此孤立无关，而是紧密联系着的，它们随物质的运动而变化。当物体以接近光速的速度运动时，物体沿运动方向的空间广延性就会缩小，内部过程的时间持续性就会延长，质量就会变重。所以，空间、时间、质量都不是绝对的，而是相对的。相对论所取得的成就证实并丰富了空间、时间、物质和运动之间统一而不可分割的联系。

社会经济活动中的空间范畴并没有脱离哲学意义上空间概念的本质内涵，只是对其中的物质运动形式赋予了特别的含义，这种物质运动就是人类自产生以来就进行着的物质资料的生产以及与之相适应的交换、分配、消费等经济活动，这是人类赖以生存并不断进化发展的物质基础。人类的一切经济活动都是落实在一定的地域空间上的。只要打开地图一看，人们立刻会感到，人的活动绝大部分只集中在有限的地区，而且，一旦形成了集中，它本身就有一种冻结的效果，个别主体很难脱离这个集中，新的主体又被吸引过来。于是，各种集中和它形成的网络形成了整个地区的空间结构，规定了每个立足点的竞争优势。

城市就是人类活动最典型的空间存在。有关城市空间结构与形态演变及其内在机制的研究，是人文科学在城市研究中关注的中心问题。由于城市空间是城市各种活动的载体，各种活动要素及其相互作用直接影响并制约了城市空间分布格局的运动过程，随着人类社会的发展，城市的空间形态的演进已不可能是单一影响因素作用的产物，而是各类影响因素的综合及组合作用的结果。

1.1.2　城市空间要素：物质环境、功能活动、文化价值

富利（Foley，L. D.）和韦伯（Webber，M. M.）是最早试图建构城市空间结构概念框架的学者之一[①]。富利提出了四维的城市空间结构的概念框架。根据富利的观点，城市空

① Foley，L. D.，1964. “An Approach to Metropolitan Spatial Structure” in Webber，M. M，et. al. *Exploration into Urban Structure*，University of Pennsylvanian Press

间的概念框架应是多层面的。首先，城市空间具有三个结构层面，分别是物质环境、功能活动、文化价值，这也可以理解为城市结构的三种要素；第二，城市空间结构包括“空间的”与“非空间的”两种属性，“空间的”是指上述物质环境、功能活动和文化价值三方面在地理上的空间分布，“非空间的”则指除上述空间要素外，在空间中进行的各类文化、社会等活动和现象；第三，对城市空间应从“形式”和“过程”两个方面去理解，形式即空间分布模式与格局，过程即空间的作用模式，形式与过程体现了空间与行为的相互依存性；第四，城市空间结构的演变、发展的历时过程，不但要看到某个阶段的共时态特征，还要将它作为置于历时性的发展链上的一个环节，历史地、动态地去看待和研究，即有必要在城市空间结构的概念框架中引入第四层面，即时间层面。

基于富利的概念框架，韦伯的论述限于城市结构的空间属性，包括形式与过程两个方面。他提出城市空间包括三个要素，即物质要素，指物质空间各要素的位置关系；活动要素，指各种活动的空间分布；互动要素，指城市中的各种“流”，如人流、货币流、信息流、物质流等。

城市空间结构的形式是指物质要素与活动要素的空间分布模式，过程则是指要素之间的相互作用，表现为各种“流”，相应地，城市空间被划分为“静态活动空间”（adapted space），如建筑和“动态活动空间”（channel space），如交通网络，城市空间应被视为在共时态上的形式特征与诸形式相互作用形成的历时性过程的统一体。

1.1.3 城市形态，城市内在的相互作用与组织法则

波纳[①]（Bourne，L. S.）基本上也站在土地的使用形态的角度，在新城市经济学的框架上，进一步地认为城市空间结构的概念是建立在两个相关概念之上的。一是城市的形态，二是城市要素之间的相互作用。城市形态是城市地域内的空间方式或某些要素的安排，如建筑物及其土地利用以及社会集团、经济活动与公共法规。城市的相互作用是相关性、关联性以及流动性。

波纳强调城市空间结构包含了三个要素：城市形态、城市内在的相互作用、组织法则。其研究不仅要研究它的形态而且要研究其形态形成的机制，它的组织法则包括经济原则也包括它的社会规范。在西方城市，按波纳的理解应当有三种因素：土地的竞争性市场，政府与公共法则的功能以及社会行为可接受的标准或规范。波纳认为，城市土地利用方式与强度，决定了城市空间构成的二维基面和基本形态格局，“城市形态”是其表现形式，而要素之间的相互作用，以及城市中各种活动对不同区位的竞租过程，带来的动力与压力及其相关效应，形成了城市空间结构的构成机制。

1.1.4 城市形态形成机制：空间形态与社会过程的互动

波纳的观点可以被认为是城市经济学向政治经济学的过渡，并得到广泛的认同。哈维

---

① Bourne，L. S.，(ed.) 1971. *Internal Structure of the City*, New York: Oxford University Press

Bourne，L. S. and Simmons，J. W.，1978. *Systems of Cities, Readings of Structure, Growth, and Policy*, New York: Oxford University Press

(Harvey, D.) 在波纳研究基础上作了进一步拓展，并提出了一个跨学科的概念框架①。他认为，任何城市理论必须研究空间形态（spatial form）和作为其内在机制的社会过程（social process）之间的相互关系。

他提出传统的城市研究受到社会学科的方法（sociological approach）和地理学科的方法（geographical approach）之间的学科界限的束缚。社会学科的城市研究仅强调社会过程，而地理学科的城市研究只注重空间形态，以致于会出现“空间决定论”与“社会文化决定论”两种不相容的结论。哈维认为，社会过程和空间形式之间是相互作用关系，而非单向的因果关系，城市是一个动态系统，空间作用与社会过程亦始终处于相互循环作用状态，城市空间所呈现的状态和形态特征乃是一种动态的相对平衡结果，因此，城市研究的突破点就在于社会学科的方法和地理学科的方法之间建立“交互界面”（interface）。

1.2 城市空间形态研究与城市研究

1.2.1 城市空间形态的类型学

关于城市空间形态研究，早期的研究基本是以纵向历史学分析的方法，偏重于空间形态演化的类型学研究，这无论在建筑学、城市规划学界，还是城市地理学界，都已形成了多种成熟而正统的理论及研究范式。

有学者对城市空间形态研究的发展归纳出以下不同的空间研究领域②：

(1) 构成空间基本母型之“原型”（Prototype）（神秘主义或自然主义的空间研究）；

(2) 不同文化或特定时空之空间使用者出现相近的空间行为关系之空间使用“模式”（Pattern）（人文主义或行为主义的空间研究）；

(3) 大量或经常出现而可归纳或演绎出来的空间“模型”（Model）（实证主义的空间研究）；

(4) 经由空间专业者本身经验价值及观点所提出当代具有代表性的空间规划“范型”（Paradigm）（理想主义的空间研究）；

(5) 空间形式相似特征作初步归类之空间“类型”（Type）（理性主义的空间研究）；

(6) 空间客体与使用者主体间互动结构或辩证关系，并重视构架元素与结构过程的空间分析（Structure）（结构主义的空间研究）。

建筑学与城市规划学把城市的产生看作是空间形式的聚合过程，此类研究可以追溯至最初从城市物质空间实体的利用方面来考察的景观（landscape）学派，将城市建筑物、广场、道路、河流等的空间配置类型作为理解城市形态的首要问题。城市的形成基础和发展阶段不同，其形态和土地利用结构也不同，通过比较研究可以认识不同城市之间的异同。另外，建筑高度和材料、城市色彩、城市道路网形态也是分析城市形态的一些重要指标。Jones（1958 年）的研究中，根据建筑物的一些主要特征（如建造年代、使用功能和建筑形式），将城市物质环境划分为五种类型，然后判识城市风貌的空间分布模式。这种研究借鉴了人类学、考古学的历史研究的方法分析城市各历史阶段的城市空间表征，最为经典

① Harvey, D., 1988. *The social Justice and the City*, Oxford: Blackwell

② 廖世璋. 2000. 都市设计应用理论与设计原理. 台北：詹氏书局，P15～16

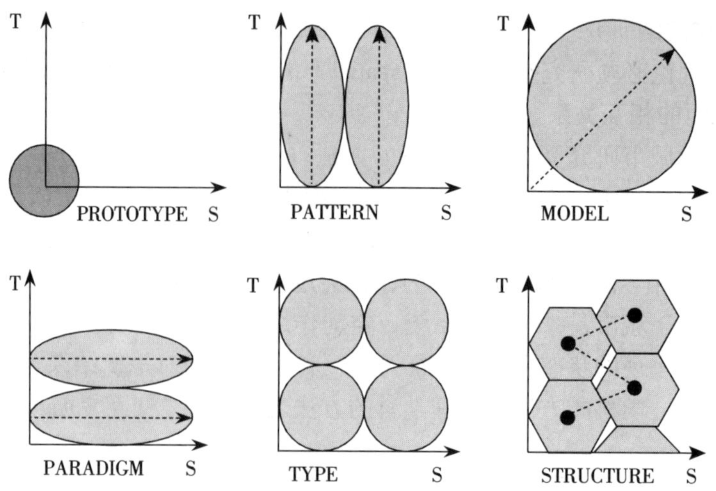

图 1－1 空间轴与时间轴展开分析之各类的空间研究

的著作有“The City Assembled”①，和“The City Shaped”②，以及中国的《华夏意匠》③。

在建筑与城市规划理论层面，图兰西克④在《找寻失落的空间》一书中根据现代城市空间的变迁以及历史实例的研究归纳有三种研究城市空间形态的城市设计理论，即图—底理论（Figure-Ground Theory）；连接理论（Linkage Theory）；场所理论（Place Theory）。同时对应地将这三种理论又归纳为三种关系，即形态关系；拓扑关系及类型关系。

图—底理论在研究城市形态时，从分析建筑实体（Solid mass；图，figure）和开放虚体（Open voids；底，ground）之间的相对比例关系着手，试图通过对城市物质空间的组织加以分析，明确城市形态的空间结构和空间等级，确定城市的积极空间和消极空间。通过比较不同时期城市图底关系的变化，从而分析城市空间发展的规律及方向。

每个城市环境中，实体与虚体都有一个既定的模式。传统城市的三种实体形态分别是：公共纪念物或机构；主要城市街坊外廓及场地；界定边缘的建筑物。城市外部空间由五种机能各异的主要城市虚体形态：私密空间和公共通道上的入口前庭；街坊内廓虚体则为半私密性过渡空间；与街坊外廓相对的容纳城市公共生活的街道和广场网络；与城市建筑形式相反的公园及庭园；与河流、河岸、湿地等主要水域特色有关的线性开放空间系统。

城市的实体与虚体是一组对应的二元关系，虚实相生，同构成为有机的整体。城市虚体必须可以和城市实体空间分割及融合，以提供机能上及视觉上的延续性。建筑物与外部空间形成密不可分、相互结合的关系，如此才能创造出一个整体及人性的城市。欧洲传统的城市空间可以明显地体现这样的图底关系。欧洲传统城市的外部公共空间的形成及其形状、尺度皆依赖于其周围建筑的围合，具有较强的封闭性，即虚体的边缘限定是十分明确

① Kostof, S., 1991. *The City Shapped, Urban Patterns and Meanings Through History.* London: Thames and Hudson Ltd

② Kostof, S., 1992. *The City Assembled, The Elements of Urban Form Through History.* London: Thames and Hudson Ltd

③ 李允鉌. 华夏意匠——中国古典建筑设计原理分析. 中国建筑工业出版社，1985

④ ［美］Roger Trancik. 找寻失落的空间——都市设计理论. 谢庆达译. 台湾田园城市文化事业有限公司，1997. P99～112

的。这样，即使出现图底关系的反转，仍能保持一种图与底的稳定状态。而在现代城市空间中，建筑实体作为城市空间的主角，大片虚体作为背景，建筑物孤立于其中，图底关系不可逆转。由于虚体空间的支离破碎，从而出现了许多消极的“失落的空间”。

图—底理论在说明城市实体－虚体关系时，以抽象的二度平面观点说明城市空间的结构与秩序，不失为一种绘图表现的有效工具，但它基本上提供的只能是静态及二度空间的概念。

连接理论在研究探讨城市形态时则注重以“线”（lines）连接各个城市空间要素（elements）。这些线包括街道、人行步道、线形开放空间，或其他实际连接城市各单元的连接要素，从而组织起一个连接系统和网络，进而建立有秩序的空间结构。在连接理论中，最重要的是视动态交通线为创造城市形态的原动力，因此移动系统和基础设施的效率往往比界定外部空间形态更受关注。

连接关系的建立可以分为两个层面：物质层面和内在动因。在物质层面上，连接表现为用“线”将客体要素加以组织及联系，从而使彼此孤立的要素之间产生关联，进而共同形成一个“关联域”；由于“线”的连接与沟通作用，关联域也就是原来彼此不相干的元素形成相对稳定的有序结构，从而空间的秩序被建立起来。从内在动因而言，通常不仅仅是联系线本身，更重要的是线上的各种“流”，如人流、交通流、物质流、能源流、信息流等内在组织的作用，将各空间要素联系称为一个整体。

连接理论是1960年代最受欢迎的设计思潮，丹下健三是该理论的先驱，槇文彦对此理论亦作出重要贡献。在槇文彦著名的“集体形态之研究”一文中，将这种连接关系视为外部空间的最重要的特征及法则。他提出了城市空间分为三种不同形态，即：组合形态、超大形态及组群形态。在城市设计时，连接是控制建筑物及空间配置的关键。尽管连接理论在界定二元空间方向时，有时无法获得令人满意的结果，但它对理解整体城市形态结构仍是大有裨益的。

场所理论比图—底理论及连接理论更进一步地将人性需求、文化、历史及自然环境等因素列入考虑的范畴。它结合独特形式及环境详细特性的研究，使实质空间更为丰富。本质上，场所理论是根据实质空间的文化及人文特色进行城市设计的。不论是以抽象或实质的观点而言，“空间”是由可进行实质连接、有固定范围或有意义的虚体所组成的。“空间”之所以能成为“场所”的主要原因，是由空间的文化属性所赋予及决定的。正如舒尔茨（Norberg-Schulz）在“场所精神”一书中精辟地指出：

> *“场所就是具有特殊风格的空间。自古以来，场所精神就如同一个具有完整人格的人，如何培养面对及处理日常生活的能力，就建筑而言，意指如何将场所精神具象化、视觉化。建筑师的工作就是创造一个适宜人们聚居的有意义的空间。”*①

尽管场所理论学者持有共同的价值观，但在理论的发展上有不同的研究方向。最具代表的有厄斯金（Erskine，R.）认为保存邻里的独特空间品质比创造社区与周围城市的连续

① Norberg-Schulz，C.，1979. *Genius Loci*. New York：Rizzoli International Publications，Inc

性与和谐更为重要，拉波波特（Rapoport，A.）一直致力将建成环境与人类的活动相结合；新古典主义以正统的设计手法连接新建筑与既有环境，如罗西（Rossi，A）城市空间的类型学；法国的文脉主义则更强调城市空间历史文化价值，反对功能主义强迫城市接受外在抽象设计形式的做法；林奇（Lynch，K.）研究个体在城市中形成的心理地图的过程；安德森（Anderson，S.）则探讨街道的生态体系；库伦（Cullen，G.）探索人类在空间运动次序中的体验；舒尔茨（Norberg-Schulz）的“存在空间”是林奇“城市意象”和库伦空间观的延续与整合；柯若尔（Kroll，L.）则允许业主自己设计等。

勒·柯布西耶不可一世的现代运动曾经对城市设计造成了影响，带来了高层建筑、城镇中心的重建以及几乎无视历史及当地社区的傲慢。于是1960年代以后形成了一套相当完整的城市设计理论，并在英国、西欧以及北美的一些城市得到实践。这一理论的基本点就是承认在城市设计中人的尺度的必要性；通过保留城市地标，渐进的城市更新，尊重地方建筑形式、风格及材料以满足历史社区的需要；重视围隔的重要性，尽管有不同的解释；通过混合使用和规划以实现一个地区人们的安全感。

哈贝马思指出1960年代开始弥漫的变化曾经掀起了行为和思考方式的骚动并影响至城市景观的塑造，伴随着“正统的危机”而引发了“范例的变迁”①。这一时期见证了人们对过去时代魅力意义的追寻，并呼唤多元文化、多重标准、多效的价值观。埃林认为在这范例的变迁中，“城市”及“文化”被重新审视②；鲍尔指出必须重视城市的多元文化，城市文化被认为是可持续的城市更新中的一个重要概念③。通过重新定义“城市”，“文化”开始被重新包含到这一关联性中。“城市”作为文化的“容器”来表现世界真实的和感性的变化。城市设计理论和文化人类学试图解释城市和文化的这一关系，理解城市和文化的交汇，其含义胜过功能。通过“意识中的城市”（city of the mind）、认知地图（cognitive map）④⑤，图式语言（the pattern language）⑥等概念，已成为认识城市的意象、评价好的城市形态以及城市空间结构的一套方法论。

“城市文脉”也已成为城市更新及重建的重要课题。内城复兴中的一种方式是重新将已废弃的仓库作住宅或阁楼居住（loft-living）之用。从城市设计的角度，阁楼居住方式是城市性的和历史主义的，是实现居所和工作场所统一的一种尝试。这种历史保护或复兴包含了对工业化过去的重新估价。朱金（Zukin，S.）指出自动化的增加和人力劳动的减少引发了“对旧的机械装置的艺术崇拜”⑦，正如艺术家们用废旧的工业部件来构成他们的机械装置。因此，与“租金差额”理论不同，这种方式的城市复兴是一种个人生活方式的选择，而并非资本的流动。

当人类社会从工业化快速进化到信息社会的今天，城市社会结构也产生了巨大的变

---

① Habermas, J., 1976. *Legitimation Crisis* (translated by McCarthy, T.), London: Heinemann

② Ellin, N., 1996. *Postmodern Urbanism*, Oxford: Blackwell Publishers Ltd

③ Ball, C., 1985. *Sustainable Urban Renewal: Urban Permaculture in Bowden, Brompton and Ridleyton*, Roseville, N. S. W.: Impacts Press

④ Lynch, K., 1960. *The Image of the City*, Cambridge, Mass: MIT Press

⑤ Lynch, K., 1981. *A Theory of Good City Form*, Cambridge, Mass: MIT Press

⑥ Alexander, C., 1977. *A Pattern Language: Towns, Buildings, and Construction*, New York: Oxford University Press

⑦ Zukin, S., 1982. *Loft Living: Culture and Capital in Urban Change*, Baltimore: Johns Hopkins University Press

迁。从建筑与城市规划关于城市空间研究理论的发展脉络可以看出，该领域研究的视角早已跨越了传统的静态二元空间（实虚二元）的研究范式，逐步趋向注重城市空间多元因素的影响，诸如关于动态三维空间（交通向量）；文脉（历史文化向量）；开放（社会政治向量）等方面的研究。传统建筑和城市规划学科也开始突破固有的城市空间表征类型学研究的范式，日益受到更多社会人文学科的影响。

1.2.2 城市空间的社会属性

社会学对城市的确定是根据城市的社会结构、功能和社会特征来下定义。城市被视为在空间上有一定的范围并具有某些特征的社会组织形式。首先以城市社会为对象，说明城市形成发展机制是社会生态学（socio-ecological）方法。其代表为芝加哥学派，受达尔文进化论和古典经济理论的影响，认为不同集团在各种人类活动中的竞争结果是出现了有空间特色的结构。早期的研究借用自然科学中生态学的概念和方法来研究人类社会的形成，故又名人类生态学。帕克（Park，R. E.）、麦肯齐（Mckenzie，R. D.）、伯吉斯（Burgess，E. W.）是其代表人物。最早城市空间的社会属性研究成果可追溯到城市内部空间结构的三种典型模式：伯吉斯的同心圆模式、霍伊特（Hoyt）的扇形模式和哈里斯、厄尔曼（Harris、Ullman）提出的多核心模式。由于社会生态学把人类社区看得过于机械化和一般化，忽视了人类活动背后的文化及传统的影响而招致批判[①]。

在批判社会生态学的基础上，出现了区位论学派和注重人类主观行为的行为学派。区位论从土地资源配置角度出发，研究的是理想状态下的空间经济行为。主要理论有屠能（Thunend）的农业区位理论（1826年），韦伯（Weber）的工业区位理论（1909年），克里斯塔勒（Christaller）的中地理论（1930年），罗瑟（Losch）的市场区位理论（1945年），阿朗索（Alonso）的土地竞标区位理论等。区位理论直到20世纪五六十年代以后，由于统计研究方法和计算机的普及才得到快速发展。然而区位理论关于理想状态的各种假设在现实世界并不存在。作为其改良产物，行为学派开始注重人类活动的主观因素，以及在各种客观因素影响下行为的意识决定过程。1970年代，西方国家的经济不景气和失业率上升，企业选址行为对城市和区域经济发展的影响日益上升，成为行为学派的重要研究领域。研究通过统计分析，判断影响企业选址行为的各种区位因素及其重要程度，以期为政府的区域发展政策提供依据。

1.2.3 城市空间与政治经济体制

20世纪70年代后期，城市形态研究又有了新的发展。随着资本主义社会矛盾的激化，出现考虑产生人类活动各种社会制约的政治、经济制度的结构主义学派（the Structure Approach），包括制度论（Institutional）学派和新马克思主义（Neo-Marxism）学派。制度论研究认为由于受到社会制度的制约，人类行为绝对不是自由的，因此特别重视产生各种社会制度的政治、经济体制。新马克思主义研究则注重社会各阶层之间的力量关系，研究重点在于城市中产生社会不平等现象的政治、经济体制和城市形态的关系。

---

① 蔡禾主编. 城市社会学：理论与视野. 广州：中山大学出版社，2003. P11～19

时至今日，城市空间已经成为一个跨学科的研究对象。不同学科从各自的研究视角，探讨城市空间构成及其意义，试图研究城市空间形态演进的机制。各学科与近年来社会科学主流相结合的研究十分活跃，其中特别是新马克思主义和新韦伯主义给城市研究者开放了更广泛的经济学、政治学、社会学等学科的门户。作为传统注重城市形态学研究的建筑和城市规划学科也顺应整体社会人文思潮的变迁，城市规划与建筑的哲学意义及时代性研究，无不渗透及交融了城市人文研究的思维。今天对于城市空间形态的研究早已逾越了形态学研究的范式，各个学科之间相互借鉴交融，学科的界线已越来越模糊，对于城市空间的研究已成为综合性很强的城市研究。

1.3 1970年代以来西方城市研究的主要理论

1.3.1 城市空间的经济学

19世纪后半叶发展起来的新古典主义经济学，从对于经济体系中注重生产方面的研究转向更注重消费者的选择①。个体的自由、消费者的独立意识、市场机制的收益，所有这些均隐含在新古典主义经济学的理论框架之中，而这一经济学理论至今仍然构成了大多数的西欧及北美城市研究的正统观点。

概括地说，新古典主义经济学把经济描述成由大量的个体家庭及公司构成的。个体公司对购买土地、劳动力及资本、生产要素及要素市场等利润最大化的动机，个体家庭效用最大化及个人满足的动机造成了供给与需求之间的互动，从而在要素和产品市场两方面规范了价格②。总之，新古典主义的分析强调市场的均衡条件，将市场看作是一个协调的、自行规范的系统。家庭、公司、产品市场及要素市场等都纠缠不清地互为关联，牵一发而动全身。

新古典主义经济学是建立在一系列关于完美市场的整体假设的基础之上的，从而引起了对于其非真实性的批评。因此，后来对于新古典主义经济学的修正主要针对了这一弱点。例如，垄断及商品供应垄断的情况受到重视。同时，公共物品（public goods）的分类用于诸如治安保护（police protection）和教育，而这些并不是由市场条件产生的，但却是社会所接受的综合反应。

20世纪60年代以后发展的城市土地经济学，是新城市经济学的核心，是在新古典经济学脉络上产生的空间研究方法。城市土地经济学理论的基石即地租理论，认为土地使用价值及土地价格是由土地市场的供求关系所决定的。每一幅土地都是为了最高的价钱及最佳的用途（highest and best use）而出售的③：最高的价钱意味着最高的竞标者，最佳的用途意味着能够因地制宜地充分发挥土地本身的经济价值。这里“最佳的”指的是它的纯经济性的，而非社会性的含义。

城市土地经济学其模型一般都将城市地域假设成集中生产（综合消费品）的单一中心的同心圆均质地域，进而住宅的需要仅仅与个别地点的规模和立地有关，而与外部效应和

① Mayers, G. and Papageorgious, Y., 1991. “Homo Economics in Perspective”, *Canadian Geographer* 35: P380-399

② Cadwallader, M., 1996. *Urban Geography: An Analytical Approach*, Englewood Cliffs, N. J.: Prentice Hall

③ Alonso, W., 1964. *Land Use: Toward Location and a General Theory of Land Rent*, Cambridge: Harvard University Press

公共部门的政策无关，并且它们各自的活动被反映到市场竞争过程中地租的空间分配上。这种以均质地域假设为基础的新城市经济学的模型被用于长期均衡的土地使用决策中。例如，在居住地立地选择模型中，个别家庭的行动目标是其效用最大化，这时的效用同住宅空间面积、距中心商务区的距离、综合消费品的消费等因素存在函数关系，成比例预算受到限制。由于要获得最大效用，所以离中心地越远居住密度就越小。因此，在自由经济条件下，城市土地扩展的主要内在驱动力是对土地和区位在地产市场上的竞争，市场机制是土地利用变化和区位决策的天然结算场，城市土地利用的空间结构则是市场经济下自发的市场力和竞争性投标过程的结果。

由于新城市经济学的标准模型有很大的局限性，因此，20 世纪 70 年代及其以后进行的许多研究取消了很多假设，扩张了模型。例如，增加了若干中心地、多种运输手段、公害等外部效应、公共财产等约束条件进行研究。在居住地模型上包括了收入变量、住宅选择的多样性、环境质量、居住地上的人种差别等因素。这些约束条件的增加，与行为主义及其以后的新马克思主义、新韦伯主义、人文主义者对新城市经济学研究方法的批评和其自身对问题认识的不断深入是同时进行的。行为主义者之后的人文主义者批评了新城市经济学的研究，把个人缩小为在抽象市场环境中运作的单纯、合理的意向决定单位，并对非人文问题也给予了批评。新马克思主义者对以新城市经济学的研究为基础的新古典主义在意识形态上进行了批判。他们认为新城市经济学派在其研究模型中是以“城市是消费者选择的反映”这一虚构的假设为基础，进而主张城市经济学的研究应转为更有效地促进市场运行、矫正外部效应、限定国家正当干预行为上；他们还批评这些模型把注意力集中到消费者支配和市场过程中，从根本上掩盖了阶级和财产关系等。

1.3.2 城市空间的政治经济学——新马克思主义

从 20 世纪 70 年代后期到现在，在整个城市人文科学领域中，以马克思主义的研究方法进行的研究大为增加，其原因是发达资本主义国家在经历了越来越严重的经济、社会问题之后，人文学家们逐渐重视能够概括资本主义危机的既有学术理论。马克思主义注重研究在历史变化过程中生产力与生产关系之间的矛盾，基于马克思主义的理论，城市空间的政治经济学注重更广阔意义内的城市发展①。

马克思曾特别地指出社会现象是当前生产方式的反映，不同社会形态组织了不同的生产活动。生产方式是相对于生产力（劳动力、资源和劳动工具）和相关联的生产的社会关系的分析性的概念。生产的社会关系使得那些控制了生产工具及劳动力的团体之间产生了阶级冲突。同时，根据马克思学说，资本积累的需要主导了资本家的行为。在资本主义竞争的迫使下，这条规律也成为了个体行为的标志。对劳动力剩余价值的榨取促成了资本积累的过程。

城市空间的政治经济学派，或称之为新马克思主义，从诞生那天起就将城市空间过程放在资本主义生产方式下加以考察，将对城市空间的分析与对资本主义生产方式、资本循环、资本积累、资本危机等社会过程结合起来。城市空间的政治经济学派的理论创始人是

① 蔡禾主编. 城市社会学：理论与视野. 广州：中山大学出版社，2003

法国的理论家列菲弗尔（Lefebvre, H.），在他之后有不少学者展开了对城市空间的政治经济学的思考，主要有罗维斯（Roweis, S.）、斯科特（Scott, A.）、索亚（Soja, E.）、哈维（Harvey, D.）等，不过，论述比较系统且对城市社会学影响比较大的当数哈维。

1. 空间是政治的

列菲弗尔是法国人文马克思主义者，他有关城市的论著主要有《资本主义的生存》、《城市革命》等。列菲弗尔对城市的理论思考包括两个部分，首先他将已有的城市理论和城市实践批判为意识形态。第二是关于空间的资本主义殖民化和城市革命论。列菲弗尔认为，

> *"任何主张，假如它直接或间接地有助于生产关系的再生，那它就是意识形态。因此，意识形态不能脱离实践"*[①]。

也就是说，任何指导人类行为以维持现有社会关系体系的理论都可称为意识形态。他之所以认为那些具有维持特定统治阶级利益实践效果的理论是意识形态，是因为"意识形态的作用正是要确保对被压迫和被剥削的认同"[②]，在这种理论观念下，列菲弗尔对城市规划及支持城市规划的理论进行了意识形态批判。

列菲弗尔认为，已有的城市理论及其所支持的城市规划是把城市空间当作一种纯粹的科学对象，并提出一种规划"科学"，这是一种技术统治论。因为在城市规划中，空间形式被作为既定的东西加以接受，在科学理解空间逻辑的基础上，规划只是一种能带来特定效果的技术干预。换言之，城市理论及其所支持的城市规划是建立在否定空间的内在政治性前提上的，它完全忽视了形塑城市空间的社会关系、经济结构及不同团体间的政治对抗。政治被他们认为是非理性的因素，是从外部强加给空间的，并不构成空间的固有成分。列菲弗尔认为这样的理论就是意识形态，因为它通过空间问题及对空间的非政治化而维持了现状。他指出："有关城市与城市现实的问题并没有被很好了解或认识，因为不论它是存在于思想（意识形态）还是实践中，均没有认识到政治的重要性"[③]。

总之，在列菲弗尔看来，城市经验现象所展现的不是纯客观的事实，而是资本主义制度下的社会关系。若企图从所谓的经验现象中得到通则以建立科学知识，则实质上是假科学之名在维护既有的社会秩序和现状[④]。列菲弗尔认为，他的理论任务就是要通过揭示城市空间组织和空间形式如何是特定资本主义生产方式的产物，以及揭示它们如何有助于这种生产方式所依赖的统治关系的再生产来破除城市意识形态。他明确指出：

> *"空间是政治的。排除了意识形态或政治，空间就不是科学的对象，空间从来就是政治的和策略的……空间，它看起来同质，看起来完全像我们所调查的那样是纯客*

---

① Lefebvre, H., 1976. *The Survival of Capitalism*, London: Allison & Busby

② Lefebvre, H., 1968. *The Sociology of Max*, Allen Lane, P76

③ Lefebvre, H., 1968. *The Sociology of Max*, Allen Lane, P9

④ Lefebvre, H., 1977. "Reflections on the Politics of Space", in Peet, R. (ed) Radical Geography, Chicago: Maaroufa Press, P34

观形式，但它却是社会的产物”①。

*“我们并不谈论一种空间的科学，而是一种空间生产的理论”*②。

正是因为城市空间是资本主义的产物，所以它就被注入了资本主义的逻辑（为利润和剥削劳动力而生产）。因此，他认为我们所应该考虑的不是空间本身是一种科学，而是一种在资本主义社会，空间被生产以及生产过程中矛盾是如何产生的理论。他认为空间生产过程中的基本矛盾就是剥削空间以谋取利润的资本要求与消费空间的人的社会需要之间的矛盾，也就是理论和需要之间的矛盾，交换价值和使用价值之间的矛盾，这种矛盾的政治表现就是政治斗争。根据列菲弗尔的看法，马克思主义先前所揭示的资本主义生产力和生产关系之间的矛盾在发达资本主义已经由于空间的扩张而被克服。在这一资本主义的新阶段，列菲弗尔认为原先的资本主义生产系统枢纽的加工制造业已被建筑和休闲工业取代。资本主义不仅将已有的空间容纳进来，而且它还完全扩展进行的部分。在这种方式下，资本主义空间生产已经将生产剩余价值（这些行业雇佣大量低工资的劳动力，而且特征是资本有机构成低）和实现利润（因为空间商品化已经创造了巨大的新市场）两者融为一体。资本主义已从一种以工业为基础逐步转变到一种以城市为基础的现代资本主义生产，即所谓的“城市革命”。并且认为“城市革命”与早期从农业生产转向工业生产的工业革命类似。

2. 社会空间辩证法

列菲弗尔有关空间的生产及其对社会关系再生产的控制已成为现代资本主义生存关键的思想影响和激发了不少城市研究者的思考。他们纷纷展开了对城市空间进行政治、经济方面的研究。其中一部分人对城市土地问题进行了政治经济分析，对于这些人而言，城市问题是指在现代资本主义社会中城市土地如何通过阶级和国家的相互作用而被利用及管理的问题。也就是说，城市研究的中心问题是解释城市社会的空间组织是如何去反映、表达、协调或影响资本主义社会组织。

罗维斯和斯科特是这种观点的代表。他们的研究揭示出空间组织作为一个因素进入资本积累过程影响了理性投资模式，尤其是城市土地的私人所有权妨碍了空间的最优化使用，因为个人在寻求将其所处地方利益最大化时会忽视其决策的整体影响。另外，资本主义企业投资于某一地方的工厂和设备在某种程度上就得长期留在那里，即使当初吸引他们到这里来的因素由于其他资本家的自私自利决策而不存在。因此，罗维斯和斯科特将这个问题总结为：

“资本主义社会和财产关系带来了有关城市土地问题的两种主要趋势。一方面，商品生产的逻辑和私人对利润的追求要求有效的土地利用模式；但另一方面，由于城

① Lefebvre, H., 1977. “Reflections on the Politics of Space”, in Peet, R. (ed) Radical Geography, Chicago: Maaroufa Press, P34

② Lefebvre, H., 1976. *The Survival of Capitalism*, London: Allison & Busby, P18

*市土地的私人所有和控制导致了偏离这种有效使用模式。”*①

正是在这种背景下，国家试图干预城市系统。利平茨②（Lipietz）认为，国家规划和国家调节就包含着为了资本利益试图重新组织空间，这既包括提供集体所需的公共基础设施以及单个公司需要但又不能或不愿自身来提供的其他资源，还包括由强有力的资本逻辑所强加的反对私人土地占有者，例如为了重新发展而通过强制购买土地。拉马齐③（Lamarche）也指出，国家规划实际上是为私人资本进行播种和收获而清除及准备土地。不过，罗维斯和斯科特认为，由于私人财产所有权这个事实，国家行动总是被限制在其力所能及的范围内。国家既不可能以一贯、理性的方式去直接投资，也不可能定下一个有效的空间模式来强迫所有资本家企业遵循。即使在英国这样的国家，土地使用规划系统本质上仍是一种消极规划，因为当地方政府和战略规划部门将规划提出后，仍然是私人部门决定是否和在哪发展。因此，罗维斯和斯科特认为，城市土地问题的核心是“总体上城市土地的社会化生产与收益的私人化二者之间的矛盾”④。这种矛盾不仅表现为资本和劳动力之间的阶级斗争，也表现为资本不同部分之间的斗争，国家卷入了这种斗争和冲突但又无力解决它。他们因而认为资本循环不仅发生在空间，而且本质上也与空间组织相关联，并受它的影响。

罗维斯和斯科特对城市空间的这种看法的一个重要含义是，空间并不仅仅是一种“容器”，在这种“容器”中某些社会或经济过程得以进行和完成。在空间政治经济学者看来，他们的目的就是要揭示出空间组织形式是如何由它嵌入其中的特定生产组织来生产的，以及它又是如何反作用于这些生产组织的。他们力图将空间过程置于更为广泛的社会经济背景之中来考察。他们认为空间和社会并不是相互分离和独立的实体，社会组织和空间过程不可分离地交织在一起。因为空间是在资本主义社会中产生和形成的，因此它本身就是资本主义社会关系的一种表现。正如拉马齐所指出的，

*“城市必然是建立在它之上的这个社会的意象所制造和产生的”*⑤。

*“社会总是在一种具体的、过去已经形成和建立的空间基础上再创造出它的空间”*⑥。

因此，当资本主义被再生产时，它的空间形式也被再生产；当资本主义经济结构调整

① Roweis, S. and Scott, A., 1978. “The Urban Land Question” in Cox, K. (ed), *Urbanization and Conflicts in Market Societies*, Methuen, P63

② Lipietz, A., 1980. “The structuration of space, the problem of land and spatial policy”, in Le Carney, J., Hudson, R. and Lewis, J. (ed), *Regions in Crisis*, Croom Helm

③ Lamarche, F., 1976. “Property development and the economic foundations of the urban question” in Pickvance, C. (ed), *Urban Sociology: Critical Essays*, Methuen

④ Roweis, S. and Scott, A., 1978. “The Urban Land Question” in Cox, K. (ed), *Urbanization and Conflicts in Market Societies*, Methuen, P72

⑤ Lamarche, F., 1976. “Property development and the economic foundations of the urban question” in Pickvance, C. (ed), *Urban Sociology: Critical Essays*, Methuen, P117

⑥ Lipietz, A., 1980. “The structuration of space, the problem of land and spatial policy”, in Le Carney, J., Hudson, R. and Lewis, J. (ed), *Regions in Crisis*, Croom Helm, P61

以便对面临的危机做出反应时，其空间也将被重构调整。不过，现有的空间安排也会约束和塑造资本主义再生产或重构调整的方式，因为空间在某种程度上已经“固定”或“冻结”在那些已经表达了以前经济活动模式的形式中了。所以，当资本主义经济结构调整时，它立即就会遇到现有空间形式对任何变化的约束和调节。如果空间也发生变化，那么它就只能是这样一种情况，即资本主义在一种已有的空间布局中变化，并且通过它们来变化，而这种已有的空间布局是不能简单地由一种行动意志所重塑的。因此，资本主义组织中的任何变化不仅会具有它们所利用空间的内在固有变化，也会反映在现存的空间安排上。

索亚则提出了“社会空间辩证法”（Social-spatial dialectic），据此阐明他对城市空间的看法。他的观点就是：“有组织的空间结构本身并不具有自身独立建构和转化的规律，它也不是社会生产关系中阶级结构的一种简单表示。相反，它代表了对整个生产关系组成成分的辩证限定，这种关系同时是社会的又是空间的”①。

这种观点认为，在划分为统治和剥削阶级的社会结构与划分为中心与边缘的空间结构之间有一种对应的关系，因为二者都是由相同原因引起（资本主义组织），表达了相同的事情，同时又相互塑造。这种社会空间辩证法的核心就是“社会生活的空间性是社会的物质构成”②。在这种观点看来，表现在空间中的问题（例如国家或地区不均衡发展）是资本主义生产方式矛盾的必然表达，这种矛盾会受到现有空间安排的调节，并因当前空间模式的惰性与新经济势力之间的紧张而加剧。类似地，由空间使用引发的矛盾是资本主义制度内资本家、工人和其他阶层之间冲突的表现。

3. 资本循环的本质

大卫·哈维是美国20世纪70年代以来城市社会学理论研究领域最有影响力的学者之一，他的《社会公正与城市》（1973）、《资本的限制》（1982）、《意识与都市经验》（1985）、《资本的都市化》（1985）、《后现代性的条件》（1989）等均是有影响力的作品。

列菲弗尔的理论思想对哈维产生了极大的影响和启发，但二者又不完全相同。例如，哈维和列菲弗尔均认为在资本主义社会，空间对确保其再生产比以往任何时候都显得更为重要，但哈维并不同意列菲弗尔的城市革命论。同列菲弗尔一样，哈维也是一位坚定的马克思主义者。他认为只有马克思主义才能建构起对资本主义城市过程这一复杂而又丰富的状况进行科学和全面地认识③。哈维认为以往的社会理论家，包括马克思、韦伯、杜尔克姆等的理论都是优先考虑时间和历史，而缺乏对空间和地理的分析。结果就是缺乏将空间及对空间的支配等整合进社会理论中去的概念工具，使得社会理论在经受检验时碰到了许多困扰和尴尬。他认为有必要在马克思主义的基础上，将历史唯物主义发展成历史地理唯物主义，进行理论的创新，以解释空间是如何生产的以及空间生产过程是如何整合进资本主义动态发展及其矛盾中去的，从而为城市过程的理论化开辟道路。

哈维整个理论的焦点是分析资本主义下的城市过程。不过，哈维强调他虽然集中考察

---

① Soja, E., 1980. “The socio-spatial dialectic”, *Annals of the Association of American Geographers*, 70, P208

② Soja, E., 1985, “Regions in context: spatiality, periodicity and the historical geography of the regional question”, *Society and Space*, 3, P177

③ Harvey, D., 1985. *The Urbanization of Capital*, Basil Blackwell Ltd

的是城市化和城市过程，但它们本身并不能独立于资本主义而成为特定的理论分析对象，必须将对它们的理解整合到对更为广阔的资本主义动态发展过程的认识中去。在哈维看来，资本主义下的城市过程是资本积累和阶级斗争这二者互动而产生出来的，他的整个理论也正是围绕城市过程与资本积累及阶级斗争这二者的关系而展开的。

建成环境（built environment）这是哈维城市理论的最重要概念之一。在哈维那里，建成环境是一种包含许多不同元素的复杂混合商品，是一系列的物质结构，它包括道路、码头、沟渠、港口、工厂、货栈仓库、下水道、住房、学校教育机构、文化娱乐机构、办公楼、商店、污水处理系统、公园、停车场等①，哈维认为“建成环境”只是一种极其简化的概念，这样做的目的只是为了尽可能深入地探讨其生产和使用的过程，城市就是由各种各样的建成环境要素混合构成的一种人文物质景观，是人为建构的“第二自然”。城市化和城市过程就是各种建成环境的生产和创建过程。

哈维认为，在资本主义条件下，城市这个建成环境的生产和创建过程是在资本控制和作用下的结果，是资本本身发展需要创建一种适应其生产目的的人文物质景观的后果。简言之，资本主义下的城市化过程是资本的城市化，在这个过程中，城市这个建成环境的生产和创建本身负载了资本主义的逻辑，即为了资本的积累、为了剥削劳动力而生产和创建的，而资本主义下的城市空间生产过程因此也负载了资本主义生产中的矛盾。另外，伴随着资本城市化的是资本主义整个社会关系的城市化，例如通过工作和生活场所的分离，通过资本主义生产和控制系统的重组以及消费过程重组以满足资本主义的需要。而在资本主义社会关系城市化过程中，资本和劳动之间的阶级斗争也从马克思原先所认定的“车间斗争”扩大到包括围绕着建成环境的生产和使用的一系列斗争。

由于哈维主张对城市过程的分析必须放在资本主义系统下进行，因此，他的理论分析的出发点是从资本主义的基本矛盾、资本积累、资本危机、资本循环等开始的，正是资本主义系统的这些决定性因素支配了城市这个建成环境的形成和发展。哈维认为，资本积累的矛盾和阶级斗争这两种矛盾是资本主义同一现实的两个不同方面，它们互相联系和影响并支配着资本主义条件下的城市过程。

在分析资本主义的基本矛盾的基础上，哈维分析资本积累的规律及由资本过度积累所引发的资本危机和资本循环，以及它们对资本主义下的城市过程的影响。他认为研究资本运动的社会政治原因，有能力控制资本的集团才是正在决定资本流向的主体，他们在社会中的价值取向直接地影响资本在城市空间上的运动，从而塑造了城市的空间形式。在城市土地范畴内，城市的建设及再开发是资本主义社会利润动机的基本动力驱使下的结果②。

“相互关联的资本循环”是哈维另一个重要的理论，是对资本主义城市体系分析的重要框架。资本或剩余价值在生产过程中产生，在第一次生产循环中如果有剩余价值，资金将会流入第二次循环。在第二次循环中，资本用作固定资本或消费基金，这些都表现在建造实体性城市环境中。最后资本又会进入第三次循环，用于科学技术、教育、医疗等社会

---

① Harvey, D., 1985. *The Urbanization of Capital*, Basil Blackwell Ltd, P15 ~ 16

② Harvey, D., 1982. *The Limits of Capital*, Oxford: Blackwell

Harvey, D., 1985. *The urbanization of Capital*, Oxford: Blackwell

Harvey, D., 1988. *The social Justice and the City*, Oxford: Blackwell

的支出。进入第三次循环中的资本将取决于国家干预。哈维通过这一分析框架，探讨了城市危机的动力机制和开发及再开发的循环过程。他认为在资本主义社会中，城市的空间形式应该是结构性条件下的地理学的反映。例如，居住的差异性可以解释为是由于资本积累和阶级斗争的结果。最初的资本循环包括在生产之中，过度积累的趋势表现为：由于消费速度导致商品过度生产；利润率下降；及剩余资本。这些问题刺激资本流向第二及第三个循环。

哈维的研究，揭示了在城市建成区内城市开发及再开发的循环过程。资本主义发展始终面临着如何维持过去投资的交换价值的问题，而同时不得不摧毁那些投资的价值，从而腾出空间为了今后的发展与积累。所以，建成区内的旧城更新只有等到以前的投资价值在经济学意义上全部消耗殆尽了，才可能发生。因此，内城复兴可以认为是建成区内的资本重返城市的运动。郊区化其实也是资本从第一个循环流向第二个循环的重要例证①。它反映出郊区吸收经济剩余的重要性以及西方国家在1930年代后鼓励汽车和住房私有化方面的作用②。然而，政治经济学家们对郊区化过程持否定态度，认为只能短期解决由资本积累造成的危机。

史密斯（Smith）基本上与哈维的分析框架一致，在旧城复兴的研究中，他认为资本流回内城是由于“租金差额”（Rent Gap）所引起的③。租金差额指的是资本化了的地租与潜在的地租之间的悬殊。根据史密斯的论点，资本总是流向回报最高的地方，而资本流向郊区是由于内城资本的持续贬值，最终导致了租金差额。当这一差额足够大时，旧城更新的回报开始比其他地方更有挑战性，于是资本又流回了内城。所以，史密斯认为内城复兴主要是资本的作用而并非人的因素。他将资本的运动取代了消费者的偏爱及个人选择的观点，因此也招致了批评。尽管如此，租金差额的理论已经被运用到不少城市的旧城复兴研究之中，并证明确实有租金差额存在。

总之，哈维认为围绕着城市建成环境，劳动力、租金占有者、建筑商这三方的斗争只不过是资本与劳动力之间对立斗争的基本反映。由于有租金占有者和建筑商的参与，他们站在资本和劳动力之间，调节了冲突的形式，因而掩盖了对冲突和斗争真正来源的认识。围绕城市建成环境冲突的表象，反对土地主（房东）或反对城市更新的斗争掩盖了劳资斗争的本质。至于在这三方冲突斗争中出现的资本干预和调节，它只不过是资本一次又一次地把它的筹码用来平衡和有利于资本主义社会秩序再生产的努力而已，它不可能为围绕建成环境的斗争提供什么出路。后来，哈维自己也检讨在《社会正义和城市》一书中所提出的三个循环公式存在实验性和不正确的问题。哈维在其巨著《对资本的限制》中对马克思《资本论》进行了概括性的再解释和再构造，更深刻地表现了《社会正义和城市》后半部分的主题。哈维的研究对城市研究领域的影响深远，至今仍是研究城市问题的基本的重要

---

① Lamarche, F., 1976. “Property development and the economic foundations of the urban question” in Pickvance, C. (ed), *Urban Sociology: Critical Essays*, Methuen Lamarche, F., 1976. “Property development and the economic foundations of the urban question” in Pickvance, C. (ed), *Urban Sociology: Critical Essays*, Methuen, P117

② Castells, M., 1977. *The Urban Question: A Marxist Approach* (translated from the French by Sheridan, A.), London: Edward Arnold

③ Smith, N., 1986. *Gentrification of the City*, Boston, Mass.: Allen & Unwin

Smith, N., 1996. *The New Urban Frontier, Gentrification and the Revanchist City*, New York: Routledge

框架之一。

4. 三元城市系统——政治、经济及意识形态

卡斯泰尔（Castells, M.）的著作被认为是法国结构主义马克思主义学派的城市社会学的代表。与新马克思主义的主流研究注重从生产领域出发研究社会冲突和社会问题的角度不同，卡斯泰尔则从消费领域出发研究当代资本主义城市。

对卡斯泰尔来说最重要的概念，就是集体消费（collective consumption）和由统治阶级进行的国家干预。卡斯泰尔认为，在城市社会学中最根本的研究对象有两个，第一个是空间，第二个是集体消费。空间一直是传统社会学关注的内容，但卡斯泰尔却认为，空间本身只是一个“物质要素”，不是一个“概念单位”，所以，它是一个真实存在的客体，但不是城市社会学的理论对象。能够成为城市社会学研究的理论对象者必须满足一个条件，即“在空间单位和社会单位之间存在一致性”①，而这就是集体消费。集体消费的概念是指“消费过程就其性质和规模，其组织和管理只能是集体供给”②。例如住房、社会公共设施、医疗、教育等。他认为，国家干预是要消除或缓和为创造永久性的消费结构而进行的资本家的投资活动以及在投资过程中所产生的问题。

在《城市问题》③ 一书中卡斯泰尔进一步提出了关于社会系统分析的精辟框架。他将**社会系统划分为综合的政治、意识形态、经济三个部分**。城市系统不能分离于整个社会系统，它是整个系统的一个方面。因此，整体系统中不同部分的联系方式与它们在城市系统中的联系方式是一致的，整体系统的任何变迁都会在城市系统中反映出来。作为构成整体社会系统的政治、意识形态、经济三个部分在城市系统中分别表现为城市管理、城市符号体系和由生产、消费、交换三方面组成的经济过程。城市系统不仅仅是整体系统的一个缩影，而且还在整体系统的关系中扮演着特定的功能，即经济的功能，更具体的就是集体消费。卡斯泰尔以这种观点理解和把握城市这一系统的构成和发展，即城市是集体消费单位，而国家提供教育、医疗、公共服务等集体消费的经费和服务，并逐渐涉及日常性、家庭性劳动力的再生产。

但是，城市系统和制约它的资本主义体系一样，表现出城市危机并陷入自我矛盾。卡斯泰尔还认为，城市规划和国家解决体制上的矛盾而采取的干预手段同社会科学的理论之间存在某些关系。卡斯泰尔的早期著作由于过分抽象，因而受到了来自马克思主义者和非马克思主义研究者的批判，他也接受了那些对自己早期著作进行批判的观点，因而在后期著作中改变了一些重要理论，试图对阶级、政治及城市矛盾间的相互关系进行更加冷静、综合的分析。在卡斯泰尔后期著作《城市和人民》中④，他把焦点放在城市的社会性移动上，并把它定义为，**为了改变历史形成的城市形态和功能以及内在的社会理解和价值而进行的有意识的集体行动**。卡斯泰尔还对马克思主义过去的观点进行了批判。他认为马克思

---

① Castells, M., 1976a. “Is There an Urban Sociology?” in Pickvance, C.(ed), *Urban Sociology: Critical Essays*, Tavistock

② Castells, M., 1976b. “Theory and Ideology in Urban Sociology”, in Pickvance, C.(ed), *Urban Sociology Urban Sociology: Critical Essays*, Tavistock

③ Castells, M., 1977. *The Urban Question: A Marxist Approach* (translated from the French by Sheridan, A.), London: Edward Arnold

④ Castells, M., 1983. *The City and the Grassroots*, London: Edward Arnold

主义的这些观点把诸多理论缩小了，仅仅将它们说成是城市和空间基础上的理论表现。在案例研究中，他想澄清大范围的社会结构和矛盾、其目标的本质、成功及失败的决定因素、对城市意义和城市形态的影响等关系。

20世纪80年代中后期开始，卡斯泰尔将研究的重点聚焦于信息化社会研究上，并形成了包括“信息时代三部曲”（1996、1997、1999）在内的大量著述。在1989年，卡斯泰尔出版了《信息化城市》[①] 一书，标志着关于信息化社会中城市社会空间结构演化的研究领域的重大突破。事实上，《信息化城市》一书也正是卡斯泰尔对信息社会空间结构研究的总纲和理论出发点。卡斯泰尔在《信息化城市》一书中，多角度研究了信息化进程后，提出了“二元化城市”的命题：信息技术带来了前所未有的信息经济，并进而决定了城市社会结构与空间布局的变异，由于信息化发展模式对劳动力结构与资本流动的决定作用，加之地方政府相应作出的种种策略的实施，信息化城市的社会结构将必然地走向两极分化，空间布局则将走向集聚与扩散的并存局面。

1.3.3 城市空间的行为学——新韦伯主义

与新马克思主义同时期的另一个城市研究的重要思潮就是新韦伯主义城市社会学。新韦伯主义将城市视为一个社会——空间系统（a socio-spatial system），它将芝加哥学派城市理论与韦伯社会学的重要概念及方法有机地融合在一起建构自己的理论框架，用以分析和解释与城市空间客体相对应的社会现象。概括来说，传统城市研究中的空间概念是新韦伯主义城市社会学分析的基本出发点，而由城市的社会——空间系统产生的生活机会分配的不平等以及由此引发的社会冲突则是他们分析的焦点。将其称之为“新韦伯主义”是因为他们承袭了韦伯以市场中的生活机会来划分阶级的观点和对行动者行动价值的关注。新韦伯主义的代表人物是雷克斯（Rex，J.）、墨尔（Moore，R.）和帕尔（Pahl，R.）。

新韦伯主义的学术理论与新马克思主义相对立，他们对马克思主义的经济、阶级、国家理论提出了一些不同的观点。“权力”是韦伯的社会学的中心，当个体角色企图实现他们的不同目标时，社会矛盾及冲突就必然地产生了[②]。新韦伯主义主要研究不同机构的行为及动机在城市舞台上的表现。与其他学说相比，这一学派主要关注相关的私营和公共机构的角色在不同的社会系统中的动机，研究植根于特殊的政治体系内意识形态的范畴。与马克思的学说不同，韦伯学派的观点在基本的分析单位上更注重区分角色，而不是阶级。他们认为马克思主义理论中经济和生产资料的占有状况即生产关系，不像马克思所说的那样重要，或在社会阶级的决定上起着很大的作用。韦伯认为，阶级结构如同生产中的所有关系，在消费领域中也通过与市场的交换关系来实现。韦伯观点的重点是制度分析，即研究在先进工业国中官僚作用逐渐增多的事实和支配阶级对国家的相对自律性等问题。韦伯学派注意到日益壮大中的官僚层，确定了对经理人研究的重视性[③]。

---

① ［美］曼纽尔·卡斯泰尔. 信息化城市. 崔保国等译. 南京：江苏人民出版社，2001

② Suanders，P.，1981. *Social Theory and the Urban Question*，New York：Holmes and Meier

③ Leonard，S.，1982. “Urban Manageialism：A Period of Transition?”，*Progress in Human Geography* 6：P190～215

Wilson，D.，1989. “Towards a Revised Urban Manageialism：Local Managers and Community Development Block Grants”，*Political Geography Quarterly* 8：P21～41

1. 住房阶级

新韦伯主义对城市发展的研究起始于20世纪60年代，雷克斯和墨尔通过对英国工业城市伯明翰一个内城区斯巴布鲁克的住房与种族关系的经验研究，提出了“住房阶级”理论，为城市社会学提供了一个新的研究视角和理论框架。这一学说基于系统地对于英国的内城地区细致的社会学分析，尤其关注城市住宅市场中分配结构的存在方式及本质。雷克斯和墨尔①在他们的研究中质疑，稀缺的和理想的住房是通过市场和官僚手段共同完成分配的。不同的集团在住房等级体系中处于不同的位置，为了获得理想的住房而斗争。

雷克斯和墨尔的理论框架体现了伯吉斯同心圆学说与韦伯强调个体行动意义的社会学理论的融合，雷克斯和墨尔将城市视为一个空间结构与社会结构合二为一的特殊体。在他们看来，芝加哥学派（尤其是伯吉斯的学说）的突出贡献在于：随着历史的发展，城市逐渐分化出一个个空间上相互隔离的地段或单元，不同类型的居民生活在不同的城市次级社区（Sub-Communities），并表现出一定的文化特征，雷克斯和墨尔将这一洞见作为他们城市理论的出发点。在对伯明翰住房“区位模式”变迁的考察中，雷克斯和墨尔引出了其理论模型的一个重要前提假设：城市在某种程度上拥有一个趋于一致的地位——价值判断系统。拥有郊外住房被视为是身份和地位的象征、城市居民普遍怀有迁居郊外的愿望，这就使得郊外住房成为一种稀缺资源，而获得这一稀缺资源的途径在城市居民中的分配是不平等的，了解获得稀缺住房类型的途径以及住房在城市人口中的配置状况成为理解城市生活机会分配的关键所在。同时，不同群体对同一种资源的争夺至少构成了一种潜在的冲突。因此，对稀缺住房资源的争夺和由此可能产生的冲突是雷克斯和墨尔理论模型中的两个要点。个人获得稀缺的住房资源主要是通过市场竞争机制和科层制的分配机制两种途径。

雷克斯和墨尔将城市居民划分为五种“住房阶级”：

（1）通过现金购买方式拥有属于自己的住房并住在最令人满意地区的居民。

（2）通过信用贷款方式拥有属于自己的住房并住在最令人满意地区的居民。

（3）住在政府兴建的公共住房的居民。

（4）通过抵押贷款等方式拥有属于自己的住房，但却住在不太令人满意地区的居民。

（5）租住私人住房，住在不太令人满意地区的居民。

雷克斯和墨尔强调“住房阶级”是城市系统本身产生的、建构城市社会关系的独特因素，对解释城市的社会结构和社会冲突有着重要意义。通过市场和科层制方式对稀缺和普遍期望的住房的分配是发生在城市中的基本社会过程。在这一过程中，处在不同住房等级序列中的不同群体不可避免地会发生斗争与冲突。在物质生产领域中发生的为争夺生活机会而进行的阶级斗争同样可以发生在住房消费领域，雷克斯和墨尔将城市生活中为获得稀缺的住房资源而展开的斗争视为另一种形式的阶级斗争。

他们的研究包含两个层面：一方面，是将对住房的研究与主流社会学关注资源分配不平等和阶级斗争的传统紧密地结合在一起；另一方面，他们试图说明城市的空间结构和社会组织是如何通过住房分配体系联系在一起的。在雷克斯和墨尔看来，是否掌握获得稀缺住房资源的途径成了生活机会分配不平等的新模式，对住房资源的争夺可以被看作是阶级

① Rex, J. and Moore, R., 1971. *Race, Community and Conflict: A Study of Sparkbrook*, London: Oxford University Press

斗争的一种，在分析上与生产领域中的阶级斗争相区别。

雷克斯和墨尔有关阶级、阶级斗争的观点主要受韦伯（Weber, M.）思想（尤其是市场情境学说）的启发。与马克思将阶级视为一个真实存在的实体并采用单一标准进行阶级划分的观点不同，韦伯将阶级看作是一个社会学建构，并采用多重标准进行划分，关注的是生活机会在市场中的分配情况而非物质生产领域中的生产方式和生产关系。在韦伯看来，阶级作为一个分类概念在现实世界里将被还原为个体及个体的行动，其本身并不真实存在。阶级划分的标准也不是单一的，即个体可以同时拥有几个不同的阶级身份，例如商业阶级（commercial classes）的划分是根据个体是否具有市场技能为标准；财产阶级（property classes）则是以个体是否拥有可以带来利润的财产为划分标准。个体在市场情境中所处的不同位置形成了他们之间的阶级差别。雷克斯和墨尔强调城市的住房分配体系创造了一个新的阶级划分标准，是否拥有以及拥有何种获得稀缺并被普遍期望的住房的途径使城市居民分化为不同的“住房阶级”。雷克斯和墨尔认为，城市社会学的任务首先是分析不同群体在住房分配系统中的位置，进而研究在何种程度上这些群体中的个人意识到他们在住房分配这一市场情境中相似地位并开始政治化地组织起来去维护或提高他们的地位。

2. 城市经理人

帕尔（Pahl）继承了雷克斯和墨尔的这些观点，但他从与城市稀缺资源接近的社会空间限制要素的角度，阐明了更具有普遍性的理论①，他认为城市资源的不平等分配模式并不是由空间或区位决定的，而是那些在社会系统中占据重要位置的个体的行为后果。在城市生活中，形形色色的守门人（gate keepers）或称之为“城市经理人”（urban managers）决定着不同类型的城市稀缺资源在不同人群中的分配。他的著作促进了对房地产管理人、地主、建筑协会、财政机构等民间要素的作用的研究，尤其是对消除贫民区、政策分配和迁移政策、改善补贴政策、试营住宅的销售等问题的研究；提供了许多住宅体系内运作过程的资料，并强调了供给上的限制因素，对修改按个人意识决定的新古典模型和行为主义模型做出了很大贡献。

帕尔认为由城市资源的稀缺和不平等分配而导致的冲突是任何社会里都不可避免的，问题在于这种冲突是否会演变为有意识、有组织的政治斗争。由于个体在不同类型的城市资源分配体系中的位置并不总是相同的，这就削弱了不平等的强度，明显的城市不平等不一定会马上显现。但帕尔认为，不久的将来，城市居民对城市剥夺的普遍意识将会发展，管理者与被管理者之间的冲突将会加剧：

> *“我不能肯定是否会出现一种争夺稀缺的都市资源和设施的阶级斗争……但可以肯定的是日益增加的政治压力将更多地来自居住地而不是工作场所”*②。

在城市资源分配模式中，受空间和社会的限制性因素影响的城市资源分配以及由此产生的冲突构成了帕尔的城市社会学的主要内容。理论围绕着作为生活机会分配者的城市管

---

① Pahl, R., 1975. *Whose city*? (2^{nd}ed.), Penguin

② 同上

理者（经理人）是如何行动的以及城市资源的不平等分配将形成一种新的阶级斗争形式这两个问题展开。

帕尔对“城市经理人”角色的认识经历了一个从自变量到参变量的自我修正的过程。帕尔最初将城市经理人视为自变量，即作为稀缺资源的分配者和控制者。城市经理人的目标、价值和行动可以用来分析和解释任何既定的资源配置模式。这与雷克斯和墨尔认为政府住房部门的官员、城市规划者、住房资格审批者等人的行为造成了伯明翰住房分配不平等的观点一脉相承。在早期的研究中，帕尔的城市经理人既包括地方长官、住房部门的官员、议会的议员等公共机构中的关键人物，也包括私人机构中的地产代理商、发展商、保险经纪人、建筑协会代表等人。研究旨在发现在多大程度上公共部门和私人部门的重要人物可以达成共识和一致，在多大程度上两类部门间存在着分歧和冲突以及他们对城市等级秩序的形成所起的作用。一些学者受这一观点的启发进行了大量富有成效的经验研究，随着经验研究的深入，城市经理人理论暴露出两个问题：

一是关于城市经理人的概念界定问题。是应该重点考察拥有决策权的位于科层制上层的官员的目标和价值取向，还是应该把注意力放在那些直接与民众进行互动的执行政策的科层制下层官员的身上？还有，对于城市资源的分配来讲，公共部门和私人机构的经理人的行为哪一个更重要？

二是关于城市经理人自主性的问题。帕尔虽然将城市经理人视为自变量来分析，但不否认他在某种程度上仍受到城市空间等因素的限制，后来的研究显示，城市经理人的行动受到的限制远不止于此。以公共部门城市经理人为例，他们的行为不仅受市场因素制约，而且受所处的科层制组织结构的制约。

帕尔接受了批评者的意见，认为自己早期的研究夸大了地方官员的权力和影响力，忽视了国家精英、社会主要制度、市场因素以及私人部门经理人的作用，而后者才是影响城市资源分配的决定性力量。帕尔对城市经理人理论做了重要修正。第一，他对私人领域的经理人和地方科层制行政机构的经理人做了区分，将后者定义为城市经理人；他视城市经理人不再是一个自变量而是一个参变量，扮演着协调私人部门利益与社会需要、（国家）中央政府政策与地方民众要求之间关系的重要角色。第二，帕尔认识到地方政府官员的行为在很大程度上受制于市场机制和国家科层体制。一方面，帕尔仍将地方政府官员的目标、价值取向和行为作为有效的研究对象。另一方面，他将这一分析放置到更加广阔的理论框架中去进行，国家和资本主义经济成为核心变量。换句话说，对城市系统中生活机会分配过程的恰当解释在于将地区层面的资源分配过程和整个社会的资源生产结合起来进行分析①。

在以后的研究中，帕尔逐渐将注意力转移到对发达资本主义社会国家角色的分析上，当代资本主义社会国家角色的转变有其深刻的社会背景，长期以来，西方资本主义国家奉行经济自由主义政策，自由主义作为主流意识形态在政治实践中处于显赫地位，国家扮演着为私人资本的发展提供支持和服务的从属角色。“二战”后，世界格局发生变化，一些主要资本主义国家（尤其是西欧的老牌资本主义国家）的中心地位受到了严重冲击，20 世

① Pahl, R., 1977. “Collective consumption and the state in capitalist and state socialist societies”, in Scase, R. (ed.), *Industrial Society: Class, Cleavage and Control*, Tavistock

纪70年代与自由主义对立的“法团主义”（corporatism）思潮在西欧兴起。“法团主义”认为国家不仅仅是一个象征，它具有集中决策、控制过程、合法参与经济生活、主导工业发展方向的功能，有着自己独立的目标、动力和价值体系、国家的相对自主性和对社会生活的广泛参与使它成为塑造社会的主要力量。“法团主义”反映了资本主义社会中国家角色的重要性不断增强，地位不断上升的普遍事实。

随着对法团主义社会国家角色认识的不断深化，帕尔对城市经理人的分析也趋于深入。在帕尔看来，城市经理人具有典型的两面性：一方面，他们是国家政策的执行者而非制定者。另一方面，城市经理人在如何执行政策方面又不可避免地拥有一定程度的自主权。虽然城市经理人在城市资源分配模式的分析中不是自变量，但它们仍是一个重要的参变量，对城市生活机会的分配产生重要影响。城市经理人的行为不仅受到城市系统中空间逻辑的限制，而且受国家和市场经济的制约，对城市经理人的分析要超越城市系统本身，“再也不能将城市问题和城市研究与整个社会的政治经济分开来了”①。

新韦伯主义为我们提供了又一种对社会本质范畴的洞察力。例如，在城市住宅市场中有不同的机构存在。在住宅生产方面，他们是建造商、开发商和规划师。而在住宅消费方面，他们是房地产经纪人、估价人等②。诺克斯（Knox）③ 定义为是掌握一种稀缺资源的不同经理人（或经营者），包括涉及金融资本、工业资本、商业资本、土地资本和公共服务等方面的众多关键角色。古德切尔德和蒙顿（Goodchild and Munton）④ 指出了在城市土地开发过程中开发商、规划师和土地所有者扮演了重要的角色。基于新韦伯主义分析的框架，不同角色的动机及行为在特殊的社会经济环境下，在城市的发展过程中塑造了城市空间结构的形式。

帕尔的城市经理人理论对城市研究的贡献在于它抓住了发达资本主义社会发展的一条主要脉络，并以此为线索揭示了城市系统的一些重要特点。伴随着西方发达资本主义社会国家地位的上升，国家对经济生活的全面介入改变了传统的统治模式。在城市系统中，地方科层体制中的经理人在城市稀缺资源的配置方面发挥着越来越重要的影响作用，他们的行为不但反映，而且能够加剧或减轻由市场因素造成的不平等。这些科层体制中的官僚和技术专家已经从执行给定目标的工具变为决定自己目标的独立力量。帕尔的“城市经理人理论”通过对城市经理人目标、价值取向以及行动及其行动后果的考察，将研究进一步深入到城市资源分配不平等的内在机制中，其目的不仅在于描述城市分层的静态模式，更在于揭示构成城市社会关系的基本过程。

3. 国家的角色

帕尔最终研究的已不再是城市，而是国家的政治经济，城市作为一个独立的分析对象的独特性被淡化了。为了回应主要来自马克思主义学派的批评，帕尔对他的城市经理人理论进行了修正，将城市经理人的行为放到资本主义政治经济的宏观背景中去考察，其研究

---

① Pahl, R., 1975. *Whose city?* (2nd ed.), Penguin, P6

② Bassett, K. and Shaort, J., 1980. *Housing and Residential Structure: Alternative Approaches*, London: Routledge & K. Paul

③ Knox, P., 1995. *Urban Social Geography: An Introduction*, (3rd ed.), Harlow: Longman

④ Goodchild, R. and Munton, R., 1985. *Development and Landowner, an Analysis of the British Experience*, London: George Allen & Unwin

的兴趣也逐渐转移到对资本主义的国家角色以及国际关系等问题上。这也是20世纪80年代开始新韦伯主义研究的另一个重要方向，注重对城市体系进行了更广泛、更有雄心的分析，其中具有代表性的研究是桑德斯（Suanders）① 在《社会理论和城市问题》中建立的关于城市矛盾、政治和政策建议的研究分析框架。他分析了不同地区的社会消费和社会投资的支出、中央政府和地方政府、多元国家的结构和组合国家的结构。

桑德斯的“双重国家”（dual state）概念的核心是城市的社会投资决定和对全社会消费的决定，前者指影响资本家利润的基础设施的投资与中央及地方政府间的组合主义的政策决定有关，后者则指社会福利费的支出和城市发展水平等与地方政府竞争性的政治斗争有关。桑德斯认为，在住宅、教育、福利等城市水平的社会消费项目周围形成的政治集团化的基础不是阶级，而是靠退休金生活者、老龄层、公共交通利用者等消费集团，并提出这些消费集团的矛盾逐渐成为社会分裂的主要因素的理论。对阶级、政治及城市发展变化的展望最终引致城市经营主义对理论的再认识，此后对城市经营者功能的研究转向联合政治和竞争政治，中央政府和地方政府，以及投资政策及消费政策等问题。他们在特定问题上的这些实验性的研究使新韦伯主义得到了很大的发展。

另外，近年在以新韦伯主义为理论基石的制度学观点为主的国家研究的理论中，关于法律及行政的研究方兴未艾，它们揭示了国家在商品关系中扮演了一个重要角色②。约翰斯顿（Johnston）对地方自治的问题做了清晰的阐释③，国家的政策，无论是地方的、区域的、全国的还是国际性层面的，都直接地或间接地对生产和消费产生了举足轻重的影响。关于“国家”的定义繁多，它代表了众多的公共机构，包括政府、法院制度及警察④。哈维则从另一方面指出国家作为权力的体现过程更甚于一个确定的实体的概念⑤。

有许多关于“国家”的理论认为国家是公共物品和服务的提供者，在资本主义社会中发挥规范和促成市场经济的运行的机制作用⑥。国家也被认为承担了不同的利益集团之间纷争的仲裁者角色。国家提供了一个商品交换的框架，保障产权，通过提供住房、教育、公共卫生和社会服务促进社会生产。它通过制定反垄断法以规范竞争，通过立法制定最低工资和最长工作时间的限制以规范劳动雇佣关系⑦。同时，国家扮演了资本主义生产方式的正统者，通过传播重视商业企业和利润最大化的意识形态以保护一系列特殊的生产关系⑧。

---

① Suanders, P., 1981. *Social Theory and the Urban Question*, New York: Holmes and Meier

② Key, G., and Mott, J., 1982. *Political Order and the Law of Labor*, London: Macmillan
Scott, A., 1980. *The Urban Land Nexus and The State*, London: Pion Limited

③ Johnston, R., 1982. *Geography and the State: An Essay in Political Geography*, London: Longman

④ Miliband, R., 1969. *The State in Capitalist Society*, London: Weidenfeld & Nicolson

⑤ Harvey, D., 1985. *Consciousness and the Urban Experience*, Oxford: Blackwell

⑥ Jessop, B., 1990. *State Theory: Putting the Capitalist State in its Place*, Cambridge, England: Policy Press
Barrow, C. W., 1993. *Critical Theories of the State: Marxist, Neo-Marxist, Post-Marxist*, Madison, Wis.: University of Wisconsin Press

⑦ Clark, W., 1992. "'Real' Regulation: The Administrative State", *Environment and Planning* A 24: P615~627

⑧ Johnston, R., 1984. "Marxist Political Economy, The State and Political Geography", *Progress in Human Geography* 8: P473~492

4. 行为主义研究

行为主义的研究方法种类很多，很难给它下一个确切的定义。行为主义是在批评了新古典经济学的模型、生态学的模型及一般的计量模型对人类行为的分析过于简单化之后产生的。行为主义在模型的建立上，努力引入环境心理学、人类学、组织形态理论等领域里的实在论（realism）。

行为研究是为了寻找人类活动的另外方式①，特别是行为学者们企图将行为学上不完善的“经济人”的概念，及其伴随的关于利润最大化和完善信息的假设，取而代之为一个更为现实的对应体。换而言之，它假设人们有时获得的满足比最理想的利润水平要低，而往往决策总是在信息不完全及不确定的情况下做出的。由于对于不同个体差异的兴趣，行为学的观点以研究个体的、微观层面的数据为特征。它旨在通过社会心理的范畴去理解个体的决策过程②。例如，有些学者在研究有关场所效用、对家具的需求和期待、居住环境压力等意愿决定过程的问题上，试图建立起看来似乎单纯的消费者的购买形态，实际上与大商场的形象有着复杂关系的模型。林奇关于“城市认知地图”的研究，被认为是将行为学方法融入了建筑与城市空间分析的典型案例。

广义地说，土地使用关乎人类的活动。社会行为学派则强调从主观性—意图意向—价值标准—环境情感联系的角度，认识城市土地利用扩展及其对城市空间形态影响机制。他们认为城市土地利用变化是人们日常城市行为与城市空间相互作用的过程，其社会动力机制有四：一是人们日常活动系统的分离机制与土地利用的动态分化；二是收入层次、家庭类型以及种族、少数民族的内聚机制；三是人们的住宅选择行为与生活方式的分化机制；四是政府对城市的管理与调控行为机制。这些机制反映不同土地利用者对城市空间的竞争过程，土地利用变化是他们竞争—协商—共识的行动过程。有些学者认为社会—距离梯度（Social distance gradients）的变化是城市土地利用变化的内在原因，它比空间经济学家所强调的“物质距离”和“成本距离”要重要得多。

蔡平与凯塞尔（Chapin and Kaiser，1979）③ 从土地利用规划的角度认为，城市空间结构涉及城市地区的物质要素与土地使用的秩序与关系（the order and relationship）。城市空间结构是三种主要体系之间的相互作用，即活动体系、土地开发体系等在时空中的持续。活动体系与城市空间结构紧密联系，它涉及包含个人、厂商，以及行政组织事务在追求人类需要时的行为方式，这种需要通过土地开发体系得以实现。土地开发体系包括了每一个土地所有人、开发商、消费者、金融信贷者与代理商。土地开发的结果形成一种类型的土地利用模型。总之，蔡平与凯塞尔将城市空间结构理解为一种物质形态，其中活动体系作为一种需求，土地开发体系作为一种供给，而环境体系则是两者存在与发生的地域。“活动系统”的概念企图先将城市在微观细部层面进行观察，然后运用“系统观点”建立起对整个城市结构的研究框架。

---

① Golledge, R. and Stimson, R., 1997. *Spatial Behavior: A Geographic Perspective*, New York: Guilford Press

② Cadwallader, M., 1996. *Urban Geography: An Analytical Approach*, Englewood Cliffs, N.J.: Prentice Hall

③ Chapin, F. & Kaiser, E., 1979. *Urban Land Use Planning*, (3rd ed). Chicago: University of Illinois Press

对于行为学观点的批评最主要地集中于其主体、客体分离的假设①，它认为世界可以被分成事物的客观世界及人意识中的主观世界，这样使得观察者从被观察的对象中区分开来。就像新古典主义经济学一样，行为学观点只注重研究消费者的偏爱和经济的需求方面，因而行为学观点招致异议。它对个人行为的过分强调、认定和对行为关系过于简单化的理解都成了批评的对象。新马克思主义者和新韦伯主义者均批评行为主义过分忽视由社会结构所决定的限制性因素和所产生的选择，而过分强调个人选择能力的倾向。

1.3.4 城市空间的全球化

20世纪下半叶，世界政治经济及国际关系变化迅速，起伏巨大。世界经济逐渐走向集团化、区域化、国际化，全球一体化的趋势也已经出现并将继续发展。任何一个国家或地区的经济发展和社会生活都已经不同程度地处于一种全球性的背景之下。这是理解当今世界各国及国际社会的经济、政治和社会形势的一个基本立足点，更是观察和预测新世纪人类社会历史变迁的一个重要的参考框架。

就城市研究而言，如果说在20世纪60年代以前，作为主流理论代表者的西方社会科学是把第三世界不发达国家的城市问题当作一个特别的分支，与西方发达国家的城市研究分离开来的话，那么，从20世纪70年代至今的研究趋势，则是把第三世界国家的城市研究纳入到城市社会科学的主流之中来了，城市分析已经采取了全球的尺度。因此，今天的城市研究的重要特征之一，是将世界各国的城市放在一个全球性的经济、政治体系中来加以观察、分析和解释。无疑，对这种研究趋势影响最多的仍然是世界体系论的解释构架，许多社会学家和城市问题研究者据此对世界各国的城市经济重构、社会重构及社区重构，或从全球的范围，或就某一特定的城市社区的范围进行了大量出色的研究。

1. 世界城市与资本国际流动

从全球化发展的基本趋势和结构来看，国际经济过程（包括全球化的经济结构重组和世界市场趋势）乃是城市和区域发展的一种基本动力。

首先，城市、国家与地区的经济与社会发展的差异性主要体现在与世界市场的接轨程度（以及在国际分工之中所处地位）的差异。其次，世界市场的不均衡性又使得以核心国家为中心的带有贸易保护主义色彩的大空间区域化的经济结构成为可能，如欧盟、北美自由贸易区等（相对而言，亚太经济区、南美经济区等的结构化程度似乎滞后一步）。其三，国际金融市场的全球化和超常的扩张，在世界各国形成了一个巨大的再分配过程，核心国家以及其中的世界城市将从边缘国家的广大城镇乡村获得巨额的利润。在这样的宏观背景之下，以跨国公司为核心，以国际金融体系与全球贸易网络为特征的世界经济格局，和以世界城市为核心，以世界各国城市和乡村的等级化为特征的全球区域化格局便紧密地结合在一起，并在某种意义上重叠起来了。世界各国的经济、政治、社会乃至文化生活的各个方面的运作与变迁都处于这样一种全球宏观结构中，并受到其制约和影响。

在全球区域化格局中，仅就世界各国的城市而言，大致可以分为如下几个等级：

（1）具有真正世界经济实力的世界城市（如纽约、东京、伦敦、法兰克福、巴黎等）；

---

① Cox, K., 1981. "Bourgeois Thought and the Behavioral Geography Debate", in Cox, K. and Golledge, R. (ed.), *Behavioral Problems in Geography Revised*, New York: Methuen, P256～279

（2）次级或区域性的国际城市（如香港、大阪、洛杉矶、悉尼、汉城等）；

（3）拥有政治权力的首都，同时也具有经济意义的大城市（如柏林、堪培拉、北京等）；

（4）人口急剧增长，造成庞大聚集的大城市（如圣保罗、墨西哥城、孟买、拉各斯、曼谷等）；

（5）各国国内的区域性中心城市和其他城镇。

世界城市（World City）或全球城市（Global City）概念最初由苏格兰城市规划师格迪斯（Patrick Geddes）于1915年提出。1966年，英国地理学家、规划师彼得·霍尔（Peter Hall）对这一概念作了经典解释，专指已对全世界或大多数国家发生全球性经济、政治、文化影响的国家第一流大都市。霍尔在《世界城市》一书中对这一概念作了全面概括[①]：

（1）世界城市通常是主要的政治权力中心。世界城市还是国家的贸易中心。它们是大港口，进出口货物从此地转运到国内各地和世界其他国家；它们是国家公路和铁路交通的枢纽；是大型国际机场所在地。

（2）世界城市是主要银行的所在地和国家的金融中心。中央银行以及商业银行总部、大保险公司总部和一整套转移的金融保险机构均设在此。

（3）世界城市是各类专业人才聚集的中心，有大学、大医院、国家图书馆、博物馆、法院和各类科学、技术、文艺研究机构。

（4）世界城市是信息汇集和传播的地方，有发达的出版业、新闻以及无线电和电视网总部。

（5）世界城市不仅是大的人口中心，而且集中了相当比例的富裕阶层人口。从历史上看，这里是奢侈品工业和商店最早发展的地方，新的商业经营形式也最早在这里出现。现在世界城市内制造业的生产线已迁往郊区，工业和贸易的重点也转移到最适合都市发展的行业。

（6）随着制造业贸易向更广阔的市场扩展，娱乐业成为世界城市的另一主要产业部门。

霍尔在书中还具体分析了7个世界城市：英国伦敦、法国巴黎、德国莱茵—鲁尔区、荷兰兰斯塔德（阿姆斯特丹、海牙、鹿特丹等城市组成的城市圈）、俄罗斯莫斯科、美国纽约、日本东京。

20世纪80年代出现了对全球化城市的定义，全球化城市不仅是经济协调过程的节点，也是生产的特殊地点，弗雷德曼（Friedmann）提出7项指标来衡量世界城市[②]：

（1）主要的金融中心；

（2）跨国公司的总部所在地；

（3）国际性机构的集中度；

---

① Hall, P., 1984. *The World Cities*. London: Weidenfeld & Nicolson

② Friedmann, J., 1986. The World City Hypothesis, Development and Change. *International of Urban and Regional Research*, Vol. 17, P69~83

（4）商业部门（第三产业）的高度增长；

（5）主要制造业中心（具国际意义的加工工业等）；

（6）世界交通的重要枢纽（尤指港口和国际航空港）；

（7）城市人口达到一定的标准。

依据美英一些学者的观点，世界城市是指在全球或世界某一大区域范围内起到经济枢纽作用，并具有高度现代化的基础设施与国际服务功能，集中世界主要的跨国公司与金融机构，城市人口规模大部分在500万人以上的超级城市，有的已经成为超大型城市群的核心。斯科特（Scott，J）注意到跨国公司在当今世界的全球化过程中发挥着重要作用，而且认为世界经济越来越朝着集约化和相互依存的方向发展。

萨森（Sassen）① 的研究表明，世界经济的全球化促进了生产和销售更加国际化、商品和服务更加市场化，迫切需要在规模上集中控制和进行协调，因此，全球城市的概念呼之欲出。萨森于1990年出版了《全球城市》一书，1994年又发表了《世界城市中的城市》，堪称城市规划领域鼓吹全球化城市的先锋，她积极地探讨了世界经济的快速发展和深远变化对城市的影响，她认为正是世界性的经济造就了城市的生活方式，从而推动了城市的发展。

对于发达国家（核心）的城市，城市研究所关注的问题主要在于：由于世界体系中的全球经济重构的作用，特别是产业结构的全球性调整和新国际分工的影响，造成了城市社区的一系列重构性的变迁，包括工厂关闭，血汗工厂兴起，国外移民涌入，大公司总部的集中和中心商务区的兴起，外围地区的扩张和城市中心的内部萎缩等，以及由此引起的一系列问题。对于不发达国家（边缘）的城市，城市研究的聚焦点集中于过度城市化、非正式经济的兴盛、区域内城市体系不均衡分布以及由此引起的一系列的城市问题。而边缘国家的城市变迁及城市问题不仅是世界体系内的新国际分工和经济重构的作用结果，也与各自国内的经济、政治、社会特点相关联，是多重因素相互作用的综合性结果。

2. 信息化进程与城市空间

信息化作为全球化的重要特征之一，社会学界的学者的研究注意力主要集中在信息化进程对社会结构的影响力上，而作为麻省理工学院（MIT）的建筑与设计系主任，威廉·米切尔（William J. Mitchell）以一个建筑学者的角度，在其代表作《比特之城》（City of Bits）② 和《伊托邦——数字时代的城市生活》（E-topia："Urban life，Jim-but not as we know it"）③ 中，对信息化进程中城市发展与空间形态的变迁做了十分富有感染力的的探索与展望。前者对由于信息技术的发展、普及而造成的建筑、城市的形态、模式的转化做了深入剖析，所描绘的图景十分具有吸引力，并提出未来城市是一个数字化空间的观点；后者指出拓展建筑与城市规划的观念是城市完成数字时代发展模式转变的重要前提之一，并且提出在此转变过程中将出现的新的社会关系。此外，具有类似学科背景的哈佛大学规

---

① Sassen，S.，1990. *The Global City：New York，London，Tokyo.* London：Sterling Ltd

Sassen，S.，1994. *Cities in World Economy.* Thousand Oaks.，CA.：Pine Forge Press

② ［美］威廉·J·米切尔. 比特之城——空间·场所·信息高速公路. 范海燕等译. 北京：生活·读书·新知三联书店，1999

③ ［美］威廉·J·米切尔. 伊托邦——数字时代的城市生活. 吴启迪等译. 上海：上海科技教育出版社，2001

划系主任莫什·萨夫迪（Moshe Safdie），在其著作《后汽车时代的城市》（The City After the Automobile）[①] 中，就城市面对现代化发展的机遇与挑战时的困惑提出了反思，并站在城市规划的角度对新的城市空间模式做了探索。

与此对应的是，社会学界的一些重要学者也将视线更多地转移到了对城市社会及空间结构在信息化进程中的演化问题上，兼具社会学与规划学背景的卡斯泰尔与霍尔合著的《Technopoles of the World》[②] 重点分析了作为信息化进程重要特征之一的信息产业兴起及相应的各类高新技术园区的建立对城市社会结构、空间结构的影响，尤为值得注意的是，该书指出中国正成为全球信息化进程研究的重要对象之一，并将中国珠江三角洲的城镇群纳入了其大量的实证研究之中。

1.4 建构综合的城市空间政治经济学

从某种程度上讲，城市研究的主流理论的发展反映出了第二次世界大战后西方城市社会变化的现实。"二战"后西方城市社会普遍经历了经济的发展和经济结构的调整。社会经济的发展使得西方城市地区普遍经历了扩张和蔓延，在欧美国家出现了不少特大城市和城市带。另一方面，战后西方城市地区社会经济发展日益表现出受国内、国际经济格局的影响，尤其是随着整个世界经济一体化、全球化进程的开始，市场国际化、跨国公司竞争力增强、资本在国内国际间流动增强以及劳动力市场的国际化等因素影响力增强，工业投资开始重新定位，在欧美大量工业资本从已经城市化的老工业城市流向新兴的城市化地区，使城市的发展从老工业城市转向了那些过去只经历了很低城市化水平的新兴城市地区。工业资本抛弃老工业城市不仅使老工业城市就业机会减少、失业增加，还使得这些城市经济萧条，城市的工业厂房和其他固定资本贬值，城市税收减少。结果造成城市社会开支减少，社会服务设施不足，城市管理费用赤字，有的城市甚至出现财政危机。

可以说，资本流向哪个城市，这个城市就会繁荣兴旺，而资本流出哪个城市，这个城市就会一片萧条。许多城市为了争取资本不得不向商业利益屈服，特别是向跨国公司屈服，如果不满足它们的要求，资本就会撤走，城市就会陷入危机。

城市空间政治经济学理论正是对战后城市社会变化的这些特点所做出的理论思考和分析。政治经济学派认为土地市场是高度有组织的，且受制于特定的政治经济结构和社会生产方式，不同社会阶层和类型群体在土地利用的决策与开发过程中的影响力和权力是有显著差别的，因而政治权力机制是城市土地利用变化的内在动力机制。资本的积累和阶级斗争是最终引发城市土地利用空间结构变化的根本动因[③]。另外，政治经济学派还重视经济结构转型和技术进步对土地利用变化的影响，信息网络技术的发展对城市土地利用变化的影响正在成为一个新的研究热点，如卡斯泰尔提出了"信息城市"（informational city）的概念[④]。

---

① ［美］莫什·萨夫迪．后汽车时代的城市．吴越译．北京：人民文学出版社，2001

② Castells, M. and Hall, P., 1994. *Technopoles of the World——The making of 21st Century Industrial Complexes*. London: Routledge

③ Harvey, D., 1985. *The Urbanization of Capital*. Oxford: Blackwell

④ Castells, M., 1989. *The Informational City: Informational Technology, Economic Restructuring, and the Urban-Regional Process*. Oxford: Blackwell

应该说，城市空间政治经济学理论解决了人类生态学所不能回答的城市社会变迁的许多现实问题。城市空间政治经济学理论强调要将城市空间置于资本主义生产方式下来考察，强调城市空间在资本积累和资本循环以及资本主义生存中的功能和作用，注意分析世界政治经济因素对城市社会变迁的影响，以及将城市空间过程与社会过程结合起来分析，这些对于整个城市研究理论的发展以及人们从不同角度认识和理解城市社会现实都是十分有意义的。

然而，对于城市这一复杂的人类社会活动空间的分析，仅以一种角度观察是远远不够的。新马克思主义关于城市空间的政治经济学分析虽然为我们提供了资本在特定生产关系的社会形态下的运动轨迹，及其对城市空间结构演化的作用，但这一视角基本上是站在宏观城市社会经济发展过程的层面上展开的，对于参与这一过程中的社会各种利益团体的角色及其作用却较少探讨。而新韦伯主义的分析认为，不同角色的动机及行为在特殊的社会经济环境下，在城市的发展过程中塑造了城市空间结构的形式，这一分析框架为对城市空间结构演化的研究提供了有力的补充。而事实上，新马克思主义和新韦伯主义的思想虽然有着本质迥异的哲学基础和研究方法，但在目前西方城市研究中已开始逐渐被整合起来，人们开始越来越关注“结构”（Structure）① 和“作用因子”（Agency）② 的关系问题，因此，一个更综合的关于城市空间研究的政治经济学的理论框架正在逐步被探索与构建中。

1.5 本章小结

本章首先讨论了城市空间的概念和涵义，认为城市就是人类活动最典型的空间存在。有关城市空间结构与形态演变及其内在机制的研究，是人文科学在城市研究中关注的中心问题。由于城市空间是城市各种活动的载体，各种活动要素及其相互作用直接影响并制约了城市空间分布格局的运动过程，随着人类社会的发展，城市的空间形态的演进已不可能是单一影响因素作用的产物，而是各类影响因素的综合及组合作用的结果。

通过文献综述，分析和回顾城市空间研究的各类学科方向及方法，如较偏重城市空间类型学研究的建筑与城市规划学及城市地理学，城市空间社会经济属性的社会学和经济学，在重点分析西方近年来城市空间研究的政治经济学和新韦伯主义流派的基础上，指出需要建立综合的城市空间研究的政治经济学观。

城市空间应被视为特定社会经济制度下的产物，因此城市空间的研究必须置于特定社会的生产方式下来考察。城市空间的研究应注重资本积累和资本循环在城市建成环境发展中的功能和作用，并注意分析世界政治经济因素对城市社会变迁的影响，特别是经济全球化对城市的影响，将城市空间演化过程与社会过程结合起来综合解剖分析。

---

① 新马克思主义也被认为其理论基础与结构主义学派同源，研究经济结构（资本主义生产关系）与社会过程的互动在城市空间中的作用。

② 是新韦伯主义的理论基础，又称之为制度学派（Institutional Approach），研究社会不同机构（或利益集团）的行为与动机在城市空间中的表现。

第二章　上海城市空间的生产方式

2.1　中国城市空间研究的动态

我国对城市空间的研究主要始于20世纪80年代，90年代达到高峰。研究所涉及的学术领域主要也集中在建筑学、城市规划及城市经济地理学（Gaubatz，1999；Wu，1996；Dreyer，1997；Einwalter，1996；Zhu，1999；周一星等，1998；唐子来等，2000；吴志强等，2000；郑时龄，2004），但从20世纪90年代开始研究的视界更为广阔，对于城市空间的社会学及文化人类学等研究也方兴未艾。

综合各位学者的发现，可以概括1990年代中国城市空间的变化主要表现为两方面：城市建成区向外扩展，以及与此同时发生的城市内部空间的重新组合。建成区向外扩展的主要表征是城市，尤其是特大城市的郊区化趋势。北京、上海、广州和沈阳等城市的建成区的扩展，已表现出典型的郊区化过程。城市建成区内部空间的重新组合则有更为复杂的表征（唐子来、栾峰，2000；吴志强、姜楠，2000；胡俊、张广恒，2000）。城市空间变化的外向扩展和内部重组这两大方面是互相关联，互为因果的。没有建成区的向外扩展，外迁的企业和居住区就无从去处，城市内部空间的结构重组则无从实现。没有内部重组造成的推力，郊区化就失去了动力而无法产生。城市空间变化的动力有政策的作用——土地使用制度及住房制度的改革，现代企业制度的建立使企业有权处置土地，金融制度改革使开发贷款和住房贷款得以实现；以及经济发展的作用——土地批租获得开发重建的资金，城市经济发展对城市建设的需求和推动①。

迄今为止，对中国1990年代城市空间结构变化的分析，基本上是出于经济、政策两方面的考虑，而从社会学和其他学科角度所做的分析仍为罕见。如何从多学科的角度来研究城市空间结构变化及其动力，仍是一个尚待开发的领域。

城市空间结构的形成和变化是城市内部、外部各种社会力量相互作用的物质空间反映，拥有资源或影响力的力量，在相互作用之后的合力的物化，体现为城市空间的重组或扩展。本书认为城市空间是特定社会经济制度下的产物，强调要将城市空间置于特定社会的生产方式下来考察，强调城市空间在资本积累和资本循环中的功能和作用，并注意分析世界政治经济因素对城市社会变迁的影响。

本书在对国内外相关城市空间研究的文献综述的基础上，认为需要建立综合的城市空间研究的政治经济学观，即不仅需要研究在特定社会形态下的资本运动轨迹对城市空间的影响，并同样重要地需要研究参与该社会过程的各利益团体的行为动机，这样才能全面地解析城市空间形态变迁的机制。

① 张庭伟. 1990年代中国城市空间结构及其动力机制. 城市规划，2001. 25［7］：P7～14

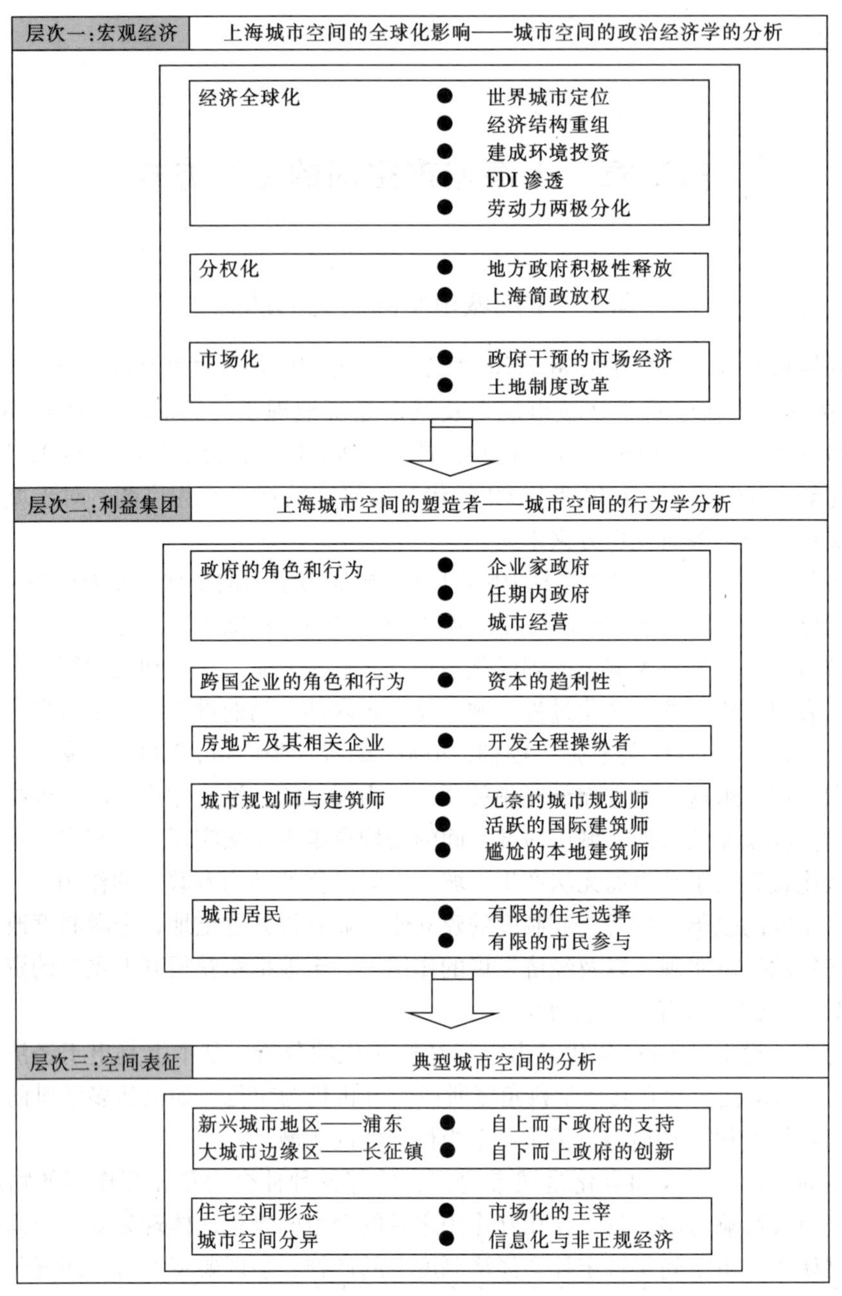

图 2-1 上海城市空间生产方式的分析框架

20 世纪 90 年代的上海城市发展是在特定城市经济和社会形态的转型中进行的。因此本书对上海城市空间基本分析框架将分为三个层次（详见图 2-1），第一层次为宏观社会经济层面，主要考察经济全球化、管理分权化、快速市场化背景下的上海城市制度特征；第二层次分析参与城市空间塑造的各利益团体在特定时期城市发展过程中的角色和行为特征；第三层次研究在上海特定城市空间建成环境中资本流动的基本特征及相对应的物质表征。

2.2 城市空间的全球化——政治经济学分析

2.2.1 经济全球化——全球资本的自由流动

近几十年来，世界经济格局发生新的变化，卡斯泰尔认为全球范围浮现的是一种信息化、全球化与网络化的新经济[①]。“经济全球化”这个词，至今没有一个公认的定义。从生产力运动和发展的角度分析，经济全球化是一个历史过程：一方面在世界范围内各国、各地区的经济相互交织、相互影响、相互融合成统一整体，即形成“全球统一市场”；另一方面在世界范围内建立了规范经济行为的全球规则，并以此为基础建立了经济运行的全球机制。在这个过程中，市场经济一统天下，生产要素在全球范围内自由流动和优化配置。因此，经济全球化是指生产要素跨越国界，在全球范围内自由流动，各国、各地区相互融合成整体的历史过程。20世纪90年代以来，以信息技术革命为中心的高新技术迅猛发展，不仅冲破了国界，而且缩小了各国和各地的距离，使世界经济越来越融为整体。

尽管经济全球化是一把“双刃剑”，它在推动全球生产力大发展，加速世界经济增长，为少数发展中国家追赶发达国家提供了一个难得的历史机遇的同时，也加剧了国际竞争，增加了国际风险，并对国家主权和发展中国家民族工业造成了严重冲击。但是，经济全球化已显示出强大的生命力，并对世界各国经济、政治、军事、社会、文化等所有方面，甚至包括思维方式等，都造成了巨大的冲击。任何一个国家既无法反对，也无法回避，惟一的办法是如何去适应它，积极参与经济全球化，在参与经济全球化中求得本国利益最大化，从而实现现代化。

事实上全球化持续地影响着全世界各地区的空间发展和跨地区的城市关系，这已经调动起了一个全球城市体系。每个城市在城市层级中都占有一定的位置，城市在其中的地位可能会有起有落[②]。新的世界城市经济格局是以世界城市为节点，在跨国公司的推动下，通过发达的信息设施和通信技术进一步深化全球体系。每一个位于全球城市网络中的城市在面对各种“资金流”、“信息流”等的频繁活动所带来的机遇的同时，也面临着前所未有的竞争压力。

世界经济发展的新格局为中国的经济发展注入了新的动力。随着发达国家率先进入信息社会，世界正在经历着继20世纪60年代以来的新一轮产业结构调整，改变着全球的劳动地域分工格局。继战后日本经济起飞以后，台湾、韩国、新加坡和香港等“亚洲四小龙”在20世纪60年代也相继发展起来。进入20世纪80年代以后，中国大陆、马来西亚、印度尼西亚、泰国和菲律宾等“亚洲五虎”又呈现出快速发展的强劲势头，加上美国西海岸、澳大利亚及加拿大太平洋沿岸地区经济的相对快速发展，人们已经观察到世界经济的主轴正在从北大西洋转移到亚太地区[③]。与此相对应，欧洲（除德国、荷兰、比利时及北欧以外）、拉丁美洲和非洲的经济发展均表现出相对停滞的态势。

---

① ［美］曼纽尔·卡斯泰尔．网络社会的崛起．夏铸九，王志弘等译．北京：社会科学文献出版社，2001

② 约翰·弗雷德曼．世界城市之未来：都市与区域政策在亚太区域的角色．杜韵颖译．城市与设计学报，1997［2/3］：P1～24

③ Friedmann, J., 1995. *Intercity Networks in the Asian-Pacific Region.* Research Proposal

2.2.2 经济全球化对上海城市的影响

1. 世界城市的定位

经济全球化对中国城市的社会经济制度的改革是一种挑战。中国正处在经济制度的转型时期，首先，随着发达国家和地区新一轮产业结构的调整，中国已经逐步成为传统制造业的接收地，从而有可能在相对较短的时期内完成工业化的过程，使绝大多数地区迈入工业化社会，并进而改变中国目前的城市化过程和城乡空间结构。所以世界城市①（World City）或全球城市②（Global City）的假说已经成为国家和地方政府颇感兴趣的发展策略。

尽管学术界对以上这些术语有不同的定义，但国际大都市在国际上更常用的称谓是“世界城市”（World City）或“全球城市”（Global City），也有称“国际城市”，它们都属于城市职能范畴的概念并没有什么争议，指的是对世界经济和政治具有控制作用或巨大影响力的少数城市，它们处在全世界城市功能等级体系的顶端。

上海在二次大战以前是远东的金融中心，曾有过世界主要金融中心之一的辉煌历史。但从那以后，上海再也没有赶上世界发展的步伐。直到1990年，以开发浦东新区为契机，上海开始了重新迈向国际大都市的历程。浦东开发作为一项国家战略，促使上海走到了20世纪90年代中国改革开放的最前沿。世界城市的定位既是由上而下中央政府赋予上海的责任，也是在经济全球化的国际背景下，上海重新迈向世界的必然选择。参照“世界城市”的标准，上海制定了到2010年基本建成国际经济、金融、贸易中心之一的目标，成为又一个国际经济中心城市的战略目标③。这一战略目标以提升第三产业作为经济结构调整的核心，采取以金融业、保险业和商贸业为第一层面，交通和通信业为第二层面，房地产业、信息咨询业和旅游业为第三层面的发展策略，使上海尽快跻身世界城市之列。

2. 经济结构的重组

全球化对中国城市的主要冲击表现为促使城市化进程和产业结构重组的加速。20世纪90年代初期，浦东开发为上海城市结构重组（urban restructuring）提供了契机及空间，表现为经济结构和空间结构的并行演化过程。在20世纪90年代，伴随着城市经济总量的不断扩大，上海的产业结构经历了战略性重组。第一和第二产业占国内生产总值的比重分别从1990年的4.3%和63.8%下降到2002年的1.6%和47.4%，第三产业的比重从1990年的31.9%上升到2002年的51.0%（见表2-1、表2-2，图2-2）。

上海国内生产总值及各产业构成（1978～2002年） **表2-1**

指　标	1978	1990	1995	2000	2002
国内生产总值（亿元）	272.81	756.45	2462.57	4551.15	5408.76
第一产业	11.00	32.60	61.68	83.20	88.24
第二产业	211.05	482.68	1409.85	2163.68	2564.69
第三产业	50.76	241.17	991.04	2304.27	2755.83

资料来源：上海统计年鉴，2003

① Friedmann, J. and Wolff, G., 1982, “World City Formation: An Agenda for Research and Action”, *International Journal of Urban and Regional Research*, 6 (3) P309～344

② Sassen, S., 1991, *The Global City: New York, London, Tokyo*, Princeton, NJ: Princeton University Press

③ 上海市“迈向21世纪的上海”课题领导小组. 迈向21世纪的上海. 上海人民出版社，1995

上海国内生产总值产业结构（1978~2002年）　　表2-2

指　标	1978	1990	1995	2000	2002
国内生产总值产业结构（%）	100	100	100	100	100
第一产业	4.0	4.3	2.5	1.8	1.6
第二产业	77.4	63.8	57.3	47.6	47.4
第三产业	18.6	31.9	40.2	50.6	51.0

资料来源：上海统计年鉴，2003

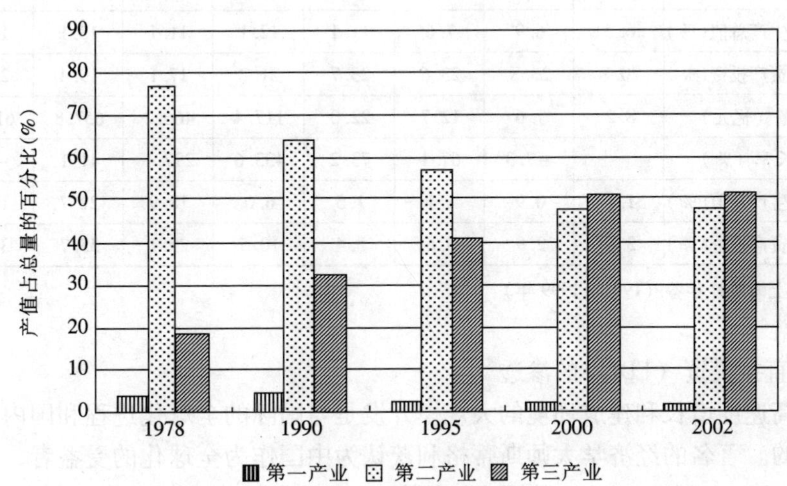

图2-2　上海三大产业经济结构的演变（1978~2002）

资料来源：上海统计年鉴，2003

值得注意的是，作为信息化进程的重要特征之一，在上海产业结构的转型与升级的过程中，作为六大支柱产业之首的信息产业，其增长速度大大超过第三产业的平均增长速度。据统计，2001~2002年度，上海第三产业的增加值上升幅度为9.80%，而同期上海信息产业的增加值上升幅度则为15.71%（已扣除信息产业增加值中与其他行业交叉的部分）。

3. 城市建成环境的大规模投资

城市建成环境（urban built environment）是经济发展的物质载体，两者之间存在着相互关联的演进趋势。20世纪90年代的上海经济发展是十分引人注目的，国内生产总值从1990年的756.3亿元上升到1998年的3688.2亿元，增长了近4倍。这个经济高速发展时期可以分为三个阶段。1990~1991年为经济复苏阶段，年经济增长率从8.6%上升到18.2%；1992~1995年为经济膨胀阶段，年经济增长率保持在24%~35%之间；1996~1998年为经济调整阶段，年经济增长率从17.9%下降到9.8%。伴随着城市经济的高速度发展，建成环境也经历了大规模投资，表现在全社会固定资产投资、基础设施投资和房地产投资三个方面（见表2-3）。

城市经济发展与建成环境投资（1990～1998年） **表2－3**

年份		1990	1991	1992	1993	1994	1995	1996	1997	1998
国内生产总值	总量（亿元）	756.5	893.8	1114.3	1511.6	1971.9	2462.6	2902.2	3360.2	3688.2
	增长率（%）	8.6	18.2	24.7	35.7	30.5	24.9	17.9	15.8	9.8
全社会固定资产投资	总量（亿元）	227.1	258.3	357.4	653.9	1123.3	1601.8	1952.2	1977.6	1964.8
	增长率（%）	5.7	13.7	38.4	83.0	71.8	42.6	21.9	1.3	-0.6
	占国内生产总值(%)	30.0	28.9	32.1	43.3	57.0	65.0	67.3	58.9	53.3
基础设施投资	总量（亿元）	47.2	61.4	84.4	167.9	238.2	273.8	378.8	412.9	531.4
	增长率（%）	30.1	30.0	37.5	98.9	41.9	14.9	38.3	9.0	28.7
	占国内生产总值(%)	6.2	6.9	7.6	11.1	12.1	11.1	13.1	12.3	14.4
	占固定资产投资(%)	20.8	23.8	23.6	25.7	21.2	17.1	19.4	20.9	27.0
房地产投资	总量（亿元）	8.2	7.6	12.7	22.0	117.4	466.2	657.8	614.2	577.1
	增长率（%）		-7.3	67.1	73.2	433.6	297.1	41.1	-6.6	-6.0
	占国内生产总值(%)	1.1	0.9	1.1	1.5	6.0	18.9	22.7	18.3	15.6
	占固定资产投资(%)	3.6	2.9	3.6	3.4	10.5	29.1	33.7	31.1	29.4

资料来源：上海统计年鉴（1991～1999年）

4. 外国直接投资（FDI）的渗透

经济的高速度增长和建成环境的大规模开发是与国际的全球化进程和国内的市场化进程密切相关的。著名的经济学大师斯蒂格利茨认为中国作为全球化的受益者，主要体现在FDI（Foreign Direct Investment，外国直接投资）方面。

改革开放以来，作为中国经济中心的上海，借助浦东开发开放，吸引外商直接投资成效显著。从历年外商投资产业结构来看，第二和第三产业是其主要投资方向；投资方式以合资经营方式为主；投资主体主要来自于亚洲和美洲的国家（地区）。从上海市历年吸引外资的波动周期表明，虽然由于国际和国内的政治经济环境的变化对外商直接投资曾造成一定的影响，使其上下波动，但长期而言，上海外商直接投资整体呈递增趋势。从1990年以来的10年中，外商直接投资对上海的经济发展及城市建设的影响具有积极的及深远的意义（见表2－4、图2－3）。

上海市1981～2001年外商直接投资概况表（单位：亿美元） **表2－4**

年份	签订合同项目（个）	签订合同金额	实际吸收外商金额
1980	1	0.03	
1981	3	0.06	0.03
1982	7	0.17	0.03
1983	6	0.47	0.11
1984	41	1.95	0.28
1985	94	3.05	0.62
1986	62	0.95	0.98
1987	76	1.29	2.12
1988	219	1.66	3.64

续表

年份	签订合同项目（个）	签订合同金额	实际吸收外商金额
1989	199	1.77	4.22
1990	203	2.14	1.77
1991	365	2.79	1.75
1992	2012	18.60	12.59
1993	3650	37.57	23.18
1994	3802	53.47	32.31
1995	2845	53.60	32.50
1996	2106	58.08	47.16
1997	1802	53.20	48.08
1998	1490	58.48	36.38
1999	1472	41.04	30.48
2000	1814	63.90	31.60
2001	2458	73.73	43.91

资料来源：上海统计年鉴

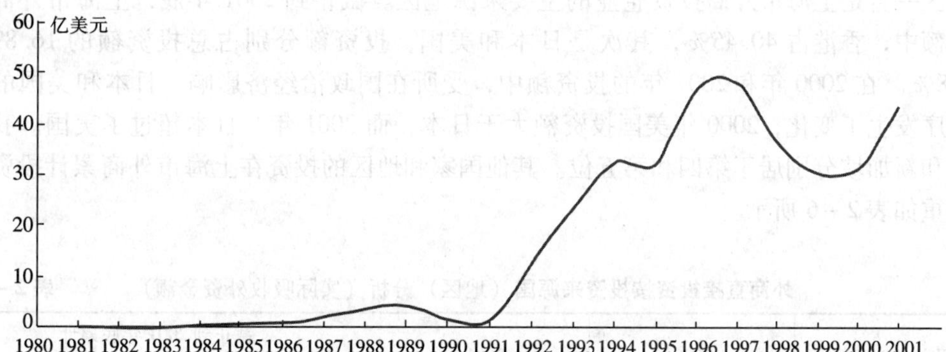

图 2－3　上海市 1980～2001 年实际吸收外商直接投资金额变动图

资料来源：上海统计年鉴

上海市外商投资金额的变化与国际、国内的政治、经济环境密切相关。1989 年以后的两年，由于国内政治环境的调整，外商投资呈小幅下挫；1990～1997 年，外商投资呈现急速的增长；1997～2000 年期间，因为外商投资主体所在国以亚洲国家为主，受亚洲金融危机影响，外商投资骤减。其余年份，由于上海市总体环境趋好，外商投资稳步上升。从产业结构分析，外商投资主要集中在第二和第三产业。在 1995 年及之前，第三产业的外商投资额超过第二产业，但 1995 年以后第二产业外商投资额的比重大于 50%。截至 2001 年底外商投资第二产业累计额所占比重已达到 52.01%（见表 2－5）。

上海市外商投资企业产业结构状况　　　　**表 2－5**

年份	金额（亿美元）				比重			
	第一产业	第二产业	第三产业	合计	第一产业	第二产业	第三产业	合计
1995 年以前合计	0.28	31.55	51.89	83.73	0.33%	37.68%	61.97%	100.00%
1995	0.03	14.76	17.72	32.50	0.08%	45.42%	54.52%	100.00%

续表

年份	金额（亿美元）				比重			
	第一产业	第二产业	第三产业	合计	第一产业	第二产业	第三产业	合计
1996	0.03	25.20	21.93	47.16	0.07%	53.44%	46.50%	100.00%
1997	0.01	27.08	21.00	48.08	0.02%	56.32%	43.68%	100.00%
1998	0.04	22.98	13.36	36.38	0.11%	63.17%	36.72%	100.00%
1999	0.11	15.90	14.47	30.48	0.36%	52.17%	47.47%	100.00%
2000	0.06	20.06	11.48	31.60	0.20%	63.48%	36.33%	100.00%
2001	0.17	26.50	17.24	43.92	0.39%	60.34%	39.25%	100.00%
累计	0.73	184.03	169.09	353.85	0.21%	52.01%	47.79%	100.00%

资料来源：上海统计年鉴

无论是累计投资额，还是每年的投资总额，投资主体所在国（地区）集中。香港特别行政区一直是上海市外商投资企业的主要来源地区。截止到2001年底，上海市外商累计投资额中，香港占40.45%，其次是日本和美国，投资额分别占总投资额的16.89%和16.78%。在2000年和2001年的投资额中，受所在国政治经济影响，日本和美国的投资额排序发生了变化，2000年美国投资额大于日本，而2001年，日本超过了美国。我国台湾省和新加坡分别居于第四和第五位。其他国家和地区的投资在上海市外商累计投资额中的比重如表2-6所示。

外商直接投资按投资来源国（地区）分析（实际吸收外资金额） **表2-6**

国家（地区）	2000	2001	截止到2001年底累计	
			金额（亿美元）	比重（%）
香港	7.86	11.59	108.72	40.45%
日本	4.48	9.31	45.41	16.89%
美国	5.40	3.42	45.10	16.78%
台湾	1.82	2.94	16.85	6.27%
新加坡	1.01	2.69	15.31	5.70%
德国	2.40	1.40	14.14	5.26%
英国	1.33	1.23	8.06	3.00%
韩国	0.08	0.55	4.17	1.55%
法国	0.80	1.03	3.16	1.18%
澳大利亚	5.90	0.15	2.76	1.03%
加拿大	0.07	0.04	2.33	0.87%
泰国	0.04	0.11	1.19	0.44%
澳门	0.01	0.01	1.05	0.39%
意大利	0.10	0.04	0.53	0.20%
合计	31.3	34.51	268.78	100.00%

资料来源：上海统计年鉴

按照项目个数和合同外资金额进行分析，表明上海市外商直接投资中来自亚洲的投资主体所占的比重已超过一半，其次是美洲和欧洲，其他洲及国家的投资比重较少（见表2－7）。

上海外商直接投资合同分五大洲情况表（截止2001年12月底） **表2－7**

各大洲	比重		数量	
	项目个数	合同外资	项目数（个）	合同外资（亿美元）
亚洲	70.69%	52.93%	17390	277.83
美洲	19.47%	28.89%	4790	151.65
欧洲	6.68%	15.38%	1642	80.71
大洋洲	2.69%	2.05%	661	10.75
非洲	0.47%	0.75%	116	3.95
合计	100.00%	100.00%	24599	524.89

资料来源：上海市外国投资工作委员会

5. 劳动力的两极分化

20世纪90年代通过城市产业结构调整，上海的产业结构在21世纪初已经跨越了第二产业与第三产业之间的主导地位转换门槛，第三产业在创造的经济总量上超越了第二产业，相应地，三大产业间的劳动力分布格局也在发生着变化。自2000年起，第三产业的从业人员开始成为社会总就业量中的最大组成部分。从上海就业结构重组分析，在两个端点上表现得尤为显著：高端的信息产业、金融保险业等以及低端的零售餐饮业，在不同的层面上，共同对新产生的就业岗位贡献显著。这表明，由于上海处于工业化与信息化同时进行的特殊状态，制造业产值的绝对值并未下降，仍以相当可观的速度在增长，但同时绝大部分新诞生的就业岗位却来自于第三产业尤其是服务行业。

随着信息技术的发展与广泛应用以及其在生产效率、企业竞争力提升上的作用日益显现，各类生产、销售及服务企业中，具有相对高技能的专业技术人员比例在快速增长中，从事研究开发的就业岗位也在增多。这一态势在以信息产业为代表的高科技产业中自不待言。

产业结构的重组伴随着劳动力结构重组的阵痛。城市经济结构重组及国营企业体制改革导致大量显性及隐性的失业工人；伴随着快速城市化过程，农民工大量涌入城市，但其中仅有一小部分转化为城市工人；这两部分社会群体游离于城市主流社会及正规经济部门。

劳动力结构两极化不仅表现为实质的“财富鸿沟”，同时也表现为由于信息等新技术应用能力的两极化而产生的“数字鸿沟”①。“财富鸿沟”的两边分别是经济收入（由其所从事的职业决定）、教育程度（由信息化背景下高薪职位的必然要求决定）截然对立的两个阶层，而这两点恰巧是“数字鸿沟”形成的本源。

① “数字鸿沟”（Digital Divide）问题是全球信息化进程中，不同国家、地区、行业、企业、人群之间由于对信息、网络技术发展、应用程度的不同以及创新能力的差别造成的“信息落差”、“知识分隔”和“贫富分化”问题。

作为上海社会经济快速发展的双生产物，信息化和非正规经济活动，促使劳动力结构日益分化，正直接影响着城市社会经济形态及城市空间形态。由于劳动力结构的两极分化以及信息不均衡格局导致的社会结构二元分异，必然给社会结构带来了更多的矛盾与冲突，而这一矛盾与冲突在物质空间上，也同时表现出城市空间结构的二元分异的迹象。20世纪90年代上海住宅市场化开发中所表现出的社会空间分异的现象就是明显的佐证。

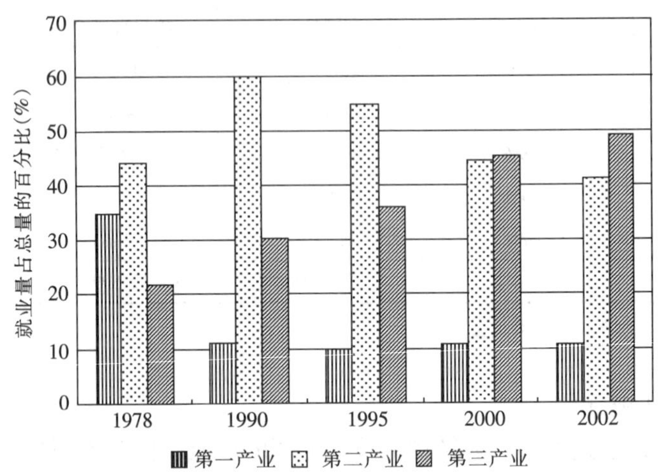

图2－4　上海三大产业就业结构的演变（1978～2002年）

资料来源：上海统计年鉴

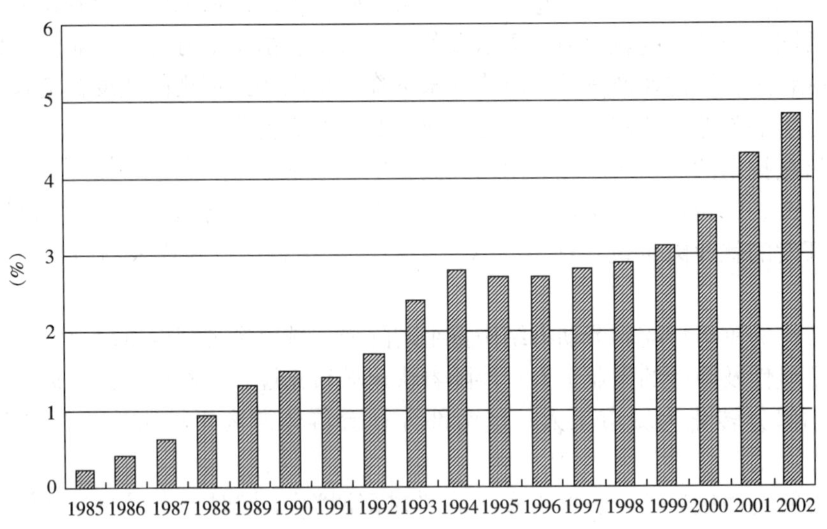

图2－5　上海城镇登记失业率（1985～2002年）

资料来源：上海统计年鉴

2.2.3　分权化——地方积极性的释放及制度创新

资源配置、收入分配以及稳定是政府作为公共部门的三大基本职能。分权化（Decentralization）是指行政权力向单一中心集中的逆向化过程，即权力下放到地方政府的过程①。在一个分权化的政府中，由地方政府控制公共政策并为居民进行资源配置②。分权化包括三个主要方面：行政管理分权化、经济分权化和政治分权化。行政管理分权化可以采用不同的形式，如权力的分散、授权和转移；经济分权化包括财政责任由中央向地方转移的行动和过程，在这种状态下公共物品和服务是由私人部门从自身偏好和市场机制出发来提供的③；而政治分权化是指重要的任务、功能、活动和义务都要在中央和地方政治实体之间进行分配的一种状态④。它同地方性法规、地方自治自决、政治自治权、地方独立以及决策权向地方和边缘地区转移密切相关。

地方部门的权力是分权化的关键组成部分。集中化过程涉及到权力集聚的过程，而分权化则意味着权力的分散⑤。分权化战略不仅包括权力由中央政府向地方政府转移的过程，也是权力由中央机构向地方机构下放的过程⑥。分权化不仅体现在经济、管理或是政治方面，而土地利用/综合规划的地方决策权也应作为分权化的一个重要指标。这一分权化的过程包括规划的立法和行政权、决策权、管理公共事物的职能由中央政府向地方或区域政府、职能部门或非政府组织转移的过程⑦。地方机构所拥有的土地利用/综合规划的地方决策权反映了城市规划体系分权化的程度⑧。

对于分权的讨论源于传统的政府与市场关系的争论。分权理论是目前西方社会普遍接受的理论，它来源于政治学的分权论，同时又具有深厚的经济学理论基础。西方经济学家主要从政府对于公共服务和社会福利等角度对分权进行探讨，并以四种理论最为经典，如施蒂格勒（Stigler，G.）的最优分权模式⑨；奥茨（Oates，W.）的分权理论⑩；布坎南

---

① Smith，B. C.，1989. *Decentralization：The Territorial Dimension of the State*，London：George Allen and Unwin

② Stephens，Ross G.，1974. "State Centralization and the Erosion of Local Autonomy"，*Journal of Politics*，Vol. 36，No. 1，P44～76

③ Slater，D.，1985. "Territorial Power and the Peripheral State：The Issue of Decentralization"，*Development and Change*，Vol. 20，No. 3，P501～531

④ Jun，Jong S. and Wright，Deil S.，1996. "Globalization and Decentralization：An Overview"，in Jun，Jong S. and Wright，Deil S.（eds），1996. *Globalization and Decentralization：Institutional Context，Policy Issue，and Intergovernmental Relations in Japan and the United States*，Washington，D. C.，Georgetown University Press

⑤ Sherwood，F.，1969. "Devolution as a Problem of Organization Strategy" in Daland，R.（ed.），*Comparative Urban Research：An Administration and Politics of Cities*，California：SAGE Publications. P60～87

⑥ World Bank，1995. "Development Brief：Decentralization Good Results Are not Automatic"，*World Bank Policy Research Bulletin*，*May-July*，6（3），No 60

⑦ Rondinelli，D.，1981. *Government Decentralization in Comparative Perspective：Theory and Practice in Developing Countries.* IRAS，2/1981，P133～145

⑧ Amal K. Ali，王洪辉译. 分散化是如何进行的——论城市规划的地方决策权（How Decentralization is Decentralized：Local Power over Decision-making for Planning）. 国外城市规划，2003. 2

⑨ 施蒂格勒最优分权理论（Stigler，G.）：施蒂格勒在1957年发表的《地方政府功能的有理范围》一文中阐述了地方政府的合理性和必要性：其一，更接近于自己的公众；其二，不同的地区应有权自己选择公共服务的种类和数量。按照这两个原则，为了实现资源配置的有效性与分配的公平性，决策应该在最低行政水平的政府部门进行，但同时也强调当出现分配不平等和地方政府之间的摩擦时，中央政府介入的合理性。

⑩ 奥茨分权理论（Oates，W.）：奥茨在1972年《财政联邦主义》一书中，从中央政府等量分配公共物品的假设出发，认为地方政府与中央政府在提供公共物品上存在着效率差异。中央政府由于要等分每一个人口子集的物品，使其在资源配置效率不如地方政府。

（Buchanan, J.）的“俱乐部”理论[①]以及特雷西（Tresch, R.）的偏好误差理论[②]。

西方文献显示，分权的益处在于：（1）有利于促进居民参与当地事务；（2）有利于促进地方政府对本地居民负责；（3）有利于发挥地方政府官员的信息优势；（4）有利于制度创新；（5）提供更多的选择；（6）有利于缩小政府的总体规模。

即便如此，分权仍然无法解决的问题有：（1）地方政府的制度创新难以产生更广泛地社会及经济效益；（2）只能提供地方性公共物品和服务；（3）难以克服跨区域外部效应问题，比如流域的污染问题等；（4）无法获得更广泛地提供公共物品和服务的规模经济效应，如难以协调大型的区域性基础设施的建设；（5）不利于解决收入再分配问题和宏观经济问题。

分权无法解决问题的领域正是集权的长处所在，然而集权在信息和动力机制方面的缺陷亦十分明显。关于分权与集权选择的讨论已超出了本书的研究范围。事实上，分权和集权并不是一对相反的选择，集权与分权都有其存在的合理性，这两种模式的选择是由特定历史及其社会经济的发展状态所确定的。就目前中国城市发展而言，正处于经济转型的社会形态中，分权似乎具有更为重要的社会和政治意义。

1992年上海开始实施的“简政放权”制度（市与区/县政府在人事、行政、财政与审批等自主权的下放），即“二级政府、三级管理”，极大地调动了区县政府的积极性。通过税制改革、政府行政架构的调整及行政权力下放，极大地激励了区县（镇）政府积极创制，勇于使用开发土地的法定权力及开创筹措资金的多种渠道，快速地刺激了地方经济的发展。浦东的开发开放是中央政府由上而下对上海的分权，赋予了上海前所未有的发展空间，从而重振了其中国经济中心的地位，并逐步跻身世界城市之列；而上海边缘城区如长征镇的发展则是调动了自下而上的地方政府发展的积极性，使城市边缘地区的城市社会经济形态及空间形态发生了剧烈的变迁，加速了上海城市化的进程。

2.2.4 市场化——全球经济体制上的趋同

封闭经济由于缺少外部资源、信息与竞争，而呈现出经济发展的静止状态。计划经济体制则由于存在信息不完全、不充分、不对称和激励不足问题，而导致资源配置与使用的低效率。所以，不管是传统的封闭经济，还是起源于前苏联的计划经济从20世纪80年代开始都不约而同地走上了向市场经济转型的道路。世界各国经济体制的趋同消除了经济全球化发展的体制障碍。在今天的世界上，已经有越来越多的国家认识到，只有选择市场经济体制，才能加快本国经济发展的速度，提高本国经济的运转效率和国际竞争力。由此而造成的各国在经济体制上的趋同，消除了商品、生产要素、资本以及技术在国家与国家之间进行流动的体制障碍，也促成了经济全球化的发展。

1. 中国社会主义市场经济体制——政府干预的市场机制

20世纪70年代末，中国开始了改革开放的历程，90年代加速了向城市经济体制转

---

① 布坎南的俱乐部理论（Buchanan, J.）：所谓“俱乐部”理论，就是将社区比作俱乐部，即人们为分享某种利益而联合起来的自愿协会，研究在面临外在因素的条件下任何一个俱乐部如何确定其最优成员数的一种理论。一个俱乐部的最佳规模就在外部不经济产生的边际成本恰好等于由于新成员分担运作成本所带来的边际节约这个关节点上。

② 特雷西的偏好误差理论（Tresch, R.）：由于信息的不完全和不确定性，中央政府并不能完全了解社会福利函数的偏好序列，从而对居民的边际消费替代率的了解具有随机性。因此只有地方政府来提供公共物品，才能达到社会福利的最大化。

型。1993 年《中共中央关于建立社会主义市场经济体制若干问题的决定》指出：

"转变政府职能，改革政府机构，是建立社会主义市场经济体制的迫切要求。政府管理经济的职能，主要是制定和执行宏观调控政策，搞好基础设施建设，创造良好的经济发展环境。同时，要培育市场体系，监督市场运行和维护平等竞争，调节社会分配和组织社会保障，控制人口增长，保护自然资源和生态环境，管理国有资产和监督国有资产经营，实现国家的经济社会发展目标。政府运用经济手段、法律手段和必要的行政手段管理国民经济，不直接干预企业的生产经营活动。"

这段论述概括了中国在政府经济职能上的认识进展，同时也指出了政府职能转变的基本方向。在市场经济条件下，政府管理经济的基本原则是，凡是市场能够解决的问题就交给市场去解决，政府主要在市场"失灵"的领域发挥作用。政府对经济的管理主要集中在与市场化有关的六个方面：宏观调控体系的建立、行政审批制度的改革、税收负担、政府对价格的管理、政府对生产的管理、政府对市场秩序的维护。

2. 土地制度的市场化改革

中国市场经济的进程对城市空间形态影响是空前深远的，主要反映在城市土地制度的改革，进而推进了房地产开发建设的市场化进程。"逐步变无偿、无期限的土地使用制度为有偿、有期限的土地使用制度"是我国城市土地使用制度改革的主要内容。而相对城市住宅开发而言，城市土地制度改革最基本的社会经济意义是引入了市场机制。通过改革，国家将更多的土地权利交给土地使用者，土地使用者能够通过土地使用权的经营活动获利，这极大地调动了房地产开发商的开发积极性。其次，随着房地产商业性开发中土地划拨形式的取消，协议出让方式的减少，开发商获取土地使用权的费用占整个开发过程总费用的比重上调，城市开发土地的出让过程也日趋公开化，促进了房地产开发市场的公平竞争。

20 世纪 90 年代上海土地市场经历了从行政划拨到 2001 年 8 月 1 日开始全面实行土地有偿出让的过程。土地制度的改革为上海城市经济结构的重组以及空间结构的演进创造了活力。

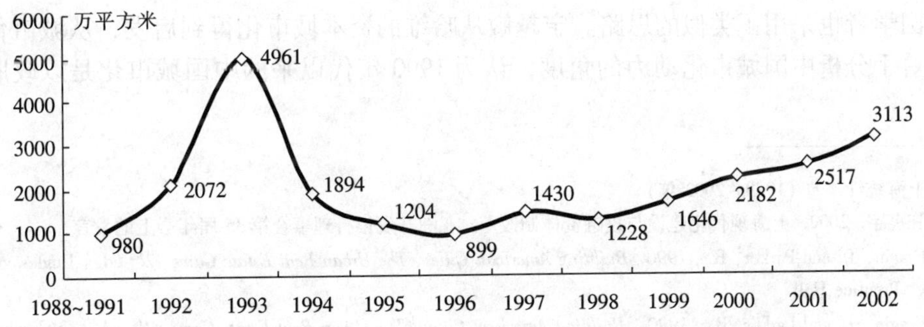

图 2-6　1988~2002 年上海土地使用权有偿出让面积

数据来源：上海房地产市场 2000~2002 年，上海房屋土地管理局

上海土地有偿使用制度的推行，始于1988年8月8日虹桥经济开发区26号地块的批租，这在全国的城市土地制度的改革中是最早的。同时上海土地的市场化程度也是全国最高的，上海市从2001年8月1日开始，实行内外销商品房并轨，土地供应方式从双轨制归并统一；同时，除了经认定的旧区改造地块可以采用协议方式供地外，用于商业、旅游、娱乐、金融、服务业和商品房等项目用地必须通过招标、拍卖出让方式供地。据统计，从1988年至2001年间，上海共批租土地8762幅，总计23494万m^2，占当时的建成区面积50%以上①。截至到2000年通过土地批租所获得的收益1000亿元已用于城市更新和基础设施建设②。

2.3 城市空间的塑造者——城市空间的行为学分析

究竟谁决定了城市的发展？费金和帕克③（Feagin，J. and Parker，R.）在《塑造美国城市——城市的房地产游戏》一书中尖锐地提出了这个问题。费金等指出：

*“城市并非偶然产生的，城市是人类创造的产物，它们反映了人类的选择和决定”*④。

费金等人采用了新马克思主义的分析思维，尤其引用了哈维的资本的三个循环的理论，认为城市的变化是由城市中的强势团体，即开发商、银行家，以及投机者起了关键的作用，他们是美国城市的真正塑造者。在美国特定的财政资本制度的框架下，市场是在这些强势的私营部门——一群在工业、财政、开发、建设方面看得见的房地产决策者的作用下建立起来的。围绕着城市建设和发展过程中的房地产开发，费金等全面论述了房地产开发过程中的开发商、市民以及开发过程、社会背景、开发行为的结构等方面的内容，充分展示了在美国的社会背景中，房地产开发在实际运作过程中的各个方面的相互作用，从而揭示了人们所见到的城市之所以会是如此这般的深层次原因。

在巴奈特等合著的《浴火重生——美国都市更新的奋斗故事》（How America Rebuilds Cities）一书中⑤，同样揭示了美国社会城市形态的形成与变迁是公私部门等社会力量共同作用的结果。该书以个案研究为主，案例大多为在内城重建计划中起到关键作用的零售业购物中心开发，并将开发商与政府部门的协商、合作关系作为研究重点，由此分析、阐明美国都市更新过程中的诸多成功经验。

中国学者也采用了类似的思路。宁越敏从哈维的资本城市化得到启发，从城市化的资本来源着手分析中国城市化动力的角度，认为1990年代以来的中国城市化是以政府、企

① 上海统计年鉴（1989~2002年）

② 陈良宇. 2002. 上海现代化建设与投融资体制改革. 亚洲开发银行理事会第35届年会上的发言

③ Feagin, J. and Parker, R., 1990. *Building American Cities*, *The Urban Real Estate Game*, 2nd ed., Englewood Cliffs, New Jersey: Prentice Hall

④ Feagin, J. and Parker, R., 1990. *Building American Cities*, *The Urban Real Estate Game*, 2nd ed., Englewood Cliffs, New Jersey: Prentice Hall. P4

⑤ 巴奈特等. 浴火重生——美国都市更新的奋斗故事. 财团法人都市更新研究发展基金会译. 台湾田园城市文化事业公司，1999

业、个人联合推动的新城市化过程[①]。张兵则从利益主体论的角度认为推动城市空间结构发展的动力主体有三种类型：政府、城市经济组织和居民[②]。张庭伟在分析 1990 年代中国城市空间结构变化的动力机制时，也认为存在三种力量：政府力、市场力和社区力[③]。虽然分析视角各有不同，但最终都归结到相似的动力主体。由于在城市中所处的地位的差异，不同的动力主体对城市的空间构成产生了不同的利益追求。

在政府层面，无论是过去的君主制度还是现代社会的执政阶层，都代表了一定社会群体的利益，必然会在政策上体现其阶级取向。政府的政策、战略会造成城市空间系统的结构性巨变，国家投资建设又往往对城市发展产生决定性的作用。

在企业层面，作为城市的经济组织单元，总是以最小的成本投入换取最大的效用为目的，这就构成了企业在城市中选择空间区位的基本原则，这也是城市经济学所研究的主要内容。以技术进步为基础的产业活动在城市整体的空间格局中占有支配的地位，因此，企业是城市空间系统发生结构性演变的重要推动者。

而在居民层面，城市居民为了维护各自在城市空间和土地利用中的特定利益而参与企业和住宅的投资。但与政府和企业相比，他们对城市空间的影响力，或在城市活动中的"话语权"是有限的，而且往往处于天然的劣势。在市场化比较发达的国家和历史阶段，城市居民对城市空间结构的作用比较明显。反之，则由于居民在社会环境中的弱势地位而对城市空间结构的影响微弱而无奈。

总之，不同的资本抑或是利益的主体，他们从决策到行动，追求利益、满足需要的过程，就是动力主体发挥其作用的过程。其利益的冲突和分化，同时也是各种主体之间互动的过程，而互动过程中所存在的规律性的模式，就是所谓发展的动力机制[④]。上述三者构成了塑造城市空间结构的基本力量，拥有资源或影响力的力量，在相互作用之后的合力的物化，体现为城市空间的重组或扩展。在市场经济条件下，没有一个单一的力可以完全决定城市空间的结构。在经济全球化条件下，更有国际资本对地方层面上各种力的影响。但在诸多的社会力量中，在某一时期，有某种力会主导最后的合力，并主要地影响城市空间结构的变化。

本书借鉴了以上的分析方法，主要从政府、跨国公司、房地产投资开发商、城市规划师与建筑师、城市居民等若干层面剖析他们在上海城市空间 20 世纪 90 年代以来的变迁中的角色及其作用。

2.3.1 政府的角色和行为

1. 政府的层级

为了更好地分析政府在城市空间演变过程中的作用，有必要解剖一下中国政府的层级。中国现行的行政区划，基本上是省、县、乡三级建制：第一级——省、自治区、直辖

① 宁越敏. 新城市化过程——90 年代中国城市化动力机制和特点探讨. 地理学报，1998，53 [5]：P470～477

② 张兵. 城市规划实效论. 中国人民大学出版社，1998

③ 张庭伟. 1990 年代中国城市空间结构及其动力机制. 城市规划，2001. 25 [7]：P7～14

④ John Friedmann，杜韵颖译. 世界城市之未来：都市与区域政策在亚太区域的角色. 城市与设计学报，1997 [2/3]：P1～24

市；第二级——自治州、县、自治县、市；第三级——乡、民族乡、镇。

直辖市和较大的市分为区、县；自治州分为县、自治县、市。自治区、自治州、自治县都是民族自治地方。按照宪法的规定，国家在必要的时候可设立特别行政区。特别行政区是直辖于中央政府的地方行政区域。每一级行政区划对应着政府所行使的职权范围。在计划经济时代，从中央政府自上而下向各级政府行使管理；而进入20世纪90年代，随着向社会主义市场经济体制的转型，中央政府开始向各级政府简政放权（分权），使得各级政府拥有相对较大的独立行使地方政务的空间，从而使中国城市化进程和城市建设进入了空前活跃的阶段。

2. “企业家”政府与城市经营

企业家政府理论是美国学者奥斯本和盖布勒于20世纪90年代在《重塑政府》一书中提出的，旨在运用企业家精神对政府进行改造，从而从根本上提高政府的效率。该理论促使美国政府从根本上改变政府行为——从自上而下的官僚体制转向一种自下而上、简政放权的企业家政府模式。

这一理论在20世纪90年代中国的城市体制改革中受到青睐，已成为中国20世纪90年代以来大肆倡导的“城市经营”的理论依据。这种地方政府行为的“企业化”，是要充分运用、善于运用市场机制的作用，促进地方的各项建设和社会经济的整体发展，在日常的行政管理和行政决策过程中讲求效率和综合效益，而不仅仅作为一个地方的政治官僚机构。

关于城市经营的内涵众说纷纭：

*——政府在市场经济条件下，运用市场的手段对城市的各类资源、资产进行资本化的运作与管理*①。

*——政府运用市场经济手段，通过市场机制对构成城市空间和城市功能载体的自然生成资本（如土地、湖泊）与人力作用资本（如路桥等市政设施和公共建筑）及相关延伸资本（如路桥冠名权、广告设置使用权）等进行重组营运，广泛利用社会资金进行城市建设，把市场经济中的经营意识、经营机制和经营方式等运用到城市建设和管理上，对资产进行集聚、重组和营运*②。

目前中国城市经营主要有以下五种类型③：

（1）通过土地出让获得收益。这可以说是大多数城市的城市经营的主要内容，因为对政府而言这是一条最为便捷和大宗的收益渠道。据国土资源部统计，截至到2002年底，全国累计收取土地出让金达到7300多亿元。在很多地方，来自土地出让的收入规模甚至可以与税收收入相匹敌，成为城市建设的重要乃至主要的资金来源。

（2）通过建立基础设施项目投资回报补偿机制，吸引外资和民间资本进入城市基础设

---

① 青岛市建设委员会在2002年9月“经营城市与区域经济发展市长论坛”上的发言，经营城市——城市发展方式的革命

② 王洪钟．经营城市——推动区域经济发展的有力杠杆．中国人事出版社，2002

③ 林家彬．对“城市经营”热的透视和思考．城市规划汇刊，2004［1］：P10～13

施建设和运营领域。如采用 BOT 方式建设，由承建方负责融资及建设，完成后由承建方有偿经营，按协议的期限，到期归还移交政府。

(3) 向外部投资主体出让政府所拥有的资产的所有权，包括政府拥有的中小企业、办公楼等。

(4) 利用政府掌握的特许经营授权的职能，对城市公共设施的特许经营权，以及依附于公共设施之上的冠名权、广告设置权等进行拍卖转让。

(5) 将一些原来由政府直接从事的市政事业委托给民间企业管理，如清扫保洁、垃圾收集、街道两旁绿化、市政设施维护等。

很明显，中国城市经营大致呈现“资金获取指向型”及“服务效率指向型”两类。但实践中，尤以“资金获取指向型”最为常见，并占据了绝对主导的地位，而“服务效率指向型”基本处于配角和从属的地位。

中国城市经营兴起的主要根源还是在于政府所能支配的财政资源的紧缺。地方政府承担的行政职能与支持职能形式的财政收入来源之间的不相对称。1990 年代中国城市化进程空前加速，至 2000 年中国城市化水平达到 36.2%，比 1978 年提高了 18.3%①。这一时期无论是中国城市的数量还是规模也急剧扩张，城市基础建设项目众多，但来自税收渠道的收入有限，这必然迫使地方政府千方百计寻求一切可能的收入来源。而土地有偿使用制度的改革使土地进入市场并为城市政府提供了巨大的获利空间。据统计，2001 年，各地政府从土地一级市场获得的土地收入为 1318 亿元，占政府财政预算外收入的 38%②。因此，城市经营的核心成了经营土地。

城市经营是一把双刃剑，运用得好，可以提高城市政府提供公共服务的效率，有利于居民福祉的增进；倘若运用失当，城市政府甚至可能蜕变成为利用行政权力谋取自身利益最大化的利益集团。

3.“任期内”的政府

20 世纪 90 年代上海处于加速的经济、社会变革时期，5 年为一任期的城市政府在具体实施管理城市的职能时，往往在长远与短期利益选择上犹豫。每年的财政收入增幅、GDP 增幅都成为考核政府政绩的指标之一，即所谓“一年一个样，三年大变样”成为了地方政府施政的主要政治压力，国家与地方分税制的实施也迫使地方政府对于短期效益追逐的强化，成为地方政府决策的主要经济压力。因此，企业化的运作成为“任期内”政府成功的必要途径，从而决定了政府“决策跟随资本”的企业家思维方式。

这种企业家思维模式与运作方式，在较短的时期内明显地刺激了地方经济的发展（后文中长征镇的发展即是典型的案例），但也造成各个区县政府之间在各类社会资源上的竞争。20 世纪 90 年代上海市政府的简政放权，促进了各区政府之间竞争机制的形成。上海各区政府部门，分别负责自己管辖区内的城市建设和经济发展，也可以公开得到其他政府部门的绩效信息。信息能够导致攀比，攀比则能够导致模仿更为有效的地区的运作模式，从而使绩效较低的地区感受到压力。正是这种竞争以及“企业化政府”效应，导致地方政府一度单纯追求短期的经济利益，对市场的控制不力，造成为了追求土地租金的短期价值

---

① 中国市长协会，中国城市发展报告编辑委员会. 中国城市发展报告（2001～2002 年）. 西苑出版社，2003

② 建设用地短缺：专家眼中的成因和对策. 中国经济时报，2003-06-03

而忽视对土地批租总量、城市形态的控制，最后促成了上海市在20世纪90年代中期的开发热潮中，整个上海市土地供应总量和房屋建设总量的失控（上海住宅空间形态的变迁可以见证这一过程）。

2.3.2 跨国企业的角色和行为

“城市房地产游戏中的最初的决策者是资本的生产者。主要的房地产决策不仅是当地个别或多家的房地产公司的所为，而是拥有实力的区域性和国家性的企业所为。”①

跨国公司作为微观经济主体，其趋利动机推动了经济活动的全球化发展。由于商品与要素的价格在世界的不同地区是不可能完全相等的，这种地区性差价的存在被人们称之为“区位优势”，而区位优势则为企业提供了进行全球性套利的空间，于是，便有了对外投资、技术转让，以及企业生产过程的分解与全球配置。

根据联合国的统计，1997年全世界已有4.4万个跨国公司母公司和28万个在国外的子公司和附属企业，形成了一个庞大的生产和销售体系。这些跨国公司控制了全球1/3的生产，70%的对外直接投资，2/3的世界贸易，70%以上的专利和其他技术转让。在跨国公司推动下，全球产业结构的调整不仅表现为资金、技术等生产资源在不同国家和不同产业部门之间的转移，而且往往是跨国公司内部的同一产业部门的不同生产环节在不同生产点（国家）的重新配置，以便更有效和充分地利用各种资源，节约生产成本，并更接近销售市场。

20世纪90年代上海通过大力开发浦东所创造出的城市发展机会吸引了全球资本的注意力。据统计，上海外商投资企业数在1996～2000年期间，一直保持稳定在15000家以上，注册资本中由外方所出资的资本额不断上升，2000年达到380.84亿美元，比1996年增长33.32%，年均增长7.5%。外商企业经营状况良好。主要年份的经营收入、利润总额、交纳税金总额和从业人员薪金总额都呈不断上升之趋势，如表2－8所示。

主要年份外商投资企业经营情况（单位：亿元） **表2－8**

年份	1990	1995	1999	2000	2001
销售（经营）收入	111.02	1589.66	2991.02	3977.90	4754.12
利润总额	11.04	99.25	103.06	217.79	233.02
交纳税金总额	3.90	73.60	136.60	158.93	191.98
从业人员薪金总额	—	112.54	156.53	180.37	213.11

资料来源：上海统计年鉴

资本的趋利性表明，外商企业（其中包括跨国公司）对上海的“区位优势”所提供的获利空间是满意的。被海内外媒体誉为“全球最具活力和商机的”浦东，截至2002年

① Feagin, J. and Parker, R., 1990. *Building American Cities*, *The Urban Real Estate Game*, 2nd ed., Englewood Cliffs, New Jersey: Prentice Hall. P16～17

底已吸引来自98个国家和地区的10000多家外资企业，利用合同外资220多亿美元，其中180家世界500强企业在浦东投资了350个项目。而位于城市边缘区的长征镇也通过发挥“区位优势”（低廉地价及一系列优惠条件）引入全球品牌的企业，带动了地区经济的活跃发展。

2.3.3 房地产及其相关企业的角色和行为

房地产企业主要是指从事房地产开发、建设、经营、租赁以及信托等经济活动的企业，它是房地产业经济活动的主体，其中包括了专门的房地产开发商。但我们在此讨论的“房地产开发商”行为，主要指的就是包括开发商在内的房地产企业的投资决策和开发、经营管理行为。

霍尔在其《明日的城市》（Cities of Tomorrow）① 一书中，以“企业家的城市”（the city of enterprise）这一章，分析城市经济活动、企业家行为对城市发展和城市规划体系变迁的影响作用，说明了城市经济的变化是城市形态和城市规划的变迁根源。他立足于企业家追求自身利益最大化这个目标，而并非考察企业家对社会、城市建设的贡献，进而研究经济发展、城市形态变迁与企业家行为决策之间的联系。霍尔以20世纪70年代和80年代期间美国波士顿（Boston）、巴尔的摩（Bartimore）和英国伦敦的码头区（Dockland）等地区开发为例，分析了开发商对地区复兴的积极推动作用，以及政府为了推动内城复兴和经济的持续稳定发展，以公共投资的方式吸引和引导私人投资的历程。

在20世纪90年代上海的发展中，伴随着房地产开发的市场化，尤其是土地及住宅开发的市场化，使房地产企业在这一发展过程发挥了不可估量的作用。经历了20世纪90年代初的房地产开发热潮和90年代中期伴随着亚洲经济危机所带来的房地产衰落，目前我国的房地产市场已经复苏并进入高潮。在巨额经济利益的驱动下，房地产企业发展迅速，市场竞争日益激烈（表2-9）。

全国国有经济房地产开发企业（单位）个数及其比重 **表2-9**

年份	房地产企业数总计	国有经济	国有经济企业比重（%）
1995	23190	9869	42.6
1996	22278	9172	41.2
1997	21286	8164	36.6
1998	24378	7958	32.6
1999	25762	7370	28.6
2000	27303	6641	24.3

资料来源：根据2000年度中国固定资产投资报告房地产业分册有关资料整理

作为微观经济主体，房地产开发商与投资者追求的是利润最大化和短期效益，尽管提高企业和个人声望有时也会成为某项特殊开发的附属目标，但显然其最终目的还是为了盈

① Hall, P. 2002. *Cities of Tomorrow, An Intellectual History of Urban Planning and Design in the Twentieth Century* (3rd ed). USA: Blackwell Publishing

利。可以说，房地产开发商对利益的追求使其成为城市房地产市场化开发的主要操作者和催化剂。

对于城市发展而言，开发商是城市空间形态变迁的最主要执行者，同时，开发商及投资者为城市、地区提供了大量的建设资金，使得政府从无休止地为市民改善居住条件的资金尴尬中解脱出来，得以集中人力物力于城市的总体形象及公共空间的质量，以及市民的公共设施福利提升等等。土地制度的改革，激发了开发商的投资建设热情，带动了上海市中心的旧城改造和郊区化的住宅开发。缺少了开发中开发商的积极推动作用，必然会使这一过程大为减缓。

一般认为房地产开发商要能在市场竞争中获胜，需要有各方面的能力，包括具有技术和管理上的能力，能够在开发建设过程中寻获资金，与政府部门协商获得土地，在最后的成品销售过程中还要具有竞争力。随着各种专业资源的丰富和属业管理制度的健全，房地产商逐渐成为一个资源的整合者。从项目策划到销售代理和物业管理，从环境设计到建筑单体都会有专业公司来进行。

另一方面，房地产开发商及其贷款人也是房地产开发过程中的风险主要承担者。房地产投资的一个最基本的特点就是时期长。从投资学角度来说，时期越长，意味着不确定因素就越多，投资风险也就越大。当然，开发商会尽量将这种风险分散或是转移：他们与政府交涉，尽量获得低价位的土地，争取设施使用权、优惠政策，确保长期而稳定的资金来源，减少开发项目资金中的自有资金比例，选择自带资金比例大的承建商，出售期房以尽快回笼资金等等。

房地产开发企业的类型不同，他们的开发行为也各有千秋。国有房地产企业在市场上长期经营，在人力资源、开发经验、资金、信息和信誉上占有很大优势。虽然他们得到政府优惠和扶持的机会在逐渐减少，但国有房地产企业与政府之间由于存在着历史遗留下来的千丝万缕的联系，为他们的项目开发和企业发展提供了很大便利。与国有企业相比，非国有房地产企业经营灵活，具有较强的成本优势。尤其是外资企业机构精练、管理方式先进，更注重建设质量和市场运作，以及品牌效益和企业形象。而非国有企业中内资企业的规模大多偏小，经营目标简单明确，市场意识也比较强。

大型房地产公司实力比较雄厚，一般情况下对市场的波动和经济滑坡的抵抗力也较小公司强；有能力雇用专家和代理机构在投资前期进行周详的市场调查，避免盲目开发；有能力保证开发产品和后期物业管理的质量。大公司可以进行城市街区的成片开发，大规模的旧城改造、商业中心、金融办公大楼等，并有足够的资金用于土地储备、建设费用的周转，能对城市经济发展和开发建设产生较大的影响，因而与政府、公共部门之间形成了较密切的联系，例如上海新黄浦集团；而小公司，由于资金供应上的不足，开发项目相对零星，几乎没有土地储备，常常要跳出城市中心，在城市的郊区进行一些小地块的房地产开发。

出于经济发展、社会安定的需要，政府相对欢迎大型企业的开发投资，同时也对本地国有企业的发展会有一定程度的保护。因此，这两种类型的房地产企业对政府的政策制定和开发控制容易产生一定的影响，也就是说，他们能采用各种手段促使政府的政策和控制不会妨碍，甚至是有利于企业追求高额利润。

2.3.4 城市规划师与建筑师的角色和行为

1. 无奈的城市规划师

“规划听领导的，领导听老板的”。政绩和投资效益成了中国城市发展的短期目标。

在追求城市现代化的过程中，中国城市建设正处于多、快、好、省的大跃进时代，发展速度十分惊人。有些时候，往往只注重过程的求新求变，缺乏理想的城市终极目标。城市空间的发展变化缺乏宏观的把握，缺乏文化的底蕴。在急速的城市化进程中，往往无暇顾及理想的城市发展模式，注重土地的开发甚于城市化的品质①。而追求最大经济效益和城市建设的短期行为则使得传统的城市空间在推土机下被摧毁，被颠覆。

据统计，自1952至2002年，上海新建建筑的总面积大约是6亿m^2，大致相当于10~15个1949年前的老上海。自20世纪90年代以来，大致每2年所建的建筑面积就相当于建成一个新上海。尤其是1985年至2001年期间，上海一共建造了4.68亿m^2的各类建筑，其中大约59.8%是住宅。从城区建成区的面积看，1949年以前的城区面积是82km^2，而今天上海中心城区的面积已经超过了600km^2。仅1995至2001年，上海就拆除了大约3000万m^2历史上遗留下来的建筑。也就是说，上海的近代建筑大约有70%以上在这些年大规模的城市开发过程中被拆除。如果按照这样的速度去改造城市，其代价就可能是城市文化和历史环境的破坏和丧失②。

城市规划作为政府职能的一个重要组成部分，在中国城市快速发展的进程中愈来愈被认识到其重要性所在。应该说，“规划鬼话，图上画画，墙上挂挂”的时代进入20世纪90年代已被逐步淘汰。然而，由于中国城市规划的决策体制中地方长官的意志仍起着举足轻重的作用，城市规划师在城市规划的制定及实施过程中一定程度上仍无法保留独立及专业的角色。关于中国规划师的责任及道德的讨论遍及各类专业杂志，然而由于在根本上中国城市规划的决策体制未有改变，规划最终还是听领导的，因此规划的风险也就维系在地方长官的智慧上了。然而由于任期内的政府的“企业家”行为，趋于地方经济利益的考量，最终往往导致城市建设“决策跟随资本”的结局。20世纪90年代在上海的快速发展中，各区县之间对国内外资本的竞争日益激烈，从而带来城市空间的空前竞争（建筑高度、开发强度、物业形态、零售业态等方面），如每个区竞相建设副都心、CBD、某街某市、高尚住宅社区等等诸如此类，无不反映出城市空间的利润化价值取向。城市规划师不得不成为实现这些空间计划的工具。

2. 活跃的国际建筑师

其实早在19世纪，西方建筑师及建筑思潮就曾直接介入中国的建筑界，上海近现代的建筑即是最好的历史见证。从20世纪80年代开始，西方和境外的建筑师再度迅速地介入中国的建筑市场，与此同时，中国的建筑师也在重新认识西方的当代建筑和建筑师。一方面，中国建筑师的观念和设计思想与境外建筑师产生了剧烈的对比，另一方面，也形成了观念上的冲撞。郑时龄教授认为全球化对中国城市的影响不仅是促进城市化的快速发展，同时城市规划和建筑设计领域内有更多国际建筑师的参与③。然而长期以来，全球化

---

① 郑时龄．理性地规划和建设理想城市．城市规划汇刊，2004［1］．P1~5

② “不该忽视城市的文化价值——郑时龄访谈”．建筑时报，2003-12-02

③ 郑时龄．全球化影响下的中国城市和建筑．建筑学报，2003［2］．P7~10

已成为一个以西方世界的价值观为主体的“话语”领域，在建筑领域表现为建筑文化的国际化以及城市空间的趋同现象。无论是北京、上海，或是香港、台北、曼谷、汉城，以及纽约、芝加哥，城市中的大部分地区都失去了个性，彼此十分相似。全球化淡化了中国建筑和东方文化的主体意识，尤其在美国文化的冲击下，城市空间越来越向曼哈顿看齐，夜景则模仿赌城拉斯维加斯，对此造成的中国城市空间和形态的趋同不可熟视无睹。

“西方的建筑师能否善待我国的城市，我国的文化?”，郑时龄教授提出了一个尖锐而值得深思的问题①。我们不仅需要对西方建筑的文化与中国文化的关系认真地反思，同时更重要地需要反省我们选择境外设计的价值观。

西方建筑师涌进中国建筑市场，另一主要原因是中国政府和企业“崇洋媚外”的价值观所决定。当中国与世界城市文明之间经历了那么长期的隔绝之后，国门一开，一个光怪陆离、多姿多彩的世界呈现在面前。各级政府官员、企业家们络绎不绝地出外考察学习。由于缺乏对民族文化的认识和自信，西方城市和建筑的图景成为了他们要在中国大地上实现城市梦想的原型。于是便出现了凡大型规划设计和建筑设计项目必须通过国际招标的方式，这在上海1990年代的各类大型项目中均有体现。

3. 尴尬的本地建筑师

20世纪90年代是中国建筑数量发展最快的10年，也是生产了大量建筑垃圾的10年。当下中国城市建筑发展盲目追求个性，原来建筑的问题是千篇一律，如今的弊病则是千奇百怪。整个城市就像满嘴镶金牙的小商人，虽然金光闪闪，实际上非常没有文化②。在城市开发热潮中，推土机的话语霸权正在进一步扩张。在拆毁许多历史建筑的同时，又建了许多奇异的新建筑。摩天楼在疯狂竞争，抢夺最高建筑之桂冠。其实，摩天楼已经成为金钱与权力的象征，成为巨大无比的广告。摩天楼像洪水猛兽一样吞噬了整个城市。其实这些建筑具有很高的历史学意义，见证了这个时代的建筑品位和文化价值。

然而，城市建筑存在的种种问题如果由建筑师来负责，未免不太公平。城市建筑是长官、开发商、建筑师和市民合谋的产物，尤其是建筑师与业主这一对关系的直接创造物。美国著名建筑师彼得·埃森曼对待建筑与业主关系的想法是③：

> *“没有哪一栋我所设计的房子是根据业主的意愿而成型的，设计是要把业主的意愿彻底改变……如果你相信我所说的，建筑就可以使文化产生变化，你不可以设计建筑去取悦有钱的业主。”*

这是出于建筑师追求建筑创作自由本性的理想主义观点，但是在现实社会中，建筑师与业主的关系是由建筑师的社会地位和影响所决定的。建筑师往往受制于业主的价值取向，这也是房地产开发市场化的结果。尤其是目前中国城市急功近利的开发方式、房地产开发商与投资者拥有的资本话语权、政府及企业的文化及审美价值观，无不对本地建筑师的创作空间产生了制约。西风日盛的大环境下，中国的建筑师同时还要面对来自外部的夹

---

① 郑时龄. 理性地规划和建设理想城市. 城市规划汇刊，2004［1］. P5

② 王明贤. 南方周末

③ 郑时龄. 建筑批评学. 中国建筑工业出版社，2001. P291

击。虽然仍不乏有坚持中国文化探索的建筑师，但大部分的本地建筑师已不得不向资本低头，成为了城市金牙工程的设计者。

2.3.5 城市居民的角色与行为

1. 住宅选择——富裕者的自由

上海自20世纪80年代开始大规模的新住宅建设，进入90年代，随着住宅市场化程度的提高，住宅开发迅速。住宅在市场化开发条件下，土地级差地租发挥了作用，郊区的地价远远低于城市核心区，因而郊区的住宅价格相对低廉。但上海市的中心区魅力依旧，而且不断还有高强度的资金投入，呈现出欣欣向荣的开发胜景，绝无类似于西方城市中心的衰退迹象。快速的经济成长所造成的“财富鸿沟”使得高收入的富裕阶层在择居时拥有更大的自由，他们可以选择仍然留在城市中心，或郊外环境优雅的别墅区。而对于并不富裕的工薪阶层和城市平民，甚至于处于非正规经济部门工作的人群，他们几乎没有太多的选择，经济的处境决定了他们为了取得较廉价的住房，无奈地迁到离中心较远的郊区。

旧城区在推土机的轰鸣中被摧毁，随之带来人口大规模的迁移，大批原居民在极短时间内非自愿地搬迁往郊区。这无疑改变了原先有机的社会联系，而原有的社会空间是在家庭联系和私人感情基础上长期醇化而形成的一种比较牢固的社会网络。居住形态的变迁打破了原有的城市社会空间结构，市场化开发的住宅区对传统型社区的转型起到了催化作用，从而影响到人们的社会生活。

2. 有限的市民参与

城市空间形态塑造的原则是“以人为本”。从空间设计角度来说，宜人的尺度以及场所精神的创造是古典城市空间形态塑造成功的关键，也是功能主义城市规划失败的原因之一。从社会规划的角度来说，公众是城市生机与活力的主要源泉，公众利益是城市建设和发展中公众普遍的价值取向和利益选择。现代城市规划师的职责是代表公众利益，保护弱势群体，维持社会公平。

从城市规划的实施角度来说，一方面，公众利益是影响决策者决策的重要因素，美国都市更新时期的城市规划失败经验说明，仅考虑少数精英阶层的城市规划计划是不可能成功的；另一方面，公众的“自我意识”越来越强烈，遭到公众抗议和谴责的城市规划方案将越来越行不通；但公众的素质也逐渐提高，愿意参与到城市环境的塑造过程中去，也能够接受有关训练，从而有能力参与城市空间形态塑造过程。

在西方，城市规划的公众参与更多的是政治平衡行为。因为他们的议员既代表资本的利益，同时又代表公众（选民）的利益。当资本的某些要求要触及甚至严重影响城市规划时，议员们就可以通过公众参与来加以平衡，使得资本有所退让。这种平衡由于长期的“磨练”而日益精致，成为资本主义民主在城市发展方面的一种体现。事实上，我们已经面临类似的矛盾，比如有的资本正是通过影响城市领导达到擅自更改规划来满足其不合理要求的目的。

在计划经济时期，中国的城市规划是一种“关门规划”、“神秘规划”，公众根本不了解，更谈不上参与。上海直到1990年代的后期才建立了城市规划展览馆，供公众参观。但是，这一切只是公众参与城市规划的开始。现在的公众参与往往是“事后参与”、“被动参与”，规划制定过程中公众参与很少，规划实施中，公众被迫参与的则不在少见。

2.4 典型城市空间的分析——资本流动趋向与建成环境

20 世纪 90 年代的上海城市发展是在特定城市经济和社会形态的转型中进行的。因此，对上海城市空间分析，不仅要考察经济全球化、管理分权化、快速市场化背景下的上海城市制度特征；分析参与城市空间塑造的各利益团体在特定时期城市发展过程中的角色和行为特征；更重要的是研究在上述非物质特征下，上海特定城市空间建成环境内相对应的物质表征。

2.4.1 新兴的城市地区——浦东

20 世纪 90 年代上海浦东的开发是中国政治经济改革的试验场，它既是一项国家发展战略，同时对城市及地区的发展影响重大。在建成区的资本投入方面，可以明显地反映出以经济增长导向为主的城市发展战略快速地塑造及改变了城市空间，并在与整个城市发展的关系中越来越显示出竞争性和独立性。浦东的变化明显反映出经济全球化、管理分权化、快速市场化三种趋势在城市空间的综合效应。浦东小陆家嘴城市空间的形成更深入地体现了这些宏观经济社会层面、各种利益集团的活动的投影。

2.4.2 大城市边缘地区——长征镇

在我国由计划经济体制向市场经济体制转轨的背景下，创新机制激发了地方政府逐步挣脱行政束缚以及充分利用市场机制的积极性与灵感。通过对上海近郊长征镇近几年来的城市形态变迁，可以清晰地反映地方政府通过自下而上的发展动力和制度创新，吸引国际国内资本，快速刺激农业经济向城市经济转化，促进地方经济市场化发展的态度及行动，对大城市边缘区的城市空间形态形成及变迁起着举足轻重的作用。

2.4.3 城市住宅空间形态的变迁

居住改变生活，改变城市。20 世纪 90 年代上海大力推行住宅市场化，传统的城市居住形态、地域格局产生了剧烈的变化。房地产业的发展与运作对城市规划的实施起着相当重要的作用，房地产的开发才真正完成了城市规划实质环境建设的目标。从上海市城市房地产开发的量分析，住宅开发占据了其四分之三，因此住宅开发对上海城市空间形态变迁的影响重大。同时在上海住宅空间形态的 10 年变迁中，也明显地反映出国际资本及民间资本的综合影响，以及各区县地方政府的竞争对住宅空间塑造的作用。市场化过程中，政府、开发商及其相关企业、城市居民都扮演了重要的角色。

2.4.4 城市空间的分异——信息化与非正规经济活动的空间投影

信息化作为全球化的重要特征，信息化进程不仅导致城市社会经济结构重组，并且直接影响城市空间结构的重组。随着上海快速的城市发展以及受全球性信息化进程的影响，城市社会、经济、空间结构的重组趋势日益明显。同时，伴随着快速城市化过程，农民工大量涌入城市，但其中仅有一小部分转化为城市工人；城市经济结构重组及国营企业体制改革也导致大量显性及隐性的失业工人；这两部分社会群体游离于城市主流社会及正规经济部门，他们的活动不可回避地已开始投影于城市的空间形态。作为上海社会经济快速发展的双生产物，信息化和非正规活动，日益分化的两极，正直接影响城市社会经济形态及城市空间形态。

2.5 本章小结

1990 年代的上海城市发展是在特定城市经济和社会形态的转型中进行的，但有其特殊性，一方面，在于其压缩在不到 20 年内的跳跃式发展；另一方面，上海的发展直接纳入了信息化和全球经济一体化的新形势中。

本书认为需要建立综合的城市空间研究的政治经济学观，即不仅需要研究在特定社会形态下的资本运动轨迹对城市空间的影响，并同样重要地需要研究参与该社会过程的各利益团体的行为动机，这样才能全面地解析城市空间的生产方式，即空间形态变迁的内涵及机制。

因此本书对上海城市空间基本分析框架分为三个层次。首先在宏观社会经济层面，1990 年代上海的社会经济制度受到了经济全球化、管理分权化、快速市场化的强烈影响，上海越来越迅速地加入世界经济的体系中，并将世界城市作为发展的目标及定位。这一时期上海经济呈现出高速的增长，在城市建成环境中吸收了大规模的来自本地及国内外的资本，城市建设呈现出大规模的开发热潮。在这一时期城市的大规模建设中，各利益团体包括各级地方政府、跨国公司、各种类型的房地产开发商、城市规划师与建筑师，以及城市居民各自扮演了特定的角色，共同参与了城市空间的塑造；通过考察及研究上海典型快速发展的城市空间建成环境（城市新兴地区、城市边缘区、住宅社区、信息化及非正规经济活动影响下的空间分异）中资本流动的基本特征及相对应的物质空间表征，印证制度的变迁及社会各利益团体的行为对 1990 年代上海城市空间形态变迁的综合作用。

第三章　新兴的城市地区——浦东

“空间是政治的。排除了意识形态或政治，空间就不是科学的对象，空间从来就是政治的和策略的……空间，它看起来同质，看起来完全像我们所调查的那样是纯客观形式，但它却是社会的产物。”

——列菲弗尔①

“有组织的空间结构本身并不具有自身独立建构和转化的规律，它也不是社会生产关系中阶级结构的一种简单表示。相反，它代表了对整个生产关系组成成分的辩证限定，这种关系同时是社会的又是空间的。”

——索亚②

图 3－1　上海浦东新区示意图

① Lefebvre, H., 1977. “Reflections on the Politics of Space”, in Peet, R. (ed) Radical Geography, Chicago: Maaroufa Press, P34

② Soja, E., 1980. “The socio-spatial dialectic”, *Annals of the Association of American Geographers*, 70, P208

3.1 1990年代中国政治经济发展的实验品——浦东

浦东开发开放的决策，从全国来说，是为了适应我国继开放了4个特区和14个沿海城市之后进一步扩大对外开放的需要，发挥上海这座我国最大的经济中心城市的作用，带动我国最发达的长江三角洲和长江流域经济带的腾飞。而从上海来说，则是为了从根本上突破浦西的区域局限和上海城市单一的工业功能，实现上海经济的振兴。

自1990年以来，上海的经济增长大致经历了两个大的发展阶段：第一个阶段是借助浦东开发开放东风，通过拓展上海经济增长的空间，实现了2位数的经济增长；第二个阶段是通过产业与经济结构的调整，继续保持了2位数的经济增长。这两个阶段的经济增长，源于上海经济时空结构的调整，其中浦东开发开放属于空间结构的调整，而产业结构的调整则属于时间结构的调整，它们都具有外延扩张的特征。

作为国家战略实施的浦东开发，从一开始就带着强烈的政府意志主导的色彩，虽然在具体的开发过程中大量地引用了市场运作的机制，但无论在财政资源调配、城市基础设施投入、组织管理机制都无不呈现出政府的高度控制。这种特定的社会经济架构及其10多年快速制造出的城市空间，的确令人瞠目、惊叹。罗马不是一天建成的，然而浦东的的确确是在短短的10年中拔地而起的，这不能不说明这一社会和空间的互动是高效而匹配的。

3.1.1 国际国内背景

20世纪80年代以来，在信息产业的带动下，世界经济出现了新一轮全球化的浪潮。新一轮经济全球化的主要特征是金融国际化和世界生产向新兴工业化地区和发展中国家的其他地区全面转移。20世纪70年代末，中国开始了改革开放的历程，中国经济开始融入世界经济体系。20世纪80年代，外资大规模进入中国。

上海，中国人口规模最大的城市，早在20世纪30至40年代，上海浦西曾是我国乃至亚洲重要的金融中心和贸易中心。解放后由于内外部的种种原因，浦西逐渐演变成了一座工业城市，中国最大的工业基地，但她仍继续扮演着中国经济心脏的角色。1978年以前，上海的工业总产值一直占全国1/3～1/4。在20世纪80年代中期，当中国改革开放率先在珠江三角洲、福建南部、东南沿海地区取得显著的成功时，作为沿海的14个开放城市之一，上海的发展才刚刚起步。随着4个沿海经济特区和珠江三角洲的崛起，上海在全国的经济地位迅速下降。20世纪80年代的10年间，上海GDP占全国的比重从7.1%下降到4.1%。上海经济发展遇到了前所未有的困难和挑战。那时，上海不仅落后于亚洲“四小龙”——中国香港特别行政区、新加坡、韩国和中国台湾地区，而且在经济发展速度和经济活力方面甚至落后于许多中国东南沿海的城市和地区，作为中国最重要的经济中心城市，上海已经显得有点黯然失色了。

1992年，邓小平先生的一段话值得回味：“回过头来，我的一大失误就是搞四个经济特区时没有加上上海。要不然，现在长江三角洲、整个长江流域，乃至全国改革开放的局面，都会不一样。”事实上，正是因为上海在中国重要的经济地位，使得中国改革开放的总设计师当初不敢冒险。尽管如此，上海也一直未放弃改革开放的尝试。

从1986年开始，在浦西地区，上海相继建立了3个经济技术开发区：闵行经济技术开发区、虹桥经济技术开发区和漕河泾经济技术开发区。由于上海在地理条件、经济基础、科学技术等方面的优势，这3个开发区引起了国内外大量投资商浓厚的兴趣。在很短的时间内，3个开发区成功地吸引了巨额的投资项目，并带来了迅速的繁荣。例如闵行经济技术开发区，1990年9月以前，包括美国、日本、德国、澳大利亚、加拿大、新加坡、泰国、瑞士、意大利、香港和台湾等14个国家和地区的61家外资企业签订了在该地区建立企业的合同，其外资总量达到2.21亿美元，而占地面积仅有2.13km^2。这些企业80%以上是以出口为导向的高新技术企业。在1989年，闵行经济技术开发区的外汇收入达到0.49亿美元，并在几年之后，其外汇净收入就在14个沿海经济开发区中名列榜首。虹桥经济技术开发区是中国最小的开发区，占地仅有65.2hm^2，却在20世纪80年代晚期创造了吸引外资最好的成就，达6.2亿美元。漕河泾经济技术开发区则以发展高新技术产业为主，集中了一大批高技术产业群，诸如微电子、航空航天、光纤通信、生物工程、计算机和新材料，共有60多家海内外企业进驻。1989年，该区工业总产值已达到18.4亿元，其中出口创汇0.44亿美元，一个高新技术的产业群已初具规模，并迅速地发展。

3个经济技术开发区的发展卓有成效，充分彰显了上海在新时期创造经济快速增长的巨大潜力。但无论如何，这3个经济技术开发区总计只有8km^2，规模之小难以承担起整个上海实现经济增长战略的责任。因此，开发黄浦江东岸——浦东，这一建议又一次被提了出来。

开发浦东，是孙中山先生早在1919年所著《建国方略》中已提出的设想。解放以后，上海曾多次提出和讨论浦东开发。1983年在《上海经济发展战略》研究中，有关学者提出上海向多功能中心发展和开发浦东的建议，之后并以报告形式呈报到国务院。但无论如何，在这个阶段，开发浦东这个最初的计划也仅仅是地方政府水平的经济发展战略而已，还未像1990年初邓小平先生指出的那样，把它视为整个国家经济发展的战略之一。

1986年，开发浦东的理念开始不断加强。国务院在对《上海城市总体规划方案》的批复中明确指出，“要把上海建设成为太平洋西岸的经济、贸易、金融中心之一”，“有计划地建设和改造浦东地区”。虽然国务院的批复再次肯定了浦东开发的必要性，但也仅仅是城市发展方向的定位，仍未作为一项国家的战略。

3.1.2 一项国家战略

从1986年到1988年，上海召开了多次国际性的研讨会，探讨上海的发展和浦东的开发。在邓小平同志的倡议和推动下，1990年4月中央做出了开发开放浦东的重大决策，1990年4月18日，时任国务院总理的李鹏代表国务院宣布上海浦东开发开放正式启动。因此，浦东开发不同于一般城市的经济发展重心的东移，它不仅是一项地方发展战略，而更是一项国家战略。它的意义不仅在于振兴上海经济，而且对于带动长江三角洲和长江流域的经济腾飞，进而带动整个中国的进一步发展，打破西方当时的政治经济封锁具有重大战略意义。

1990年1月28日至2月18日，邓小平在视察上海时指出，开发浦东不只是浦东的问题，而是关系上海发展的问题，是利用上海这个基地发展长江三角洲和长江流域的问题。金融是现代经济的核心，中国在金融方面要取得国际地位，首先要靠上海。他指出，计划经济也可以为社会主义服务，希望上海人民思想更解放一点，胆子更大一点，步子更快一点。1992年春，邓小平的南方谈话，更使上海浦东建设进入新一轮高潮。

这之后，从1992年到1995年短短3年间，邓小平、江泽民、李鹏、朱镕基等中央领导同志先后分别10次视察过浦东和上海，其他中央领导人在浦东规划开始实施之日起，也经常地到上海和浦东视察，并予以工作指导。这是从中华人民共和国成立以来还从未发生的事情①。可以认为，这样经常性的视察有以下几个特殊目的：(1) 不断地向世界通告，中国开发浦东的决心是坚定的、不可动摇的，从而加强了投资者尤其是海外投资者的信心；(2) 向地方政府显示中央对浦东开发的重视程度，鼓励地方工作开展；(3) 在项目实施过程中不断为新出现的问题提供解决方法，从而保障了浦东开发的顺利进行。

1994年江泽民视察浦东，指出浦东开发是中国20世纪90年代改革的重要标志。

1995年9月，国务院又赋予浦东一系列功能性政策。

浦东作为国家战略也在党的十四大报告中得到明确："以上海浦东开发开放为龙头，进一步开放长江沿岸城市，尽快把上海建成国际经济、金融、贸易中心之一，带动长江三角洲和整个长江流域地区的新飞跃。"党的十五大、十六大报告又相继提出，上海浦东新区要在体制创新、产业升级、扩大开放等方面走在前列，发挥对全国的示范、辐射和带动作用。

图3-2　1980年代的浦东

3.1.3　新特区的新政策

为了贯彻浦东开发的国家战略和城市发展战略，从中央政府到上海政府制定了一系列的特殊政策，以保障浦东开发的顺利实施。这些政策概括起来主要来源于3个方面：(1) 中共中央和国务院；(2) 国家有关部委；(3) 上海和浦东政府。分析这些政策，可以理解它们具有三方面的功能：

a. 给上海政府以更多的权力，这主要集中在两方面：一方面是同意给地方政府更多的自主权，以在更大的范围内检查和审批投资项目；二是允许地方政府在新区保持适

① 黄健荣. 浦东新区建立过程中的政策制定研究. 海外学者论浦东开发开放（俞可平等主编）. 中央编译出版社，2002. 第68页

当的财政收入并给予特殊的财政支持。

b. 给投资者提供3方面的优惠条件：减税或免税；在投资形式上给予更多的方便；改善基础设施，提供更好的投资环境。

c. 规定地方政府的行政工作方法和工作程序，从而确保浦东新区的工作效率的提高和工作质量的改进。

具体分析浦东的主要政策，可以发现这些政策的基本特征。截至1995年末，浦东的绝大部分政策都是中央和上海政府制定的。这些政策包括：1990年3月制定的浦东10项优惠政策，除经济特区或经济技术开发区一般条款以外，其中5项为新规定；1990年9月10日制定的9项法规，是对上述10项的具体化措施；1992年3月10日批准的10多项优惠政策，是中央政府给予上海和浦东比深圳更优惠的新政策，5项是授权上海市政府审批投资项目的权力，另5项是给予上海扩大基金以支持浦东开发的权力；以及其他关于工作程序和工作方法的规定。

截至1995底的中央政府给予上海和浦东的优惠政策　　表3-1

时　间	内　容	备　注
1990年3月	1. 允许外商在新区投资第三产业 2. 允许外商在上海和新区设立外资银行 3. 在浦东的保税区内，允许外国贸易机构从事仓储贸易 4. 明确地批准了土地有偿转让政策，鼓励外商签订合同，开发附近的土地 5. 新区获得新的财政收入将予以保留，用于浦东进一步的开发	除经济特区或经济技术开发区一般条款以外的5项新规定 根据1990规定，在中国其他地方，外商从事金融、零售业和其他贸易是被禁止或限制的
1990年9月10日	1. 在上海对外资和中外合资的金融机构实施行政管理措施 2. 对企业收入的税收减免和工商企业增值税减免的规定，以鼓励外商在上海浦东新区的投资 3. 中华人民共和国海关物流控制的措施，即个人物品进入或离开上海外高桥地区的运输手段规定	国务院批准有关部委颁布 财政部颁布 海关总署颁布
	4. 上海市关于鼓励外商投资浦东新区的规定 5. 上海外高桥地区的行政管理措施 6. 上海浦东的土地管理规定 7. 上海浦东新区建设和管理的项目措施规定 8. 上海浦东新区外资企业的审批措施 9. 对上海浦东新区的产业发展和投资方向指导	上海市政府颁布
1992年3月10日	1. 授权给上海在外高桥地区建立中资或外资仓储贸易企业的审批权 2. 授权给上海在浦东新区内的国有大中型企业的进出口审批权 3. 放宽上海在浦东新区建立非工业项目的审批权 4. 同意给上海在浦东新区投资金额低于2亿元工业项目的审批权 5. 同意给上海发行上海的股票和债券用于浦东开发，允许全国其他地方的股票在上海进行交易	前5项是授权上海市政府审批投资项目的权力
	6. 允许上海每年发行5亿元的工业债券 7. 除了已经获得的每年1亿美元的贷款外，中央政府同意给上海每年2亿美元的低息贷款 8. 除了一般的配额外，还允许上海向上浮动1亿元的股票价值 9. 允许上海为外商投资者每年向上浮动1亿美元的B股价值 10. 1992年，除了已经给的2亿元外，中央政府再给上海1亿元的附加分配基金	后5项是给予上海扩大基金以支持浦东开发的权力

资料来源：本研究根据浦东外商投资报告整理

值得注意的是，中央政府对待浦东是非常特别的，所有浦东的政策都是在很短的时间内制定出来的，这些政策有些是其他经济特区和经济技术开发区所从未有过的，有些政策虽然与其他经济特区和经济技术开发区类似，但更有力度。无论是中央政府还是上海政府对于执行这些政策和措施都有强烈的紧迫感。尤其在基础设施建设方面，中央政府不仅给予政策优待，更提供了财政和信贷配额，这与其他经济特区和经济技术开发区是完全不同的①。因此，离开了中央政府的支持，浦东的发展的进程不可能如此迅速。

3.1.4 特别设计的制度

浦东最初的规划控制区位于黄浦江以东、长江口西南、川杨河以北，紧靠浦西老市区，面积约350km²（1992扩大为522.7km²）。在20世纪90年代的浦东开发中，浦东的行政管理体制经历了3次大的调整，从管理体制上看，浦东的发展经历了3个时期②。从由上而下的中央政府、上海政府的集权管理，逐步走向地区自治。

1. 1990～1992年——浦东开发办公室

浦东350km²的规划控制范围内，含三区两县：南市、黄浦、杨浦三区和上海县的部分地域，以及川沙县全县。开发初期，为了快速起动建设和实现在体制机制上的转变，上海市在浦东新区建立了行政协调的管理体制，即原有的三区两县的行政管理职能不变；设立浦东开发办公室，作为市政府派出机构，对浦东的开发建设进行总体构思、组织协调；市各委办局凡有需要的，在浦东设立开发办（处）；设立浦东新区规划设计研究院，对新浦东区开发进行总体规划研究和设计。浦东这个时期的发展基本是依赖上海市的组织管理体制。

这种开发建设管理与日常行政管理并行的管理模式，在浦东开发初期取得了明显的成效，保证了开发初期规划和政策设计的快速、高效，但传统的低效率的行政管理体制没有从根本上触动。浦东进入实质性开发阶段以后，上海市对开发初期的管理体制进行了调整。

2. 1993～2000年——浦东新区管委会

1992年，经国务院批准，将黄浦、南市、杨浦三区和上海县的浦东部分，从原行政区划出，撤销川沙县，设立浦东新区。1993年初，成立了中共浦东新区工作委员会和浦东新区管理委员会。新区工委为中共上海市政府的派出机构。新区管委会下设10个局办。新区不设人大和政协，由市人大和市政协派驻联络处。浦东新区的管理体制有以下特点：一是党政合一、政企分离。二是高级别、高授权，新区工委和新区管委会，均为副省级，享有计划单列市的权限。三是高度精简、统一。当时，上海市政府有100多个委办局，浦西的每个区县也有50个左右的局办。浦东管委会下设10个局办，800个编制，比浦西的区县减少了一半。

浦东新区的管理体制大体延续了改革开放初期经济特区的模式。高级别、高授权，有

---

① 邓小平1979年4月对广东省的领导人有过这样一番谈话："中央政府没有钱，所以，你们只有依靠自己的努力。"中央政府给予其他经济特区和经济技术开发区仅仅是一些政策优待以促进当地资本的原始积累，并未向给予浦东一样，从财政上给予实质性的支持。

② 黄士正. 国际化进程中的制度变迁——近10年北京与上海空间发展管理体制的比较分析. 中国网，2004-04-22. http://www.china.com

利于突破旧体制的束缚，有利于争取和行使国家优惠政策；高度精简的政府机构有利于提高行政效率。20 世纪 90 年代浦东新区的高速发展，与这种精简、统一、高效的管理体制有很大关系。但作为经济转型和大规模开发期特定的产物，浦东新区的管理体制又带有很强的计划经济色彩和“非正常”的特点。如新区政府对土地开发和引资的过多控制。

3. 2000 年至今 ——浦东新区政府

20 世纪 90 年代后期，国家对浦东新区的优惠政策逐渐弱化，新区大规模开发建设基本结束。2000 年，在浦东开发开放 10 周年之际，上海市政府决定撤销浦东新区党工委和管委会体制，正式建立区委、区政府、区人大、区政协，浦东新区行政管理体制回归到正常的政治架构，实现了地区自治。

浦东新区管理体制的演变，不是一个简单的循环，因为在体制的变化中，资源配置的基础发生了变化，这是一个不断市场化的过程。浦东的开发开放作为国家战略，靠高起点的基础设施建设、大规模的土地开发，吸引外资，实现了跨越式的发展。20 世纪 90 年代的 10 年间，浦东的 GDP 增长了 13. 3 倍，年均增长 21. 3%，浦东新区 GDP 占上海全市的比重上升到 19. 8%。

3. 1. 5　市场化机制

1. 国家土地法律制度的根本性变革

浦东新区地域广大，尤其是其金融贸易中心区陆家嘴的开发建设不但要从零开始，而且大量居民、工厂和企业的搬迁，以及成片土地的开发又面临巨额基础设施的投入。1988 年国家修改《中华人民共和国宪法》，规定土地产权属国家所有，但土地使用权可以根据土地使用性质有偿转让。同年在上海虹桥经济开发区成功地进行了上海第一块土地使用权转让的公开招标，为城市开发建设筹措了可观的建设资金。国家宪法的修改，使得土地批租（土地使用权有偿转让）作为浦东筹措开发建设资金的重要手段之一解除了法律上的难题。经过近 13 年的努力，土地批租业已成为浦东，乃至上海市城市建设、旧城改造和市政基础建设与更新的重要资金来源之一。

2. 政府功能的根本性转变

政府支持与市场化开发是浦东开发建设的独特基础。浦东新区政府从一开始就改变由政府直接运作管理经济开发区的旧模式，根据中国改革开发的实际情况，将企业运作和城市开发进行了很好的结合，如组建国资占控股地位的陆家嘴公司，受政府委托全面承担区域开发建设和管理的职能。此举不仅使陆家嘴金融贸易中心区的开发从起步之初就遵循效益最大化、形象最优化、功能最合理的要求按市场经济规律和国际惯例稳步推进，同时也使陆家嘴公司自身随着区域开发的推进而逐步发展壮大，为大型国有企业如何在市场经济形势下运作进行积极的探索和有益的实践。

3. 市场开发机制的根本性变化

在开发过程中，改变原有以国家开发公司一家为主的开发组织模式，结合现代企业制度改革，实行国有集团公司、上市公司和中外合资企业多种所有制形式共存的高效运营模式。通过国有股权转让、海外资本市场（B 股）和国内股票（A 股）、债券市场的融资途径，针对不同的目标市场，采取不同的市场手段，提高资金的筹措能力和强化资金的综合利用效力。

3.2 浦东—上海经济一体化的进程

20 世纪 90 年代浦东发展的战略定位和制度设计可以清楚地体现，浦东的发展不是孤立的，它不是一般的城市新区的建设。浦东的发展是为了更大地发挥上海这座中国最大的经济中心城市的作用，带动中国最发达的长江三角洲和长江流域经济带的腾飞。而从上海来说，则是为了从根本上突破浦西的区域局限和上海城市单一的工业功能，实现上海经济的振兴。因此，浦东的发展与上海的发展息息相关。20 世纪 90 年代浦东若离开了上海浦西的依托，仍只是一片孤岛；而上海离开了浦东的开发，无法实现经济的腾飞。

3.2.1 资本的聚集

在特别的制度保障下，浦东的 10 年是一个奇迹，引起了全世界的关注：

*被海内外媒体誉为“全球最具活力和商机的”浦东，迄今已吸引来自98 个国家和地区的1 万多家外资企业，利用合同外资220 多亿美元，其中180 家世界500 强企业在浦东投资了350 个项目。中央和外省市在浦东投资了6000 多个项目，注册资金超过1000 亿元。目前，浦东聚集了7 家证券、期货、产权、人才等国家级要素市场，近200 家中外金融机构，26 家跨国公司地区总部，上百家跨国公司区域性研发中心，以及数十家国内大企业、大集团总部（如宝钢、中化国际、德隆、新希望、杉杉）。大量中外企业的涌入，特别是“总部经济”、“头脑经济”、研发产业等现代经济精华的汇聚，迅速提升了浦东的创新创造力、辐射影响力、综合服务力和核心竞争力，使浦东初步形成面向国际的区域性金融服务中心、跨国营运管理中心、技术创新中心、内外贸易中心、现代物流中心和旅游会展中心。*①

1. 国内资本的流入

浦东开发的第一阶段（1990 ~ 1995），首先实施的是大规模的基础设施建设，城市基础设施的巨大投入以及产生的效应促使投资环境发生了巨大的变化。到 1995 年 4 月，浦东新区成立 5 周年之际，从道路、桥梁、码头、机场到通讯设施、电力、水、煤气供应等投资于基础设施的资金已经超过 250 亿元，从而使一个崭新的浦东基本成形。从图 3 – 3 可以看到，自 1990 至 2000 年 10 年间，浦东基础设施的投资总额和全社会固定资产投资总额占全上海的比例，呈现出两个明显的波峰。基础设施的投资总额占全上海的比例在第一阶段 1990 至 1995 为一个最高波峰，其间比重超过了 30%。反映出在开发浦东的战略导向下，城市政府对浦东财政上的巨大支持。

同时在浦东开发的国家战略引导下，大量的国内资本亦注入了浦东的建设。截至 1995 年末，国务院各部委、其他省市在浦东建立的企业就高达 4000 余家。根据图 3 – 5 对浦东新区全社会固定资产投资总额占全上海的比例的细分显示，国内预算内资金、国内贷款及自筹资金的比例逐年上升，其中国内贷款的增长尤为显著。

① 浦东：最具创新活力的地方. 新华网，2004 – 04 – 21. http://www.xinhuanet.com/chinanews

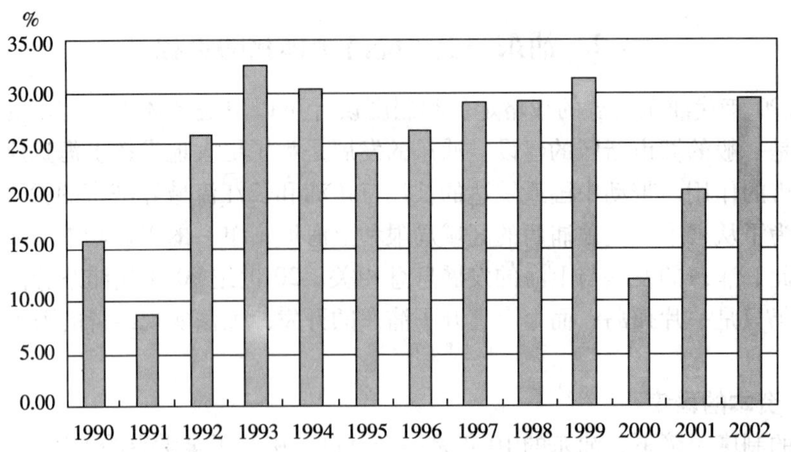

图 3-3　浦东新区城市基础设施投资额占全市比重（%）

资料来源：上海统计年鉴（1990~2002）

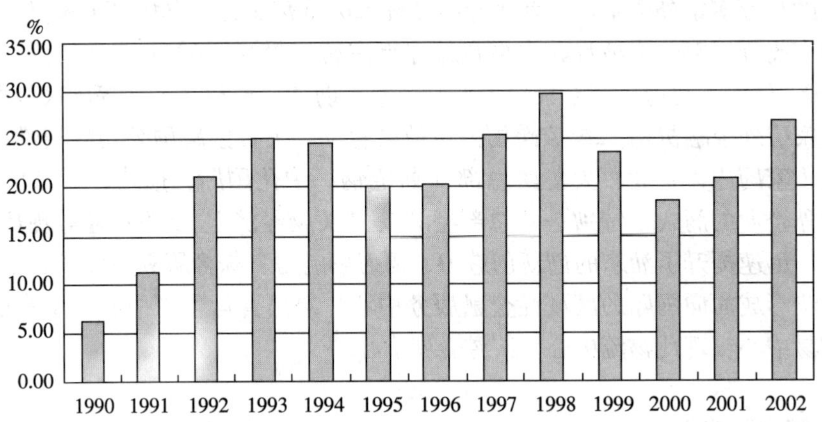

图 3-4　浦东新区全社会固定投资总额占全市比重（%）

资料来源：上海统计年鉴（1990~2002）

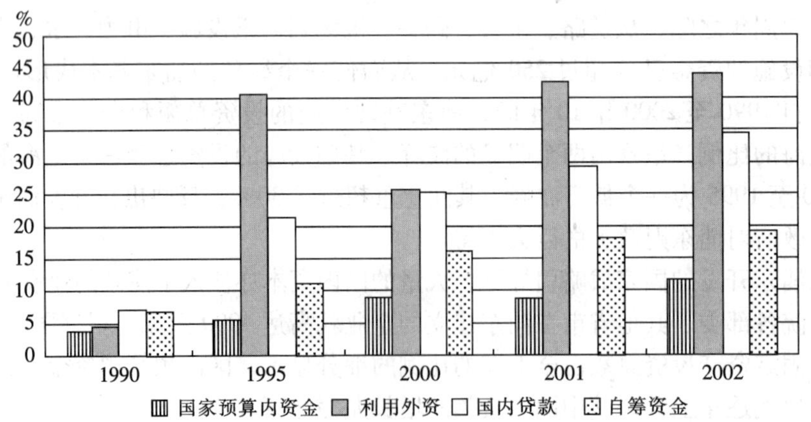

图 3-5　浦东新区全社会固定投资细分总额占全市比重（%）

资料来源：上海统计年鉴（1990~2002）

2. 国际资本的流入

同时，图 3－5 亦反映出一个显著的事实，在全社会固定资产投资总额占全上海的比例中利用外资的份额自 1995 年以来，一直保持在 40% ~45% 的水平。

1990 年浦东新区刚开始开发之时，吸引外资还不足 1500 万美元，但到了 1992 年则达到了 3.5 亿美元，1994 年为 12.5 亿美元，1998 年甚至猛增到 27.9 亿美元，超过了当时的深圳特区。一直到 1998 年为止，浦东外国企业的合同投资额每年都持续增长。

1992 年浦东的出口仅占上海出口总量的 1%，到 1995 年激增至 19%。到第一阶段的 1995 年末，总共有 3223 家有外国资本参与的企业（独资、合资等形式）进驻浦东，投资总额达 132 亿美元，并有 2320 家企业开始正式运营。

图 3－6 反映的是浦东主要外商投资国的历年变化情况，对上海市招商引资予以积极响应的国家与地区除香港外，还有日本和美国。1990 年到 1993 年及 1997 年到 2000 年的 8 年期间，美国的合同额超过日本，而 1995 年到 1996 年的 2 年期间，日本又超过美国。20 世纪 90 年代后期，德国的投资开始增加。具有代表性的跨国公司有美国通用汽车、可口可乐、惠普、柯达、日本的 NEC、日立、夏普、德国的克虏伯等。其中美国的通用汽车、日本的 NEC、德国的克虏伯的投资额均超过 10 亿美元。随着城市基础设施的建设，投资环境的改善，浦东由“陆地上的孤岛”逐步成为跨国企业基地，主动地加入了经济全球化的进程。

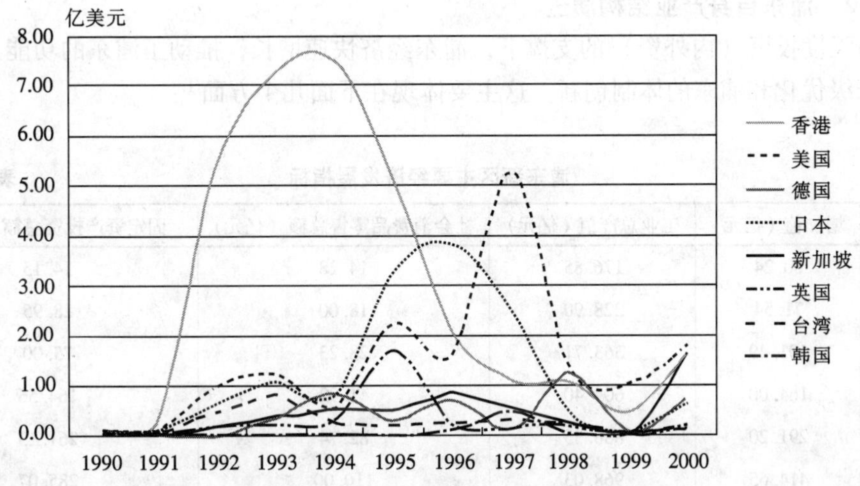

图 3－6　浦东主要投资国（地区）合同投资额的变化状况（单位：亿美金）

资料来源：上海统计年鉴（1990 ~2002）

3. 土地运作

土地运作是浦东新区资本聚集的另一个重要方式。重点小区（陆家嘴、金桥、外高桥、张江）的开发是支撑整个浦东开发开放的基础，需要巨额的资金投入，然而浦东开发的启动阶段，因政府投入浦东城市开发的财政资金有限，因此重点开发小区的开发建设实行的是“土地滚动”模式。通过“土地滚动”开发模式，动员和利用国内外投资和银行贷款，对加速重点开发小区的开发建设起了重要作用。

所谓“土地滚动”模式就是政府以“空转”方式，把土地使用权一次性转让给各重点开发小区的开发公司，各开发公司通过兴办合资企业注入股本金，向境内外发行股票和银行贷款等；先把部分“生地”实行“七通一平”或“九通一平”开发成“熟地”，然后以“熟地”转让的收入再开发“生地”，如此循环滚动。形成“土地空转、批租实转、成片规划、滚动开发”的新模式，加快了土地资本向货币资本的转换，为重大工程和重要项目筹措了建设资金。

在浦东陆家嘴金融贸易中心区的开发建设过程中，第一次采用“土地空转”的办法。即国有资产管理部门代表政府，将注册资金注入到开发公司；开发公司完成工商登记后将资金用于购买政府成片出让土地的使用权，政府土地资源管理局收到土地使用权出让金后，上缴国有资产管理部门。这样资金进行一轮运转，待开发的成片土地完成了实际的出让手续，为开发公司的实质运作创造了先机。

从1996年起，“税收滚动”开发模式取代了老的开发模式。所谓“税收滚动”开发模式是指政府随着进入重点开发小区企业的增多，扩大税基、增加税收。政府以税收返还的形式将一部分资金注入开发公司，并推进新的土地开发，吸引更多的企业进入开发小区，从而使新的税基进一步扩大，税收进一步增加。如此循环，以税收增长来支撑与推动重点开发小区开发规模的扩大。

3.2.2 浦东自身产业结构演进

在高强度投资（内外资）的支撑下，浦东经济快速增长，推动了浦东的功能开发、产业结构升级优化和浦东的体制创新。这主要体现在下面几个方面①：

浦东新区主要经济发展指标 **表3-2**

年份	增加值（亿元）	工业总产值（亿元）	社会消费品零售总额（亿元）	固定资产投资总额（亿元）
1990	60.24	176.85	14.28	14.15
1991	71.54	228.90	18.00	28.95
1992	101.49	363.71	28.23	75.00
1993	164.00	604.40	41.92	164.56
1994	291.20	886.35	82.74	261.13
1995	414.65	968.03	110.00	285.07
1996	496.47	1130.42	140.21	395.04
1997	608.22	1349.01	162.23	504.36
1998	704.27	1414.99	178.97	583.22
1999	801.36	1450.81	198.31	438.20
2000	920.52	1625.77	215.17	351.06

资料来源：浦东新区年鉴

① 李东，于保平，刘骏．浦东开发开放与上海产业结构调整．上海综合经济，2000［4］

经济增长速度加快和经济总量扩大。1990 年浦东 GDP 仅为60. 24 亿元，9 年间增长了13. 3 倍，年均增长速度 21. 3%。在经济规模上，浦东 GDP 占全市的比重由 1990 年的8. 1 % 上升到1998 年的19. 2%。

经济结构变化显著。（1）第一产业初步显现出都市型农业的特征。农业在 GDP 中的比重不断下降，由 1990 年的 3. 7% 降到 1999 年的 0. 7%。孙桥农业开发区代表了浦东第一产业发展的方向。（2）第二产业向高科技、外向型发展，精细化工、生物医药、电子及通信设备成为主导产业。1999 年，浦东新区第二产业实现 441. 55 亿元，占国内生产总值的 55%。（3）第三产业进入历史发展的新时期。1999 年增加值是232. 92，是1990 年的48 倍，占新区 GDP 比重由 7. 2% 上升为 44. 1%，形成金融、贸易、房地产产业鼎力发展的局面。三大产业的构成从 1990 年的 3. 7∶76. 2∶20. 1，成长到 1998 年的 0. 7∶61. 2∶37. 2。

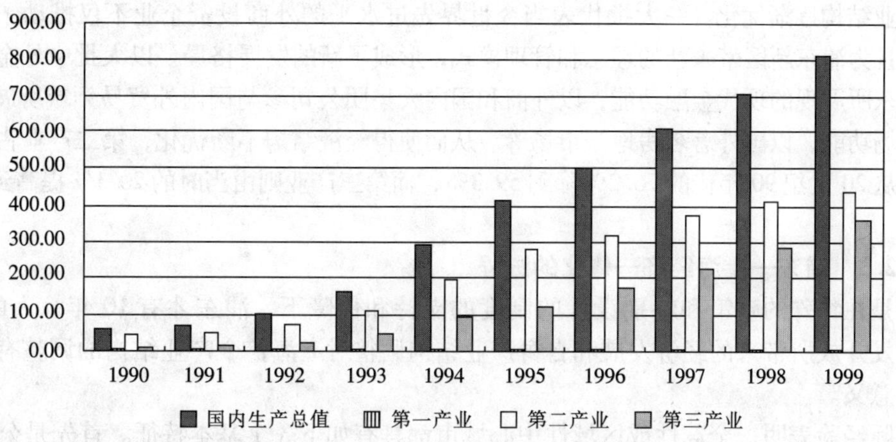

图 3－7　浦东新区历年 GDP 情况（亿元）

资料来源：上海市国民经济和社会发展历史统计资料（1949～2000）投资建设分册

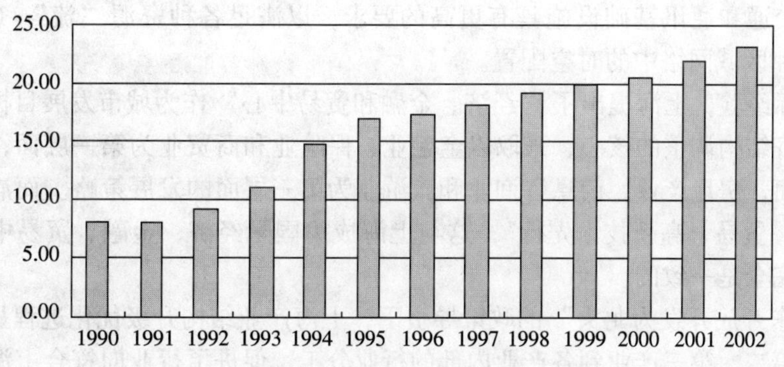

图 3－8　浦东新区增加值占全市比重（%）

资料来源：上海统计年鉴（1990～2002）

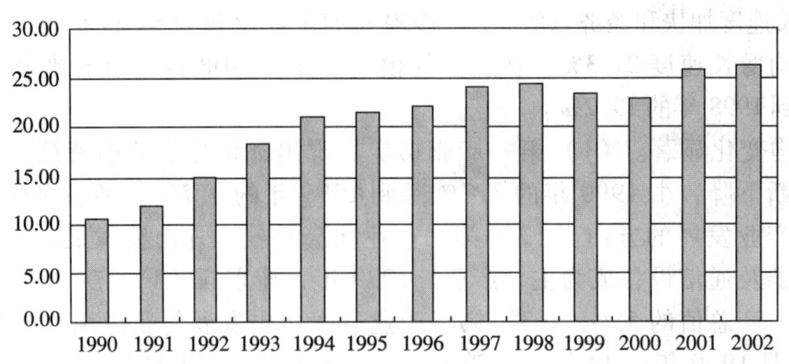

图 3－9　浦东新区工业生产总值占全市比重（%）

资料来源：上海统计年鉴（1990～2002）

产业结构逐渐优化。一大批代表当今世界先进水平的外商投资企业不仅推动了经济发展，而且为浦东新区带来新的理念和管理模式，形成了新的发展格局。以大批中外金融机构聚集浦东所展现的现代金融功能；以外商和国内大集团公司参与国内外贸易领域所展示的现代大市场功能，以国外著名房地产市场等。从而使得经济结构不断优化，第二产业占增加值的比重从 20 世纪 90 年代的 76.2% 降到 59.3%，而第三产业则由当时的 20.1% 提高到 40%。

3.2.3　浦东—上海经济一体化的进程

正是在特殊的政策和特别设计的制度的支持和保障下，浦东才有 10 年惊人的发展。浦东开发开放所带来的经济发展和自身产业结构调整对上海整个产业结构的调整有着非常重大的意义。

国际经验表明，全球性或区域性中心城市都具有如下 3 个基本特征。首先是公司（全球性或区域性）总部的集中地，因而对于全球或区域经济起着控制作用；第二，它们又是金融中心和具备发达的生产服务业（包括房地产、法律、信息、广告和技术咨询等），以满足与公司总部相关的金融和其他生产服务需求；第三，作为经济、金融和商务中心，这些城市对于交通和通讯基础设施具有更高的要求，以满足各种资源"流"（如信息和资金）在全球和区域网络中的时空配置。

参照国际经验，上海提出了"经济、金融和贸易中心"作为城市发展目标，提升第三产业作为经济结构调整的核心，采取以金融业、保险业和商贸业为第一层面，交通和通讯业为第二层面，房地产业、信息咨询业和旅游业为第三层面的发展策略。而浦东的发展战略是"金融、贸易、高新技术先行"，这与上海成为国际经济、金融、贸易中心的发展方向，这两者完全是一致的。

在"浦东开放开发为龙头"的政策导引下，上海产业结构升级优化进程显著。从广义上的第一、第二、第三产业到各产业内部的行业分工，促进了行业向符合上海产业调整的方向发展。在 20 世纪 90 年代，伴随着城市经济总量的不断扩大，浦东的开发，上海的产业结构经历了战略性重组（见表 3－3）。第一和第二产业占国内生产总值的比重分别从 1990 年的 4.3% 和 63.8% 下降到 1998 年的 2.1% 和 50.1%，第三产业的比重从 1990 年的 31.9% 上升到 1998 年的 47.8%。1995 至 2000 年的 5 年间，第三产业平均增长速度为

14%，在GDP中的比重年均递增1.7个百分点，开始形成第三产业与第二产业共同推动经济增长的格局。

上海产业结构重组（1990～1998年） **表3-3**

年份	国内生产总值		第一产业		第二产业		第三产业	
	（亿元）	（%）	（亿元）	（%）	（亿元）	（%）	（亿元）	（%）
1990	756.45	100.0	32.60	4.3	482.68	63.8	241.17	31.9
1991	893.77	100.0	33.36	3.7	551.34	61.7	309.07	34.6
1992	1114.32	100.0	34.16	3.1	677.39	60.8	402.77	36.1
1993	1511.61	100.0	38.21	2.5	900.33	59.6	573.07	37.9
1994	1971.92	100.0	48.59	2.5	1143.24	57.8	780.09	39.6
1995	2462.57	100.0	61.68	2.5	1409.85	57.3	991.04	40.2
1996	2902.20	100.0	71.58	2.5	1582.50	54.5	1248.12	43.0
1997	3360.21	100.0	75.80	2.3	174.39	52.2	1530.02	45.5
1998	3688.20	100.0	78.50	2.1	1847.20	50.1	1762.50	47.8

资料来源：上海统计年鉴（1991～1999年）

浦东引资的浪潮，促进了上海吸引外资的整体水平。在外资的推动下，上海的产业结构适时进行了调整，而且这种调整与浦东的产业结构变动是相适应的。在浦东开发的促动下，上海改善了工业内部产品和技术结构，产业结构不断优化。由于浦东开发开放中，外资企业技术先进项目比较多，在浦东外向型经济的推动下，上海工业中的产品结构由过去的原材料生产、简单的加工等为主转向高科技、高附加值的产品生产，促进了产品的升级换代。上海的外商投资企业具有20世纪90年代水平设备的占61.8%，比全市平均水平高出30个百分点，人均固定资产装备率是全市工业平均水平的1.71倍，外商投资企业的劳动生产率已达到内资企业的2.13倍。特别是上海工业的六大支柱产业，外商投资企业产值已分别占全行业的79%和80%。

浦东的开发开放同时加快了上海构筑工业“新高地”。在浦东开发开放的带动下，上海加强了对跨国公司和大工业项目的招商，积极争取科技含量高、生产规模大、市场前景广、代表新兴产业方向的大项目落户上海。上海构筑工业新高地的项目，绝大部分是利用外资人项目。如已经确定的新型轿车、微电子、索尼高清晰度彩电等都是合资的大项目。并通过产学研结合，发掘科技优势转化经济优势的巨大潜力。同时，带进大量外资的企业和企业家进入浦东和上海，其企业结构、管理理念和管理方式都给上海的企业相当大的影响，使得上海的产业和企业在结构、体制等方面进行了改造和创新。

3.3 浦东—上海城市空间结构演进的共时性

3.3.1 上海整体空间结构调整与拓展的共时性

城市建成环境作为经济发展的物质载体，必然反映了城市社会经济形态的影响。与城市产业结构重组相伴随的是城市空间结构重组，因为旧的空间结构往往难以适应新的产业结构。上海提出的城市产业空间布局是一种圈层模式，内环线以内（即城市核心）以第三产业为主，内外环线之间（即城市内圈）以第二和第三产业并重，外环线以外（即城市外圈）以第一和第二产业并重。

20 世纪 90 年代是上海城市空间形态变化最剧烈的时期，比较 1984 年与 1997 年上海建成区范围的变化，可以明显地得到印证（见图 3－10）。这一时期，浦东城市建成区的扩张也是非常瞩目的，新扩张的面积超过 80%，反映出与上海整体空间结构调整与拓展的共时性。

在浦东开发开放的推进下，上海工业布局结构趋向合理。为上海优化整个产业结构，上海把金融、贸易主要定位于浦东，一是浦东自身发展的需要，二是整个上海工业布局的需要。为做到“有所为，有所不为”，按照把上海建设成为国际大都市的要求，与开发开放浦东、发展金融、房地产等第三产业和工业本身的调整、发展相结合，上海工业布局在浦东开发开放之时进行了一轮大的调整。至 1998 年，内环线内 106km^2 的中心城区相继有 500 多家工厂（车间）迁出，腾出了 350m^2 的场地用于发展第三产业和城市基础设施。届时，一批新的工业区如浦东金桥出口加工区、张江高科技园、王桥工业区以及郊县 9 个市级工业园区相继建立起来。

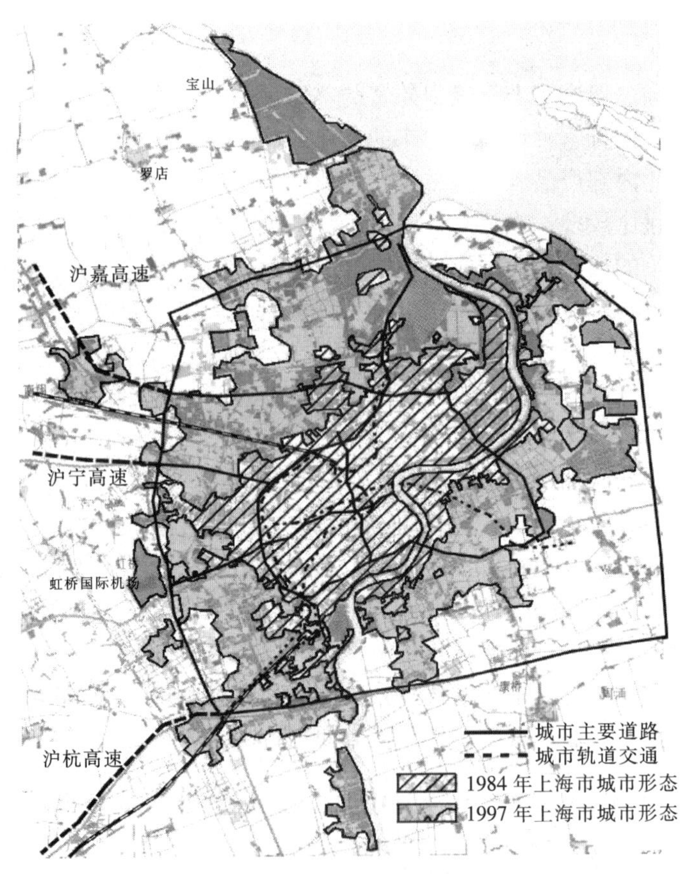

图 3－10　上海市 1984 年与 1997 年的城市建成区比较

资料来源：本研究根据 1984 年与 1999 年的上海市总体规划图纸整理绘制

3.3.2 城市开发的共时性

城市开发包含两个方面，一是以政府主导及提供的城市基础设施的开发建设，另一方面是房地产的开发与建设。配合产业结构的重组，上海整体城市建成环境的开发也表现出相应的特征，可以从基础设施的投资构成和楼宇的面积构成两个方面进行考察。

1. 基础设施建设

在20世纪90年代，上海城市基础设施的投资逐年显著增加，从1990年的47.22亿元上升到1998年的531.38亿元。其中，公用设施（包括供电、供水和燃气设施）作为传统基础设施的投资比重明显下降，通讯设施和市政设施（包括环境设施和园林绿化）的投资比重则是大幅上升，交通设施的投资始终维持在一个较高的比重（见表3-4）。因此，基础设施的投资构成变化是为了满足区域性中心城市的发展需求。

上海城市基础设施的投资构成（1990~1998年） **表3-4**

年份	交通设施		电讯设施		公用设施		市政设施		合计	
	（亿元）	（%）	（亿元）	（%）	（亿元）	（%）	（亿元）	（%）	（亿元）	（%）
1990	7.16	15.2	2.90	6.1	28.36	60.1	8.80	18.6	47.22	100.0
1991	14.49	23.6	4.58	7.5	28.94	47.1	13.37	21.8	61.38	100.0
1992	15.01	17.8	6.43	7.6	33.35	39.5	29.56	35.1	84.35	100.0
1993	31.75	18.9	14.69	8.8	63.68	37.9	57.82	34.4	167.94	100.0
1994	36.84	15.5	35.85	15.0	68.34	28.7	97.14	40.8	238.17	100.0
1995	25.94	9.5	53.42	19.5	92.36	33.7	102.06	37.3	273.78	100.0
1996	69.66	18.4	77.55	20.5	125.92	33.2	105.65	27.9	378.78	100.0
1997	85.06	20.6	61.04	14.8	132.48	32.1	134.27	32.5	412.85	100.0
1998	108.79	20.5	72.67	13.7	147.95	27.8	201.97	38.0	531.38	100.0

资料来源：上海统计年鉴（1991~1999年）

从前文的图3-3已经看到，自1990至2000年10年间，浦东基础设施的投资总额占全上海的比例，呈现出两个明显的波峰。基础设施的投资总额占全上海的比例在第一阶段1990至1995为一个最高波峰，其间比重超过了30%。反映出在开发浦东的战略导向下，上海市政府对浦东城市开发的巨大支持。而浦东的开发和基础设施的大规模建设对上海整体基础设施水平提升的联动效应亦十分显著，不仅促进了上海交通、通讯和环境状况的全面改善，而且对于提升上海整体投资环境起了十分积极的作用。

2. 房地产开发

由于行政区划变化影响到统计空间单元，本研究对于上海市区楼宇开发的趋势分析只能限于1993~1998年期间。然而，1993年以后正是上海楼宇开发的峻工高潮时期，可以充分说明20世纪90年代的变化。在这6年期间，上海市区的楼宇总量增加了30%，楼宇构成也发生了显著变化（见表3－5）。办公、商业和居住楼宇面积分别增加了120%、70%和50%，因而在楼宇总量中的比重也相应上升；与此相反，工业楼宇面积下降了11%。因此，楼宇开发趋势和产业结构重组是并行过程，反映了上海从制造业基地转变为区域性中心过程中城市建成环境的不断更新。

上海中心城区楼宇构成变化（1993～1998年）　　**表3－5**

年份	居住		办公		商店		工业		楼宇总量	
	（万 m^2）	（%）	（万 m^2）	（%）	（万 m^2）	（%）	（万 m^2）	（%）	（万 m^2）	（%）
1993	9183	54.3	648	3.8	402	2.4	4197	24.8	16912	100.0
1994	9534	54.9	683	3.9	426	2.5	4191	24.1	17376	100.0
1995	10204	56.0	793	4.3	455	2.5	4189	23.0	18236	100.0
1996	11138	57.9	933	4.8	496	2.6	4076	21.2	19252	100.0
1997	12581	60.7	1248	6.0	554	2.6	3826	18.5	20725	100.0
1998	13707	61.8	1432	6.5	666	3.0	3726	16.8	22185	100.0

资料来源：上海统计年鉴（1994～1999年）

上海中心城区的居住分布变化表现为从城市核心转移到城市内圈，再开发过程中的功能置换使城市核心地域的商务和商业地位得以提升。浦东开发，使中心区面临构筑21世纪国际经济中心城市中央商务区的重任。浦东陆家嘴中央商务区就在此阶段开始了大规模的建设，并迅速跃升为城市重要的商务地区。与此同时，在城市内圈虹桥商务副中心的开发使长宁区的办公楼宇占中心城区总量的比重从1993年的9.3%猛增到1998年的14.3%，上海中心城区的商务分布模式已从块状分布扩展为带状分布，取而代之的是从陆家嘴中央商务区到虹桥商务副中心的东西向商务发展带。

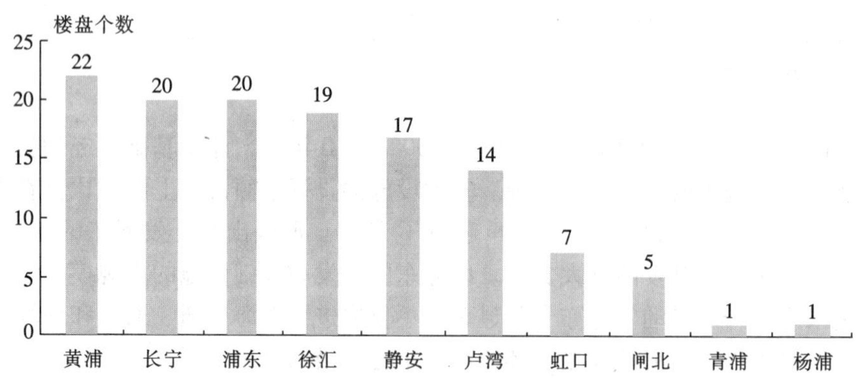

图3－11　按上海行政区划分，外商投资上海写字楼市场分布情况（截止2001年）

资料来源：中原（中国）地产研究报告

上海中心城区各类楼宇的空间分布变化（1993年和1998年） **表3-6**

			居住		办公		商业		工业	
			（万 m²）	（%）	（万 m²）	（%）	（万 m²）	（%）	（万 m²）	（%）
城市核心	黄浦	1993	288	3.1	122	18.8	63	15.7	33	0.8
		1998	222	1.6	162	11.3	72	10.8	19	0.5
	静安	1993	509	5.5	53	8.2	28	7.0	203	4.8
		1998	565	4.1	176	12.3	52	7.8	148	4.0
	卢湾	1993	458	5.0	42	6.5	28	7.0	199	4.7
		1998	525	3.8	137	9.6	61	9.2	128	3.4
	南市	1993	460	5.0	15	2.3	20	5.0	123	2.9
		1998	498	3.6	78	5.4	59	8.9	111	3.0
城市内圈	虹口	1993	992	10.8	68	10.5	38	9.5	388	9.2
		1998	1295	9.4	103	7.2	77	11.6	395	10.6
	闸北	1993	799	8.7	35	5.4	29	7.2	430	10.2
		1998	971	7.1	77	5.4	53	8.0	451	12.1
	杨浦	1993	1199	13.1	31	4.8	42	10.4	992	23.6
		1998	1915	14.0	48	3.4	52	7.8	997	26.8
	普陀	1993	962	10.5	67	10.3	39	9.7	462	11.0
		1998	1627	11.9	115	8.0	89	13.4	430	11.5
	长宁	1993	822	9.0	60	9.3	33	8.2	333	7.9
		1998	1128	8.2	205	14.3	53	8.0	304	8.2
	徐汇	1993	1196	13.0	100	15.4	29	7.2	473	11.2
		1998	2194	16.0	217	15.2	47	7.1	318	8.5
浦东新区		1993	1498	16.3	55	8.5	53	13.2	561	13.3
		1998	2767	20.2	114	8.0	51	7.7	425	11.4
上海市区		1993	9183	100.0	648	100.0	402	100.0	4197	100.0
		1998	13707	100.0	1432	100.0	666	100.0	3726	100.0

资料来源：上海统计年鉴（1994～1999年）

从外商投资上海写字楼市场的情况也反映出，浦东成为了投资的主要地区。据不完全统计，截止到2001年底，上海写字楼市场的总项目数量达到383个，其类型包括：涉外写字楼、甲级写字楼、乙级写字楼等。外商投资的项目数量达到126个，约占市场总量的32.9%①。从上海外商投资项目的行政区分布分析，外商投资的重点是中心城区、浦东新区和次中心城区，它们依次是黄浦、长宁、浦东、徐汇、静安、卢湾等6区，投资项目数达到112个，约占外商投资总数量的88.9%。浦东成为外商房地产投资的主要地区。

全社会固定资产投资主要指标占上海全市比重（按房屋建筑面积分）（1990～2002年）

表3-7

房屋建筑面积（万 m²）	1990	1995	2000	2001	2002
施工面积	5.14	14.94	18.25	17.77	24.70
#住　　宅	4.56	10.35	15.32	16.78	28.99
竣工面积	6.80	15.26	17.46	14.60	19.71
#住　　宅	6.18	11.79	16.18	14.33	27.23

资料来源：上海市国民经济和社会发展历史统计资料投资建设分册（1949～2000年）

① 外商投资上海写字楼市场的数据来自上海市对外经贸服务中心、中原（中国）地产研究报告。

随着浦东的开发，城市人口已开始向浦东新区聚集，从1990年134万上升到2002年的173万。2002年，浦东的当年住宅施工面积的比重已占全市的24.70%，当年竣工面积的比重已占全市的27.23%，浦东已成为上海重要的住宅聚居区，“宁要浦西一张床，不要浦东一间房”已成为历史。

3.4 陆家嘴金融贸易中心区的崛起

“20世纪末经济全球化进程的力量就是通过陆家嘴这样有名的、具有象征意义的窗口推动着现代化大都市日新月异的建设步伐。”①

据浦东新区副区长康慧军介绍②，陆家嘴金融贸易区是中国惟一以“金融贸易”命名的国家级开发区，区域总规划面积28km^2，其中陆家嘴金融贸易中心区占地1.7km^2。1990至2004年14年来，陆家嘴吸引中外多元化投资主体固定资产投资1419亿元，兴建金融贸易功能性建筑面积1682万m^2，陆家嘴金融贸易中心区新增投资额位居同期全球10大国际中央商务区之首，已成为中国经济流量最大和服务最完善的金融贸易中心区，被誉为亚太新兴国际级“资本集聚极”。20世纪90年代的浦东陆家嘴因此也成为了全球性的建筑工地。

3.4.1 世界招标的陆家嘴规划

城市规划是一种特殊的政策制定行为。在实施浦东规划之初，这项规划的重要意义已经显现。邓小平先生对浦东规划予以了指导，他强调，浦东规划必须要有一个高起点，为中国对外开放提供一个明确的方向。邓小平的这一指导始终被贯彻到了浦东的各项规划之中。

引述上海陆家嘴集团有限公司高级规划师龚秋霞③的一段话，颇能体现陆家嘴金融贸易中心区规划的意义：

我们陆家嘴中心区的规划，一个有投入产出的经济效益考虑，一个从领导层面来考虑，还有一个城市形象的问题。陆家嘴金融贸易区通过这13年的建设，那么多的高楼形成以后，它形成了我们浦东的象征，也是中国的象征。

这段话至少说明，一，陆家嘴的规划是以吸引国内外资本聚集为导向的；二，政府层面是为了上海积极向世界城市发展的战略考虑；三，城市的形象工程。这是非常务实的发展目标，而陆家嘴的发展也确实实现了这一目标。

陆家嘴地处浦东的腹地，占地面积28km^2。1992年11月，经过挑选的中国上海联合设计小组、英国罗杰斯、法国贝罗、意大利福克萨斯、日本伊东丰雄共5个国家的著名设

---

① ［英］凯伊·奥尔兹．经济全球化与浦东开发开放．海外学者论浦东开发开放（俞可平等主编）．中央编译出版社，2002

② 上海陆家嘴成亚太新兴国际级‘资本集聚极’．新华网，2004－03－29．http：//www.xinhua.com

③ 高楼竞赛背后的经济话题．央视国际，2003－11－10．http：//www.CCTV.com

计大师和设计联合体正式提交了有关陆家嘴中心地区（CBD）规划国际咨询设计方案，并进行了高规格的、严格的国际专家评审会。

为体现国际咨询设计的精髓、在更高的起点上编制陆家嘴金融贸易中心区的深化规划，1992 年底由上海市规划设计研究院、华东建筑设计院、同济大学建筑设计院、上海市政建设部门和上海陆家嘴集团公司共同组建上海陆家嘴金融贸易中心区规划深化工作组①，确定“以上海方案为主，英国罗杰斯方案作为主要结合吸取的方案，同时吸取其他方案的优点”作为总原则进行规划深化工作。

图 3－12　中国上海联合方案

图 3－13　英国罗杰斯方案

① 上海陆家嘴中心地区深化规划工作组于 1993 年 2 月正式成立，该工作组由领导小组、专家顾问小组、工作小组约 40 人组成（参见上海陆家嘴金融中心区规划与建筑——深化规划卷，上海陆家嘴（集团）有限公司编著，中国建筑工业出版社，2001）。

图 3 - 14　日本伊东丰雄方案

图 3 - 15　法国贝罗方案

图 3 - 16　意大利福克萨斯方案

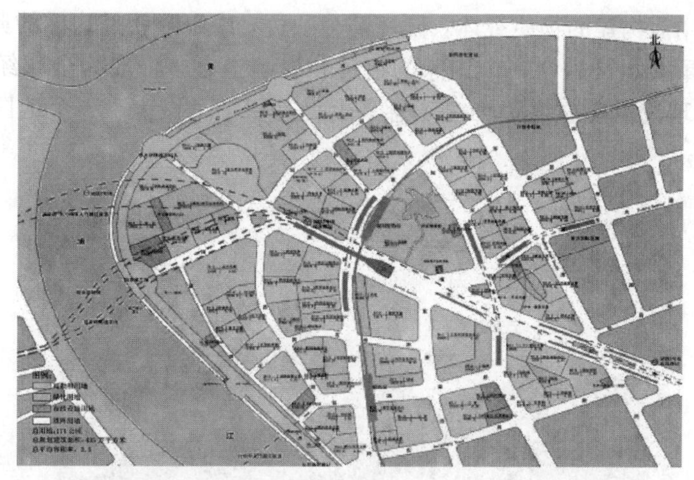

图 3－17　陆家嘴金融中心区优化方案

深化规划针对陆家嘴金融贸易中心区的城市交通、城市空间、城市功能和用地规模等重要技术要素进行了专项论证：确定了区域交通网络、城市空间组织、功能分区的总体框架；在城市空间的设计中确定了核心区、高层带、滨江区、步行结构和绿地共 4 个层面的空间层次；在核心区结合 88 层金茂大厦的选址，设置“三足鼎立”的超高层建筑群，同时结合超高层建筑和中心绿地形成中国传统的“阴阳太极”美学概念对比，共同构筑了陆家嘴金融贸易中心区特有的标志性景观。

1993 年 8 月，正式编制完成《上海陆家嘴中心区规划设计方案》，包括形态布局、综合功能、城市设计、道路交通、基础设施和控制与实施等方面。在充分听取上海市人大、政协的意见后，经上海市城市规划管理局上报，由上海市人民政府正式批复《上海陆家嘴中心区规划设计方案》。

选择理查德·罗杰斯合作公司参与评议咨询的过程是具有象征性意义的，那就是在为吸引预期的全球性经营的投资精英们而规划和造就大都市开发区市场的时候，可以运用“全球智力军团”来助一臂之力[①]。理查德·罗杰斯合作公司（负责建筑设计和规划）和奥韦·阿勒普合作公司（负责项目工程）都是在好几十个国家完成了标志性建筑工程的跨国公司。这些跨国公司通常都十分精明地运用新现代主义的建筑结构并巧妙地借助媒体的炒作效应，从而对一个地方的传统意识产生了急剧变幻的革故鼎新的效果，一言蔽之，“现代建筑本身就是一个大众媒体”[②]。而陆家嘴规划的确通过了这一“大众媒体”，向全世界传播开去了。

不可否认，国家及上海政府在浦东开发的初始阶段起着十分重要的作用。基于整体领导层对中国改革开放的迫切，对经济全球化力量的认知，激励着国家关注地方开发，从而努力地树立一个既具现实意义又具象征意义的典型，促使都市特大工程成为了在全球范围

① ［英］凯伊·奥尔兹．经济全球化与浦东开发开放．海外学者论浦东开发开放（俞可平等主编）．中央编译出版社，2002．P239

② ［英］凯伊·奥尔兹．经济全球化与浦东开发开放．海外学者论浦东开发开放（俞可平等主编）．中央编译出版社，2002．P203～241

内发挥其调控作用而构建的物质载体。陆家嘴金融贸易中心区就是这样的典型。认识到经济全球化进程的重大意义后，一个国家的指挥和控制中心，将成为全球经济的“联播电台”①，因此，从理论上说这也正在全球意义上提高了一个城市、一个地区、一个国家的比较优势。

图 3－18　陆家嘴金融贸易中心区的效果图

3.4.2　国内外建筑师的竞技场

陆家嘴金融贸易中心区的开发，经过近 13 年的建设，截止到 2003 年 12 月底的基本开发情况是②：

已批租土地 57 幅，占全部可用土地 71 幅的 80%；

已批租土地面积 704 万 m^2，占全部可批租土地面积 82.7 万 m^2 的 85%，占全部土地面积 171 万 m^2 的 40%；

已批租项目中可建规划面积 401 万 m^2，占全部总规划建筑面积 435 万 m^2 的 92%；

已建成投入使用的项目 29，建筑面积约 216 万 m^2；在建项目 8 个，建筑面积约 117

① ［英］凯伊·奥尔兹．经济全球化与浦东开发开放．海外学者论浦东开发开放（俞可平等主编）．中央编译出版社，2002．P219

② 上海陆家嘴（集团）有限公司编著．陆家嘴集团公司调研文集，2003

万 m^2；已签约项目 20 个，待建面积约 68 万 m^2，分别占陆家嘴中心区规划总建筑面积的 49%、26%、15%。

根据上述统计，陆家嘴金融贸易中心区批租土地的净平均容积率达到 5.3（毛容积率为 2.4），如此集中、高强度的土地利用状况，充分体现了陆家嘴金融贸易中心区在土地集约使用、功能集聚方面的经济效应。同时，金融贸易中心区内土地使用权转让的楼面价格也从 1993 年的 300 美金/m^2 提升到目前超过 900 美金/m^2 的水平，相当于每亩 2600 万元人民币的地价，土地的区位优势和价值得以充分体现。

陆家嘴金融贸易中心区的开发建设单位———陆家嘴（集团）有限公司希望通过持续的项目建设和区域功能完善工作，逐步在陆家嘴金融贸易中心区内形成 5 大功能组团：

一、以中国人民银行、汇丰银行、中银大厦等中心绿地周边项目为重心的国际银行楼群组团；

二、以金茂大厦、上海证券交易所为主体的中外贸易机构要素市场组团；

三、以东方明珠、香格里拉酒店、正大广场为核心的休憩旅游景点组团；

四、以仁恒、世茂、汤臣、鹏利等滨江地带为代表的顶级江景住宅园区组团；

五、以陆家嘴中心区西区地块为重心的跨国公司区域总部大厦组团。

预期到"十五"期末，陆家嘴金融贸易区 28km^2 范围内功能建筑总面积将超过 1200 万 m^2，引进中外金融保险机构 180~200 家，其中外资银行 100 家，吸纳中外证券公司、投资基金 150~180 家，集聚跨国公司总部、区域总部、职能总部、研发总部 80~90 家，证券交易总额将达 8 万亿元，金融保险业增加值将占浦东新区 GDP 的 1/5。

上海浦东陆家嘴 CBD 的建设阶段 **表 3-8**

阶段	主要工程	事件
以获得土地资源、规划咨询和金融招商为标志的启动阶段（1990~1993 年）	在这一阶段主要进行了以下 3 项工作：一是利用土地空转机制，获得了"货真价实"的土地资源；二是进行了陆家嘴 CBD 规划国际咨询工作，为开发实施作技术上的准备；三是制定优惠的政策和配套措施以吸引国内各大银行进驻陆家嘴 CBD	中国人民银行上海分行首先做出到陆家嘴 CBD 建设上海分行大楼的决定。在央行的带动下，中、农、工、建、商 5 大国有银行和证券、保险公司等一大批金融机构在陆家嘴 CBD 内建设自己的办公大楼
以金茂大厦建设为标志的功能建设阶段（1994~1996 年）	金茂大厦	以国家外经贸为主的投资集团，联合全国 20 几家进出口贸易企业，在考察中国所有的开发开放地区后，毅然决定投入 4.5 亿美金巨资，在陆家嘴 CBD 区内按照批准的控制性详细规划，建造世界最高的摩天大楼——金茂大厦（88 层高、420m、24 万 m^2） 随着金茂大厦的开工建设，促成一大批省部级楼宇群落户浦东，极大地促进各省部与上海市、浦东新区的经济往来
	香格里拉大酒店	以香港香格里拉集团投资建造 5 星级香格里拉大酒店 日本森大厦株式会社宣布投资建造环球金融中心，预计建成时将会是世界第一高楼（88 层、约 480m）

续表

阶段	主要工程	事件
以金茂大厦建设为标志的功能建设阶段（1994～1996年）	正大广场	泰国正大集团独资建造了亚洲最大单一体量的综合性商业中心—正大广场（27万m^2），保利集团投资建造了海洋水族馆、行人观光隧道等交通、娱乐项目，这些都显示了浦东陆家嘴CBD在办公商务功能之外，酒店、零售和旅游娱乐业等功能也相继出现
	由于受到1993年国家实行宏观经济调控的影响，1995年的土地批租数量急剧减少到5幅，1996年全年无一块土地成交。总共转让土地总占地面积约21.04万m^2，总规划建筑面积约125.18万m^2，平均净容积率为5.95。至此，陆家嘴CBD的开发转入了调整时期	
受国际及区域经济影响的开发波动阶段（1997～2000年）	经过东南亚金融风暴之后，整个亚洲的经济遭受了极大的打击。以房地产建设为主的上海陆家嘴CBD再一次进入了困难时期。土地转让的数量明显减少，不少已批租的土地进行项目再转让，更多的项目推迟了建设周期 在此期间，总共转让土地4幅，总占地面积约423万m^2，总规划建筑面积约25.30万m^2，平均净容积率为5.98	陆家嘴集团公司在土地批租低潮的时候，不是消极等待，而是严格按照已签订的土地批租合同的交地时间和市政配套的要求进行工作，确保所有已经参与陆家嘴CBD的投资者都能顺利地进行项目工程的建设。陆家嘴集团公司也在自身资金拮据的情况下，腾出巨资建设滨江大道、中心绿地、世纪大道等项目，完全按照批准的CBD详细规划，在旧房拆迁、市政设施配套建设的同时精心营造陆家嘴CBD的滨江环境和绿色公共空间
		环球金融中心停工
以区域整体建设为标志的成熟发展阶段（2001～2003年）	2001年以后，随着上海住房制度全面改革已趋成熟，住宅用地的内外差别取消，随即产生一个以住宅市场为主体、进而带动整个上海房地产发展的高潮 总共转让土地17幅，总占地面积约2141万m^2，总规划建筑面积约11728万m^2，平均净容积率为5.48	陆家嘴CBD改变了以往传统单幅土地批租转让为主的模式。香港新鸿基集团在陆家嘴CBD内一次性转让5幅成片土地，建造规模达42万m^2的集办公、商业零售、酒店为一体、结合地铁车站的综合性项目，远远超过CBD开发初期单幢办公楼的建设规模，创造了陆家嘴CBD开发建设的新模式
	中外投资基金公司、外资银行和其他综合性投资集团接踵而至	香港汇丰银行捷足先登买下日本森茂大厦的部分楼面和冠名权，反映了其进驻陆家嘴CBD的迫切心情和决心；新加坡政府产业基金公司（GIC）、美国花旗银行集团（CITYGROUP）也迅速进入陆家嘴CBD建设自己的区域总部大楼，这都显示了陆家嘴CBD在金融功能建设方面的日趋成熟，并逐渐带动陆家嘴CBD区内沿黄浦江高级公寓的开发热潮

续表

阶　段	主要工程	事　件
2003 年后的整体发展和功能优化阶段（2003～2008 年）	预期到“十五”期末，陆家嘴金融贸易区 28km^2 范围内功能建筑总面积将超过 1200 万 m^2，引进中外金融保险机构 180～200 家，其中外资银行 100 家，吸纳中外证券公司、投资基金 150～180 家，集聚跨国公司总部、区域总部、职能总部、研发总部 80～90家，证券交易总额将达 8 万亿元，金融保险业增加值将占浦东新区 GDP 的 1/5	环球金融中心于 2004 年正式复工
	陆家嘴 CBD 借助形态开发和功能开发的双重推动，一个外向型、现代化和生态园林化的新城区将初具规模，同时陆家嘴作为我国国内国际化程度最高、经济流量最大和服务配套最完善的 CBD 区域正在崛起	形成五大功能组团： 一、以中国人民银行、汇丰银行、中银大厦等中心绿地周边项目为重心的国际银行楼群组团； 二、以金茂大厦、上海证券交易所为主体的中外贸易机构要素市场组团； 三、以东方明珠、香格里拉酒店、正大广场为核心的休憩旅游景点组团； 四、以仁恒、世茂、汤臣、鹏利等滨江地带为代表的顶级江景住宅园区组团； 五、以陆家嘴中心区西区地块为重心的跨国公司区域总部大厦组团

资料来源：根据“陆家嘴集团公司调研文集 2003”整理

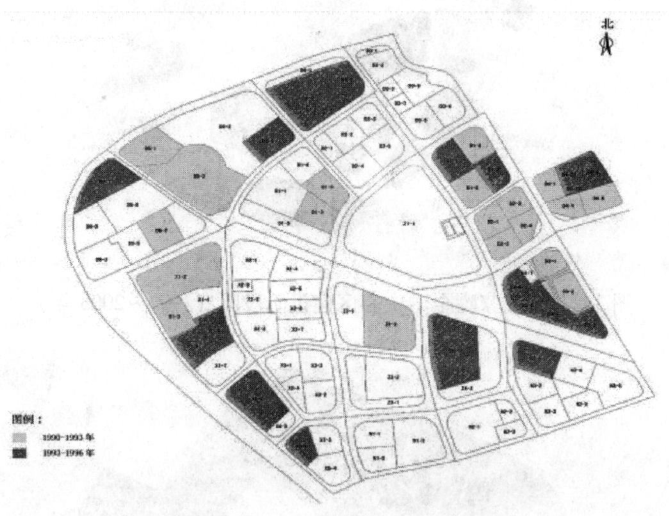

图 3－19　陆家嘴金融中心区建设阶段图（1994～1996 年）

在陆家嘴金融贸易中心区规划的引导下，1990 年代的陆家嘴成了全球性的建筑工地、国内外建筑师的竞技场、摩天楼疯狂竞争的比赛场。除早期由上海市政府部门直接投资建造的东方明珠电视塔和港务大楼之外，截止到 2003 年底，上海陆家嘴集团公司直接批租的土地有 19 幅，总占地面积约 2372 万 m^2，总规划建筑面积约 133.88 万 m^2，平均净容积率为 5.64。

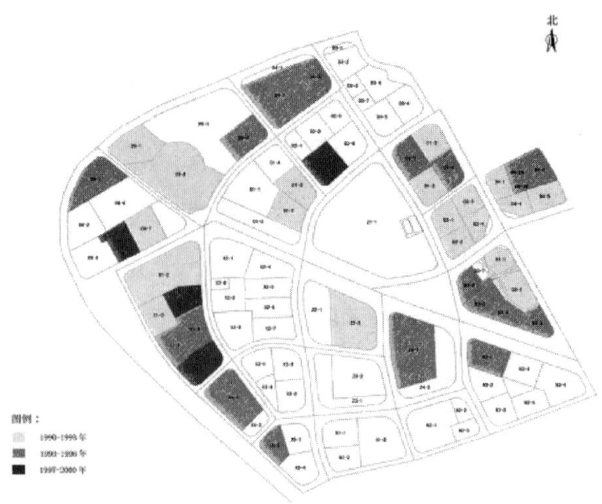

图 3－20　陆家嘴金融中心区建设阶段图（1997～2000 年）

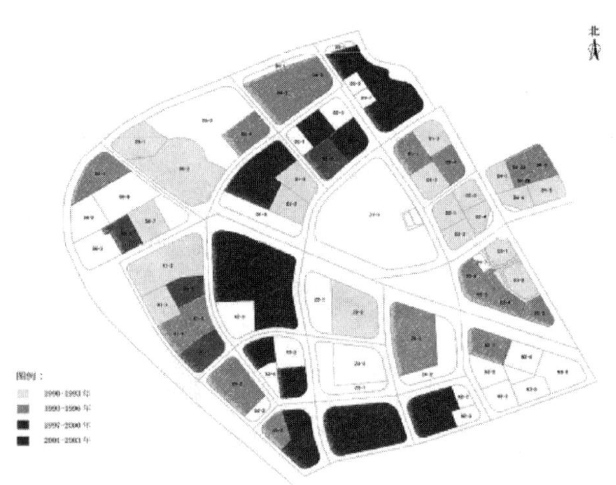

图 3－21　陆家嘴金融中心区建设阶段图（1990～2003 年）

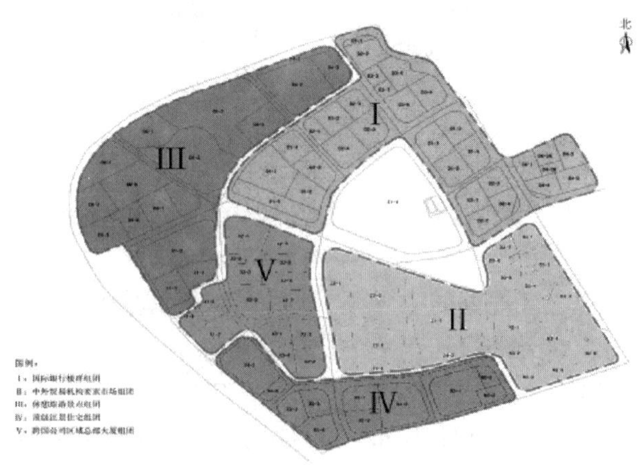

图 3－22　陆家嘴金融中心区五大功能组团结构示意图（2004 年）

图 3－23　金茂大厦

高层建筑来到中国是20世纪20年代的事。上海，这是一把现代中国的钥匙，同样也是中国高层建筑的钥匙。1929年建造的上海华懋公寓（今锦江饭店北楼）高14层，是上海最早超过10层的高层建筑。建国前，上海共有28幢超过10层的高层建筑，为上海城市天际线留下了令人难忘的身影。曾经号称“远东第一高楼”的上海国际饭店，建于1934年，地上22层，高82m，钢框架结构，和二三十年代美国盛行的摩天楼相似。从1934年到20世纪70年代末，国际饭店一直是上海的最高建筑。

20世纪80年代，中国摩天楼不可遏制地发展起来，20世纪90年代，上海摩天楼建造又掀起高潮。金茂大厦[①]成了中国跨世纪的建筑巨人，位居1990年代中国最高、亚洲第二、世界第四的高层建筑。遗憾的是它不是出自中国设计师之手。金茂大厦1998年建成后，使在1996年、1997年刚刚分别守得中国第一高的深圳地王大厦和广州中天大厦只好屈居第二、第三。

金茂大厦由美国SOM设计事务所设计，为了符合中国人的审美习惯，设计者提炼出“塔”的形象，但又似有折衷主义之嫌。在此期间，以香港香格里拉集团和日本森大厦株式会社为代表的外资公司也在陆家嘴金融贸易中心区投巨资建造5星级香格里拉大酒店和2幢超高层甲级办公楼，其中一幢就是正在建设的金融贸易中心区内第2幢超高层建筑——环球金融中心，预计建成时将会是世界第一高楼（95层、约480m）。这座美国KPF设计事务所设计的超级摩天楼，大厦顶的圆洞架设观光桥廊，暗喻此为“世界的金融中心”和“世界的桥梁”。

① 金茂大厦由以国家外经贸为主的投资集团，联合全国20几家进出口贸易企业，投资4.5亿美金建造，是目前世界第四高的摩天大楼（88层高、420m、24万m^2）。随着金茂大厦的开工建设，促成一大批省部委楼宇群落户浦东，这极大地促进了各省部与上海、浦东新区的经济往来。

摩天大楼就是这样你争我夺，争夺最高建筑之桂冠。其实，他们已经成为金钱与权利的象征，天才的建筑师，无论是国外的还是国内的，正以“乌托邦式的欲望”来达到业主的商业性目的。陆家嘴，浦东新区乃至整个上海，无数大厦像“雨后春笋”般林立。“更大、更高、更快”成了浦东新区最酷的流行语。

3.4.3 楼宇经济

摩天楼的疯狂竞争，实质隐含的是楼宇经济的竞争。

虽然陆家嘴金融贸易区目前的建设量只完成了规划的50%，但已经形成了相当规模的“楼宇经济”。位于陆家嘴金融贸易区核心区的中华第一高楼金茂大厦，从3层到50层汇集了包括道琼斯在内的20多个国家和地区的90多家中外金融机构及跨国集团地区总部，其中不乏世界500强企业，出租率达85%。而金茂大厦53层到87层的超5星级大酒店，仅客房营业收入，过去3年就累计近11亿元。金茂88层观光厅，开业以来共接待游客330万人次，年收入累计达1.37亿元。据了解，作为中国科技含量最高的超高层建筑，金贸大厦总投入超过54亿元。开业以来，累计上缴税金1亿多元，每年为社会提供2000多个稳定的就业岗位。

最新统计显示，陆家嘴聚集的各类功能机构与企业单位达2.3万家，其中包括7家要素市场、近200家中外金融机构、2000多家贸易公司，以及2000家法律、会计、税务、咨询、信息、投资等现代中介服务机构。

陆家嘴目前已成跨国公司的总部基地所在，如阿尔卡特、西门子、花旗、汇丰等30多家跨国公司和国际金融财团，将地区总部、研发总部、培训总部或投资总部设在陆家嘴，形成中国利用外资格局中特有的机构层次高、科技含量高、人才级别高的“三高”现象。

陆家嘴也成为国际会展旅游与各类现代中介机构聚集区，现代服务产业初具规模。入驻陆家嘴的近2000家法律、会计、财务、咨询、信息等现代中介服务机构，为上海、长三角与长江流域的中外资企业辐射全国、走向世界提供服务。目前，陆家嘴的法律与咨询业务量分别占到全国的1/10强。此外，每年在陆家嘴召开的各类会议近9000次，其中国际性会议占2成，新上海国际博览中心每年举办国际性展事40多次。

陆家嘴的开发成效也在全国赢得了5个“第一”：

陆家嘴金融贸易中心区单位土地面积吸引外资金额数“第一”：在总面积17km²的陆家嘴金融贸易中心区土地上，吸引了包括外资房地产开发、外商投资企业在内的外资投资总额超过30亿美元，平均每平方米土地吸引外资超过1800美元，创造了全国开发区中单位土地面积吸引外资总额之最。

同时，土地使用权转让价格最高达到2600万元/亩的全国最高水平，按毛容积率（2.4）和平均楼面转让价格（450美元/m²）计算，陆家嘴金融贸易中心区土地平均转让价格为1080美元/m²，即达到人民币600万元/亩，位居全国的前列。

外资银行及金融保险机构集聚程度“第一”：截至2003年底，在陆家嘴开业的分行级以上中外资金融保险机构达146家，其中62家外资金融机构资产总额达2200亿元人民币，中外金融机构共有从业人员约2.5万人，中资银行存贷款总额超过2442亿元，占全市的146%。32家外资银行获准经营人民币业务，业务规模迅速扩大，经营方式呈现多元化发展，经营范围已拓展至长江三角洲地区。功能全球领先的上海信息大楼，为上海证交所和众多中外金融机构提供了国际一流的后台服务。2003 年上海证券交易所股票、国债等各类有价证券累计成交 8.28 万亿元，同比增长 71%。

国家级要素市场迁入和创建数量“第一”：目前已有证券交易所、期货交易所、钻石交易中心、房地产交易中心、人才交易市场、产权交易市场、出版物交易中心在内的 7 家国家级要素市场落户陆家嘴。仅以证券交易为例，目前在上交所挂牌交易的全国其他省市的股票已达 600 余种。而上海期货交易所 2003 年成交额超过 6 万亿元，占中国期货市场份额的 6 成以上，其中外省市成交额超过 80%，体现了浦东开发及陆家嘴金融贸易中心区的辐射效应。目前，上海期交所的天然橡胶和铜交易额分别名列世界第一和第二，成为全球交易的晴雨表和商品价格的主要指示器。

国际、国内金融和对外对内贸易增加值“第一”：据不完全统计，2001 年陆家嘴金融贸易中心区内的金融、保险、证券、期货、国际贸易、国内批发零售所实现的增加值超过 145 亿，位居全国所有开发区之首。

区域流量经济总量及 GDP 贡献值“第一”：抽样统计表明，2001 年，以金融保险服务和要素市场为主体的流量经济总量已达到 1.1 万亿元人民币，陆家嘴金融贸易中心区流量经济对新区 GDP 的贡献值达到 126 亿元人民币，占新区 GDP 总额 1082.02 亿元人民币的 117%。

提起全球金融贸易中心，人们首先想到的是曼哈顿、伦敦城、新宿等，而上海的陆家嘴金融贸易区正后来居上，问鼎全球顶级金融贸易中心。“东方曼哈顿”已成为了陆家嘴的目标。

3.5 本章小结

仍然引用列菲弗尔[①]的话：

> *“空间是政治的。排除了意识形态或政治，空间就不是科学的对象，空间从来就是政治的和策略的……空间，它看起来同质，看起来完全像我们所调查的那样是纯客观形式，但它却是社会的产物。”*

上海浦东新区的发展历程见证了这一事实。浦东，这一新兴城市地区的崛起，是 20 世纪 90 年代中国政治经济发展的实验品。

作为国家战略实施的浦东开发，从一开始就带着强烈的政治色彩。浦东开发开放的决策，从全国来说，是为了适应我国继开放 4 个特区和 14 个沿海城市之后进一步扩大对外开放的需要，发挥上海这座我国最大的经济中心城市的作用，带动我国最发达的长江三角洲和长江流域经济带的腾飞。而从上海来说，则是为了从根本上突破浦西的区域局限和上海城市单一的工业功能，实现上海经济的振兴。

浦东的开发开放是自上而下政府意志主导下得以进行的，离开了这一根本的政治动

---

① Lefebvre, H., 1977. “Reflections on the Politics of Space”, in Peet, R. (ed) Radical Geography, Chicago: Maaroufa Press, P34

力，浦东不可能成为上海经济振兴的“起爆器”，使上海复兴成为中国经济最重要的中心城市，并逐步迈向世界。虽然在浦东具体实施开发过程中大量地引用了市场运作的机制，但无论在财政资源调配、城市基础设施投入、组织管理机制都无不呈现出政府的高度控制。这种特定的社会经济架构及其10多年快速制造出的城市空间，的确令人瞠目、惊叹。罗马不是一天建成的，然而浦东的确在短短的10年中拔地而起，这不能不说明这个社会和空间的互动是高效而匹配的。

浦东的开发同时反映出在经济全球化趋势下，自上而下从中央政府到各级地方政府的积极取向，及上海加入世界经济一体化的主动态度。浦东的开发开放吸引了全世界资本的关注和投入，为浦东和上海建成环境的发展以及城市空间结构的演进奠定了基础。

强有力的政策调控和规划设计在保障城市空间快速塑造或改变中发挥了重要的作用。浦东新区的规划，尤其是陆家嘴金融贸易中心区的规划是推动和引导地区发展的重要工具。毋庸置疑它在地区的发展控制上是成功的，尽管陆家嘴的建筑仍受到不少的批评。如果没有陆家嘴那些高层建筑，改革开放的记录也许就不那么完整。上海建造或者将要建造什么样的建筑，选择什么样的建筑师，什么样的建筑风格和形式，甚至建筑的高度和密度，建筑与城市空间的关系，建筑与人的关系等等，都是上海城市和社会的缩影，是上海特定时期内城市发展的意识形态和价值观所决定的。

第四章　大城市边缘区城市形态变迁——长征镇

4.1　大城市边缘区的概念

4.1.1　边缘和中心

边缘是与中心相对的一个概念。边缘与中心的概念往往与地域空间紧密联系，所谓边缘，从空间上来说，是指外围的、远离中心的；从经济上来说，是指落后的、不发达的；从政治上来说，是指弱势的、被压迫的；从文化上来说，是指少数的、非主流的。相较于乡村，城市由于具有区位优势而在政治、经济、文化等总体实力上处于强势地位，对乡村有着统领作用。因此，一般地我们认为城市是中心，而乡村是边缘（图4－1）。

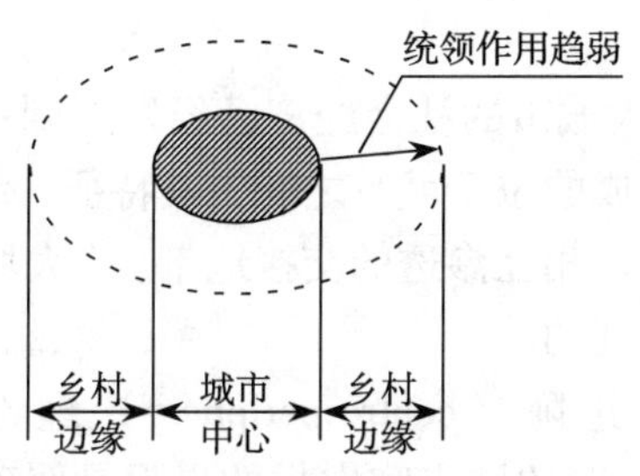

图4－1　城市中心与边缘的关系

但是，边缘与中心的概念并不是绝对的，而是可以相互转换的。某一意义上的边缘（或中心）可能是另一意义上的中心（或边缘），例如，乡村是工业文化的边缘，却是农业文化的中心，而城市虽是工业文化的中心，却是农业文化的边缘；同时，边缘是特定时期的特定概念，随着社会、经济、文化等各方面的发展，某一时期的边缘极有可能逐渐转化为中心，而某一时期的中心也有可能逐步沦为边缘。从这个意义上，我们也可以说乡村与城市是两个平等的主体，分别是传统农业文化的中心与现代工业文化的中心，并不是单纯的边缘与中心的关系。

中心对边缘的统领作用随着距离的增加而趋弱。因此，乡村相较于城市而言更具有创新的优势，而城市边缘区最具有创新的潜质。以我国的体制改革实践经验来看，经济体制改革首先在乡村进行，制度创新往往首先出现在城市外围或边缘区，而后才在城市（中心）推广及深化。

4.1.2　边缘区

按照一般理解，城市边缘区位于从城市到农村的过渡地带。但是，城市边缘区不仅仅是个空间上的概念，任何处于各种传统文化、制度覆盖范围边缘或游离于传统文化、制度辐射范围之外的区域都可以称之为“边缘区”（图 4 – 2）。

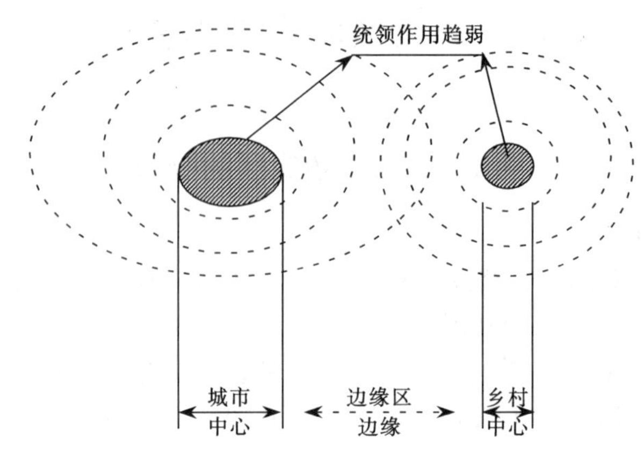

图 4 – 2　城市的边缘区概念

4.1.3　大城市边缘区

“大城市边缘区”指当某大城市的社会经济已经发展到一定的阶段，在相当区域范围内具有举足轻重的作用时，形成的位于城乡之间，其特征、结构和功能介于城乡之间，城乡社会、经济等要素相互作用、相互渗透的交接地带。“大城市边缘区”这一概念是在城市化发展到一定的阶段后才出现的。

按照弗雷德曼的中心 – 边陲（centre-periphery）理论，在前工业阶段（工业产值 < 10%），城市发展缓慢，一般的城市和农村的界限是明确的，城市是处于经济增长期的地区，是核心，而乡村是边缘（图 4 – 2）；在城市化的过渡期（10% < 工业产值 < 25%），城乡发展呈现两极分化趋势，具有区位优势的城市吸引开发并吸引边缘地区的劳动力及资源而很快增长，出现了单一性的特大城市（图 4 – 3）；工业阶段（25% < 工业产值 < 50%），城市发展由单核心转化为多核心，核心—边缘的对比仍旧存在，但开始出现介于城市与农村之间的中间地区；后工业阶段，工业产值开始下降，工业活动向城市外围扩散，出现大规模的城市化区域，原有城市转化为中心城市，和新城市化的郊区结合起来成为社会、经济整体，形成大城市圈。大城市圈外围又有可能通勤区，大城市郊区和可能通勤区内存在卫星城市，可能通勤区外侧也有脱离大城市圈而独立存在的地方城市（图 4 – 4）。由此，中心城市与农村之间出现了过渡区，其经济水平、社会生活方式和意识形态既不同于传统农村地区，也不同于城市，我们称之为“大城市边缘区”。

“大城市边缘区”的边界随城市规模、辐射强度以及城乡关系的演化而变化，难以准确界定。其具体范畴，在不同的条件与环境下也有不同的理解。广义的“大城市边缘区”所指向的范畴可以分为 3 个层次（图 4 – 5）：

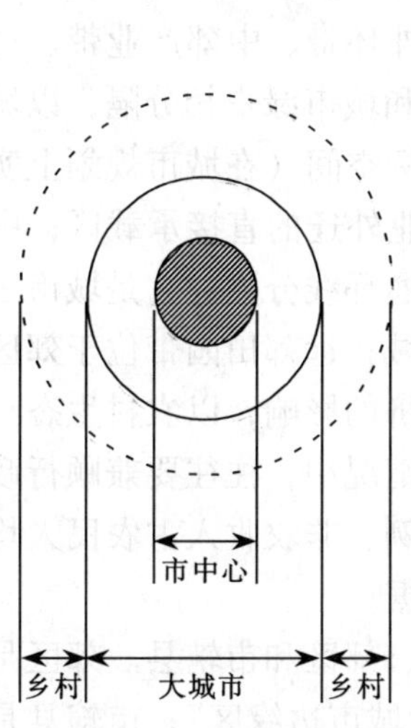

图 4－3　特大城市的概念

资料来源：国外城市化译文集

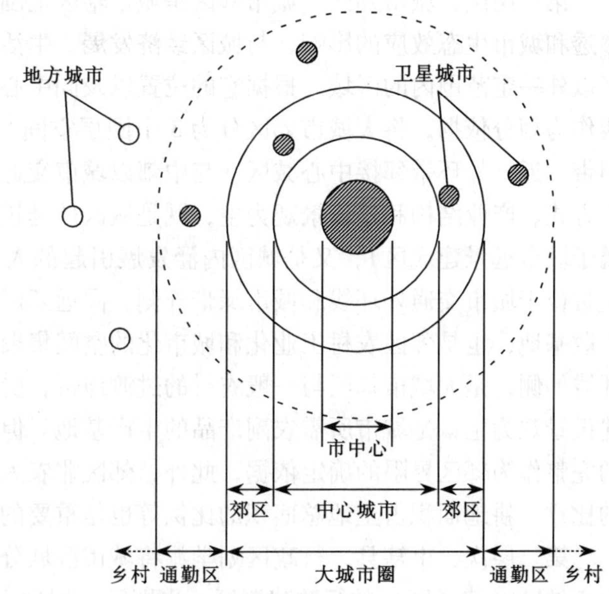

图 4－4　大城市圈的概念

资料来源：国外城市化译文集

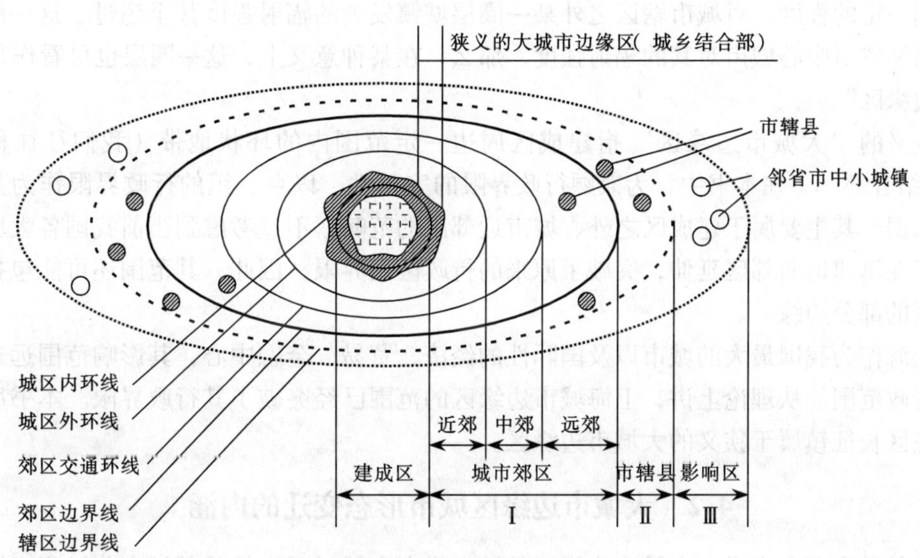

图 4－5　大城市边缘区范畴示意图

资料来源：国外城市化译文集

第一层次，城市郊区。城市郊区是城市辖区范围内，受城区经济辐射、社会意识形态渗透和城市生态效应的影响，与城区经济发展、生活方式和生态系统密切联系的城市建成区以外一定范围内的区域。根据它的位置以及同中心城区的联系，国内有关学者以城市环线作为划分依据，将大城市郊区分为 3 个圈层空间①：近郊外环带、中郊产业带、远郊田园带。近郊外环带邻接中心城区，与中郊以城市交通外环线和城市绿带相分隔，以城市生活方式、产业结构和建设景观为主，既是城区外延扩张的目标空间（在城市规划上实际上属于城市远景建成区），又是城区内涵发展引起的人口与产业外迁的直接承载区；中郊产业带位于城市交通外环线和城市绿带外侧，同远郊以郊区交通环线分隔，它是城市工业的扩散基地，也是郊区农村工业化和城市化的空间集聚中心区域；远郊田园带位于郊区交通环线外侧，是大城市郊区与一般农村的过渡地带，受城市经济的影响，以农村生态景观和建设景观为主，是城市所需农副产品的生产基地。但在实际情况中，往往要兼顾行政界限的完整作为郊区界限的确定依据，此外，郊区非农人口的比例、非农收入占农民人均收入的比重、耕地面积占土地总面积的比例等也是重要的划分依据。

第二层次，市辖县。行政区划学派将城市区域分为城区、郊区和市辖县。郊区是紧邻中心城区（建成区）的行政建制区，也即第一层次上的“大城市边缘区”；市辖县是根据市带县模式，在中心城市辐射范围之内划定的若干个县级行政单元。市辖县经济上虽与中心城市有较为密切的联系，但除那些为城市服务，提供农副产品较多的县可列为远郊外，在更多情况下，其县域经济的独立性较为突出，大多不看作郊区。

第三层次，影响区。从更广义的角度来看，当某一大城市的经济发展水平、城市规模等达到一定的程度，对城市辖区之外某一圈层城镇发展的辐射强度甚至超过了这一圈层城镇所属邻省市中心城市对其的辐射强度，那么，在某种意义上，这一圈层也可看作是“大城市边缘区”。

狭义的“大城市边缘区”指建成区周边一定范围内的环状地带（我们往往称之为“城乡结合部”）。在本书中，为兼顾行政界限的完整性，以乡、镇的行政界限作为其主要划分依据。其主要属于建成区之外、城市近郊区的范畴，不过考虑到当前我国各大城市建成区正在迅速地向郊区延伸，突破了原来的行政区划界限，因此，其范围还可能包括城市建成区的部分边缘。

上海作为我国最大的城市以及国际性的经济、贸易、金融中心，其影响范围远远超过了其行政范围。从理论上讲，上海城市边缘区的范围已经突破了其行政界限。本书所研究的普陀区长征镇属于狭义的大城市边缘区。

4.2 大城市边缘区城市形态变迁的内涵

从某种意义上来讲，大城市边缘区的城市形态变迁过程也就是其城市化过程。城市化是一个农业人口转化为非农业人口、农村地域转化为城市地域、农业活动转化为非农业活动，农村价值观念转化为城市价值观念，农村生活方式转化为城市生活方式的多层面上的综合转换过程。具体来讲，它包括两个方面的含义：一是物化了的城市化，即物质上和形

---

① 刘卫东，彭俊等．我国大城市郊区土地非农开发及其合理利用模式．科学出版社，1999

态上的城市化，主要反映在人口的集中、空间形态的改变和社会经济结构的变化等方面；二是无形的城市化，即精神上的、意识上的城市化，主要反映在农村意识、行动方式和生活方式向城市意识、行动方式和生活方式的转化或城市生活方式的扩散等方面。因此，大城市边缘区城市形态的变迁也不仅仅是空间形态的变迁，还包括经济形态的变迁、社会文化形态的变迁。

4.2.1 空间形态的变迁：从乡村到城市

空间形态的变迁是大城市边缘区最外在、最直观的形态变迁。首先是土地非农开发与集约化使用引起的用地结构变迁，由农业用地转变为非农用地。日本学者山鹿诚次指出，城市郊区土地利用演变，一般经历3个阶段：第一阶段是农产品的商业化阶段，土地利用从一般农业用地向商品性农业用地转移，经营大田作物改为经营蔬菜、畜禽养殖等城市农副产品生产；其次，是劳动的商业化阶段，劳动力向非农产业转移或到城市求职，原本农户变为农工户或农商户，劳动力兼业化现象普遍，土地经营粗放；第三阶段是土地商品化阶段，土地经过房地产经营和开发转变为城市土地。

其次是城市空间布局与形态的变迁。一方面，产业结构的演进及产业空间布局的转移导致了人口定居方式的聚居化、规模化和城市化；另一方面，建筑形式、空间组织及生态环境发生了巨大的改变，道路等城市基础设施得到了充分改善，农民在本乡本土开办工厂、商店、旅馆和各种服务行业，使昔日生产和生活方式单调的乡间田畴出现车水马龙的热闹和繁忙景象，农民住房由茅草房、砖瓦房转变为钢筋混凝土小楼以及高级别墅，大道高楼以至新的城镇集市应运而生。进而城市人文景观也由传统的农业活动转变为城市型生产、消费、休闲活动。

4.2.2 经济形态的变迁：从农耕型经济到新型经济

经济形态变迁既是大城市边缘区城市形态变迁的一个组成部分，也是其城市形态变迁的动力机制。

农村是在自然经济条件下自发发展形成的，以第一产业——农业为基础产业、以土地为基本生产资料。农村经济形态的表现形式主要是小农经济和家庭手工业结合的村落经济，其以血缘关系为纽带、以个体劳动为基本劳动方式、由个体经营支配。近现代城市是在商品经济条件下形成并发展的，以非农产业（尤其是工业）为基本产业。城市经济形态的表现形式主要是规模经营和机器大工业结合的工业经济，其以业缘关系为纽带、以组织性的集体劳动为主要劳动形式、由雇员阶层支配。

改革开放前，中国经济结构城乡二元化特征明显，传统的农村及农业与先进的城市及工业彼此割裂。20世纪70年代末乡镇企业的异军突起突破了中国的二元经济结构，农村经济形态呈现多元化，尤其在大城市边缘区，农民在一定程度上摆脱了单一的农田劳作的劳动方式，副业和乡镇工业、商业等第二、三产业成为生产活动的主要部分；同时，随着对外开放的进程，出现各种方式的横向经济联系，如资金联合、技术协作、工商联合、工贸联合、组建企业集团等经济形态。而乡镇企业在发展中也逐渐分化为强势乡镇企业和弱势乡镇企业。强势乡镇企业在发展过程中已经完成了与城市大工业的良好对接，其经营机制已经由家庭工业管理机制转变成为现代企业经营管理机制；弱势乡镇企业则日益难以与有着严格的专业化分工的城市大工业竞争，其产品结构不合理、重复生产的经营弱点逐渐显现出来。

4.2.3 社会形态的变迁：从乡土社会到工业社会

由农村经济形态转变为城市经济形态的过程中必然会出现产业结构的转换，即产业结构不断由低层次向高层次演进。产业结构的演进导致了经济的非农化、工业化和服务化，并导致了经济要素的流动与集聚以及人口定居方式的聚居化、规模化和城市化，并进而促使大城市边缘区传统的乡土社会形态发生重大变革。社会形态的变迁主要反映在以下若干方面：

1. 社会结构的变化，从同质的单一性社会转化为异质的多样化社会

权力结构的变化：由以血缘等级为基础的宗法制度逐渐转变为以民主集中制为基础的政治权力结构体系；由带有传统色彩的政企合一管理体制逐渐走向政企分开，社区政府在社区资源配置中的权威作用随着市场经济的进程越来越弱。

家庭结构的变化：几代同堂的大家庭在比例上有大幅度下降，核心家庭形式已逐渐普遍。传统农民家庭的含义有所改变，有的家庭所有成员都已进入非农产业工作，其一切起居劳作、收入消费等有趋向城市状况之势。

就业结构的变化：大量富余农村劳动力迅速向第二、三产业转移，第一产业的就业人口不断减少。同质性很强的农民群体发生裂变，其中涌现出大批企业经营者、农民工人阶层及农民职员阶层，同时，随着经济的发展，吸引了大量外来人口，从而使当地的就业结构及人口结构趋于复杂化。

收入结构的变化：过去中国农村收入基本来源于农业和副业，随着大城市边缘区第二、三产业的发展，非农收入显著增加。

消费结构的变化：大城市边缘区居民家庭生活消费总体水平显著提高，由自给性消费为主向商品性消费为主转化，消费支出向耐用消费品及精神文化生活方面倾斜。

2. 社会关系的转变，从农民转变为居民

农民转变为居民，其在地域、城乡、职业身份、收入等层面都经历着或剧烈、或平缓的分化过程，进而出现社会角色的变更、就业模式重构、社会生产和生活方式的转换，与之相关的各种社会关系也很自然地在不断变化。

当地的社区逐渐分化为10个阶层：村镇干部阶层、集体企业管理者阶层、私营企业主阶层、个体劳动者阶层、智力型职业阶层、乡镇企业职工阶层、农业劳动者阶层、雇工阶层、外聘工人阶层、无职业者阶层等①。

血缘关系不再构成决定人们社会地位的正式依据，以业缘关系为依据的新的地位系统已经形成；地缘关系的意义在很大程度上被削弱了，聚居性与一定程度的流动性和杂居性并存，人口的流动性在扩展；人们的社会地位由社会体制和法律赋予，人们越来越不依靠家庭或家族获取资源，而依靠社会取得资源，社会关系网络逐渐拓开。

社会关系网络其实是一种利益交流的网络，在现实的资源配置中一度起了举足轻重的作用，随着市场经济的进程，通过市场媒介同样可以获得资源优势，但社会关系网络的作用仍不可忽视。

---

① 陆学艺，张厚义，张其仔．转型时期农民的阶层分化．中国社会科学，1992［4］

3. 文化观念的转变，从小农经济思想到城市文化

一方面，城市工业文明的注入，极大地动摇了大城市边缘区的传统势力和小农经济思想。人们从排斥、否定城市文化转变为接受并积极引入城市文化。大至整体性的社会风气，小至具体的婚丧嫁娶、待人接物都日益引入带有明显城市社会生活特征的新的形式和内容。传统的礼俗在大多数场合降低到次要的地位，社会的法律规范和政治规范在乡村生活中的作用明显上升，人们的公开参与意识和开拓精神大有增加。

另一方面，市场经济的发展，促使人们重新审视过去认为是天经地义的价值准则的现实合理性；确立了平等与竞争的价值观、公平与效率的价值观、法与契约的价值观、职业与道德等社会价值观念。社会观念的变化还反映在寻找新的人际关系，从重血缘、地缘到重人缘、业缘，从感情交换到社会交换；从非理性主义的价值判断到理性主义的价值判断。

当然，城市形态的变迁是一个渐进的过程，大城市边缘区存在着多种城市形态共存的特殊性，其城市形态现状远比一般农村复杂，其城市形态变迁过程也不同于一般农村的城市化过程。

4.3 长征镇的城市形态变迁的背景

长征镇位于上海西北城乡结合部。20 世纪 90 年代以来短短几年间，长征镇从嘉定县的一个乡逐步发展成为大城市边缘区的经济增长核心，通过城市化、市场化、产业化的联动力，在原来欠发达的城郊结合部迅速崛起为现代化的市场群落和经济高地，成为上海西部以大卖场、大交通、大流通为鲜明特征的购物、旅游的新景观、新热点，近 70 亿的年销售额让南京路、淮海路等老商业中心称羡不已，被称为“长征现象”。研究长征镇的城市形态变迁过程及其机制，对于探索适合上海大都市特点的边缘区城市（镇）化模式具有重要的现实意义。

长征镇地处普陀区西部，邻接嘉定，镇域面积 11.4km^2，距市中心 7.5km，是上海通向江苏、安徽、山东等省的西部门户节点。沪宁高速公路入口段横贯该镇镇域，铁路沪宁线、沪杭外环线、312 和 204 国道、沪宜公路及沪嘉高速公路均经过该镇镇域，而该镇镇域内的曹安路、真北路、真南路是上海市区交通及联系外省市的重要通道，同时，它还临近虹桥国际机场和上海铁路新客站。由此，优越的区位使之成为物资集散中心的极佳选址（图 4-6）。

4.3.1 政府管理的尴尬地带

长征镇原是嘉定县的一个乡（1958~1992 年），1992 年，由于上海市区的扩大以及市区居民的迁移，长征镇划入普陀区①。在划归普陀区之前，尽管长征镇具有城郊结合部所特有的资源优势、空间优势、地价优势以及区位交通优势，却并没有得到嘉定县或普陀区的重视与扶持。到 1992 年止，嘉定县对其也没有任何市政配套投入，导致长征镇成为嘉定县和普陀区都想要又都不想管的地方。

---

① 普陀区现设有 12 个街道 3 个镇，分别是：中山北路街道、长风新村街道、长寿路街道、甘泉路街道、石泉路街道、东新路街道、白玉路街道、白丽路街道、宜川新村街道、曹安路街道、曹杨新村街道、真光路街道及长征镇、桃浦镇、真如镇。

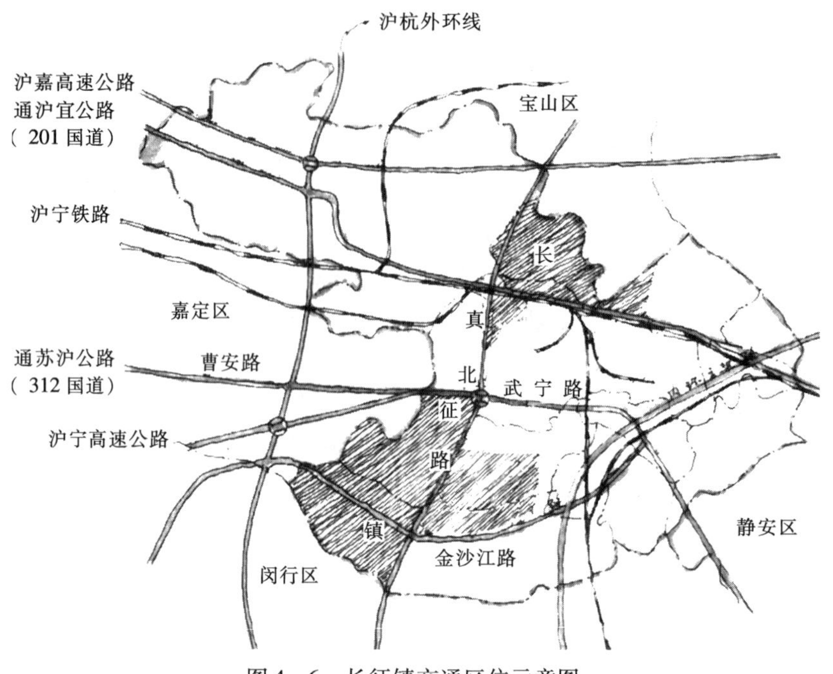

图 4－6　长征镇交通区位示意图

长期以来，长征镇的发展零散且混乱无序。究其原因，主要在于：一、上海市经过“两级政府，两级管理”的放权后，区、县一级的自主权（包括建设用地批准权和财权）有了很大的提高。但是，相对于市一级政府来说，区县一级政府更偏于地方利益，在地方的利益主要依靠地方产生的收入来实现的情况下，地方政府表现出与企业相似的价值取向——追求本地区利益的最大化。同时，在我国每 5 年一届政府的制度下，政绩机制往往是影响地方政府领导者决策的内在机制之一。二、长征镇界于普陀区与嘉定县之间，历史上其行政隶属关系与建置就变迁频繁。20 世纪八九十年代，在上海区域空间结构变迁的背景下，长征镇极有可能划离嘉定县。同时，市政配套项目往往是投资大、见效慢的长线项目。在这种情况下，嘉定县出于本地区利益的考虑，不愿意将本地区的资源、财力过多地投入到可能分离出去的属地建设上；同样，普陀区也不可能越过行政界限，在长征镇投入资源、财力。

从嘉定县划入普陀区这一特定的区域结构变动，导致长征镇所有制结构十分复杂。在这块区域中，居住着原来属于长征镇的农民及农民开办的各类企业，有市中心迁入的国有企业，有外商投资企业，同时也居住着大量原属普陀区的城市居民。

4.3.2　城市化的契机

20 世纪六七十年代，长征镇以农业为主，蔬菜面积 15000 亩，是上海市的蔬菜基地，供全市 1/10 的市民吃菜。20 世纪 80 年代初，上海城市化进程启动，长征镇采用常规的城乡结合部的发展模式，重点发展一些仓储乡镇企业，主要为大城市拾遗补缺、进行功能配套，其实质是大城市向外蔓延的基地。随着上海市政建设加快，城区不断向郊外延伸，长征镇每年缩小千亩土地，土地资源锐减，至 20 世纪 90 年代初不足千亩，农业优势丧失，也限制了以乡镇工业为主的第二产业的发展空间，从而严重制约了经济发展。

20世纪90年代，上海城市化进程加速，长征镇开始打破传统经济发展模式，充分发挥独特的地理交通优势、城市边缘区的低要素成本以及毗邻江、浙与华东门户的特点，加快基础设施建设，加大招商引资力度，致力于发展市场群落。市场群落带来的集聚效应和良性循环态势促进了长征地区金融、购物、旅馆、餐饮、娱乐、商住、服务为特色的第三产业群的形成，并带动了长征镇仓储业（散布在市场群落周围的各村及部分企业的38万m^2仓储，1998年实现产值超过1亿元）以及工业的发展，最终带来了地区面貌的巨大改观。

于是，便诞生了"长征模式"，即"以市（场）兴城（镇）"，因城市化引发市场化，市场化带动产业化，再由产业化促进城市化；并以"前店（市场）后厂（工业）"的联带效应，推动市场化、城镇化和产业化的联动发展。

4.4 长征镇社会经济形态的变迁

4.4.1 产业结构调整——农业经济的转型

1990年代以来，长征镇实行"农业外移、工业集中、三产为主"的策略，逐步实现产业结构由"一二三"到"三二一"的优化调整。第三产业在总收入中的比例逐年增加，1999年第三产业收入为88亿元，约占总收入84%；工业总产值为16亿元，约占15%，农副业在总收入中的比例降至1%（表4-1）。

长征镇经济发展状况一览表（单位：亿元） **表4-1**

年份	"八五"期间					"九五"期间				
	1991	1992	1993	1994	1995	1996	1997	1998	1999	2000
总收入	3.22	5.16	9.77	13.89	20.50	31.33	55.60	81.76	105.87	130.00
工业总产值	2.83	3.24	4.54	6.10	7.70	10.06	11.73	13.49	16.16	22.00
商饮服收入	0.77	1.39	4.16	7.18	11.80	18.05	39.58	65.88	88.30	107.00
外贸进出口总额	0.45	0.41	0.42	0.48	0.51	0.35	0.28	0.02	0.09	0.12
农副业收入	0.43	0.41	0.36	0.38	0.39	0.35	0.25	0.24	0.27	0.40
增加值（GDP）	1.15	1.28	1.72	2.31	3.03	4.01	5.19	6.11	7.27	8.36
财政收入	0.26	0.27	0.37	0.46	0.66	1.02	1.38	1.64	1.95	2.60
利润总额	0.50	0.61	0.85	1.13	1.72	2.36	2.80	3.41	3.95	4.40

资料来源：长征镇政府

长征镇的工业发展先后经历了由农业向乡村工业的产业转移，再由分散的乡村工业向相对集中的乡镇工业迈进，最后由乡镇工业向都市型工业园区跨越3个阶段。都市型工业区的建设一方面促使原先分散经营的乡镇工业走向集中，另一方面吸引外来工业的进驻，为长征镇的城市化提供了就业、财政税收的坚实依托。1999年，工业区实现总收入已达6.8亿元，实现利税7135万元。

长征镇地处上海城郊结合部，在这里办工业有其得天独厚的优势，一方面可以充分利用其土地的级差效益，另一方面很容易接受市区大工业的辐射。然而镇政府敏锐的市场意识，注意到沪宁高速公路通车后，这一区域将成为连接苏南地区的咽喉要道，这一区域的产业优势将不是来自于工业，而是来自于商业。因此，第三产业，而非工业成为长征镇的“龙头”产业。第三产业的发展以市场群落的建设为核心。

1. 农贸市场

市场群落的建设起步于“农民办市场”。20世纪90年代初，利民农产品水果市场的创办，首次提出了“农民进市场”的观念，而之后铜川水产市场、曹安市场的成功更加促进了农民办市场的信心与积极性。这批以农副产品和轻纺小商品为主的初级批发交易市场的创办，一方面弥补了城市流通的不足与空缺，支持城市的发展，另一方面，为长征镇今后的发展找到了位置。目前，利民水果市场、曹安农副产品市场、铜川水产市场、光彩批发贸易市场等已发展为颇具影响的标志性大市场。据统计，1997年，利民水果市场成交额达1.3亿元，铜川水产市场成交额达10.7亿元。

2. 新型商业业态

从20世纪90年代中期开始，长征镇的市场群落建设重点由初级市场转向国外市场。镇政府有意识地发挥其交通区位优势及土地的级差效益，吸引国际性新型商业业态，建立起以大型配货中心为代表的新型商贸产业。

长征镇凭借其上海与华东联结门户与枢纽地位、城乡结合部的地价优势和空间优势，吸引了外来投资，一批海外和国内知名大厂商，如麦德龙、新黄浦爱奇爱特、农工商超市总部、桑塔纳华东分销中心、梅川汽配市场、红星美凯龙家具装饰超市等先后进驻长征镇。

3. 市场群落

伴随这些货柜仓储式商场、特大型专业配送销售中心的集聚，与之配套的餐饮、服务业相继跟进，金粤渔村于1997年10月在真光路312国道旁开设了上海的第三家连锁分店。一个地域宽广、交通便利、多种业态搭配的市场群落正在形成。

市场群落的建设还带动了房地产等第三产业的发展。据统计，1997年，以市场为龙头的第三产业成交额达36.37亿元，占全镇经济总量的80.6%。在此带动下，全镇经济连年超常发展，1997年各业总收入突破55.6亿元，是1992年的10.7倍，财政收入跃居全国乡镇第39位、上海第6位；1999年，其经济总量超过了105.8亿元，比1992年增长了19倍，实现税收1.9亿元（表4-1）。

可以看出，长征镇的产业结构调整并非遵循市郊乡镇工业——大工业——现代产业发展的固有模式，而是跳跃式的，直接实现了与大都市现代产业的水平分工，体现了长征镇力图从“边缘”转为“中心”的一个方面。

4.4.2 市场化进程加速——经济组织改制

1. 乡镇企业改制

20世纪80年代，乡镇企业对上海城市边缘区的经济与空间发展起了重要作用，然而，进入20世纪90年代，弱势乡镇企业由于其产品结构不合理、重复生产、布局零散的经营弱点逐渐显现出来，日益难以与有着严格的专业化分工的城市大工业竞争。长征镇乡镇企业选择了改制为股份制有限公司。目前，全镇大多数单位已实行改制。

随着经济实力的提高以及市场化改革的深入，农村集体经济的产权问题已经引起人们的关注。特别在上海城郊结合部，农村土地大量被征用，大批农民进入城市工作，这些农民对过去集体经济所积累资产的剩余价值索取权问题已成为集体经济产权明晰化的焦点。股份合作制的优势在于：一方面，它既是一种新型的集体经济，又实现了规模经济，解决了小生产与大市场的矛盾；另一方面，解决了农村集体经济中产权不明的问题。

长征镇在市场群落建设过程中，以成立发起式股份公司的形式，鼓励自然人入股，1998年长征镇成立沪上首家以资产为纽带的镇级经济组织——新长征集团公司，发起设立了上海曹安莱篮子股份有限公司，筹建了新长征国际贸易公司。以此为契机，长征镇在经济高速发展中逐步解决集体产权明晰化问题。

2. 集体经济组织改制

随着农村城市化进程的不断加快，以传统农村经济组织形式——生产队为基础的农村经营机制以及与之相适应的"算工分拿红利"的小农经济意识成为经济快速增长的障碍。近年来，长征镇逐步推进撤队改制进程：土地折价入股，把生产队资金有效地转为新经济组织的股本金，把农村户口转为城市居民户口，对职工实行工资制并纳入国家养老保险体系，村队的集体经济组织改制为社区型股份合作制企业，迄今为止，9个村已全部成立了以村级经济规模组建的实业有限公司。

4.4.3 社会形态的变迁

长征镇产业结构的优化调整引起了就业结构的转变、农民角色的转换、社区管理机构的变更等，促使长征镇由传统的乡土社会形态转变为现代的城市社会形态。

农民转化为居民，农民的"转业"问题是大城市边缘区社会形态变迁过程中必须解决的首要问题。长征镇主要以市场化的办法，而不是政府包下来的做法，解决农民的"转业"问题。解决途径主要有：一、就地吸收，将农民转为本地村级股份合作制公司职工，或进入各乡镇企业就业；二、随土地征用进入相应企业；三、利用土地级差，到外省市买地，然后发挥本镇农民的园艺、种植等技术和经营优势，从事农业产业化运作；四、进入社会就业市场①。

4.5 地方政府的作用——长征镇政府的积极市场干预

大城市边缘区城市形态变迁的驱动力来自两个方向。一是中心城市（市区）的经济辐射与渗透，在操作层面上主要是依据全市规划，通过市政府开发导致城市形态的变迁（自上而下的力量）；二是大城市边缘区的自我发展（自下而上的力量），在操作层面上主要通过镇政府等基层政府的行为达成其城市形态变迁。城郊结合部由于紧邻中心城市建成区，自上而下的力量往往占主导地位。在这种情况下，城郊结合部的常规发展方向主要有：一、市区经济的持续发展引起城市空间的扩张、经济功能的升级换代以及产业结构的优化调整，继而其人口与产业外迁、经济功能渗透至城郊结合部，城郊结合部变成市区工业或居住扩张的基地，最终市区吃掉郊区；二、城郊结合部致力于发展乡镇工业，为市区拾遗补缺、配套功能，实质上还是大城市向外蔓延的基地。此二者导致城郊结合部的发展

① 杨建荣.'长征现象'的几点启示.解放日报，2000-05-06

始终处于边缘地位。

长征镇辖区内，现有市（区）属工业、乡镇工业区、居住区、大卖场市场群落等相互融合成一体。这种城市形态是自上而下与自下而上双重力量综合作用的结果，关键在于镇政府的创新，目的是要变边缘为中心，提升其地位。

随着上海城市化、市场化进程的拓展，中心城的极化和扩散效应必将继续扩张，距中心城越近的郊区，越易受到这些张力的波及，通过加强信息、资源、人才和技术等方面的融合沟通，其城乡经济结构、社会结构、空间结构将迅速转型。这一不可抗拒的自上而下的力量对长征镇作用表现为：

第一，市政府征地导致长征镇土地资源锐减，农业优势丧失；

第二，由于中心城区产业结构调整，工业外迁，人口扩散，在全市规划中，普陀区承接了部分外迁工业及人口。长征镇早期（20世纪80年代）主要发展乡镇仓储工业，为中心城区配套功能，后期长征工业区的形成也是产业结构布局调整的结果；

第三，20世纪80年代末，规划中的沪宁高速公路上海段东起长征镇真北路，投入道路等基础设施的建设，预示着未来几年长征镇的巨大变迁，外环线的建成进一步带来了长征镇发展的契机。随后，市、区政府加快该地区的市政建设，修建真北路、大渡河路等高等级的主干道，使其处于沪宁、沪嘉高速公路入口处的独特地理优势更加凸显。交通的网络化为长征镇的城市形态变迁进程奠定了良好的基础；

第四，市政府开发直接影响长征镇的城市形态变迁，如万里居住小区的开发等。

另外，上海经济的持续高速发展吸引了大批国内外投资商的注意，相关的政策牵引和行政区（普陀区）的经济拉动等等为长征镇的市场群落建设创造了良好的国际、国内投资环境。但是，仅仅依靠市政府开发、全市规划，该地区将只能变成城市扩张的备用地，始终处于边缘地位。

长征镇的崛起固然有其资源与区位的背景基础，但更关键的原因在于长征镇没有只把自己看作被征地的一方，而是利用城市功能扩散、疏解的机会，抓住上海市场贸易层级、功能、组织的演进与城市化的空间拓展这种渐进转换中的一系列机遇，加快发展进程，逐步实现长征镇从“边缘”到“中心”的转换。在这一过程中，长征镇政府扮演了非常重要的角色，镇政府的制度创新（自下而上的力量）是长征镇发展中最为关键的因素。

4.5.1 镇政府的角色与地位

长征镇的行政管理机构为镇政府。与一般不同，镇政府是一级人民政府，因而长征镇实质上属于“三级政府，三级管理”（上海市政府、普陀区政府、长征镇政府）。实施“简政放权”后，各个区的发展主要取决于区政府的行为。普陀区政府之下有两种基层行政管理机构：一种是区政府派出机构——街道办事处；另一种是镇政府。相较于一般的街道办事处，镇政府具有更大的自主权，许多决策可以由镇政府直接拍板决定，不必上报上级政府，区政府仅对其规划进行审批，并不直接介入其操作层面上的运作，对于能够增加本地区利益的行为，区政府通常都予以极大的支持。

相较于一般区、县政府，镇政府具有更大的灵活性，一方面，镇政府处于权力机构体系的边缘，传统制度的束缚力较弱，在这里更容易实现制度创新，寻求原制度下不可获得的利益；另一方面，由于传统村落家族文化、家庭亲属网络及各种非亲属的关系网络在镇一级的社区生活中仍保持强大的影响力，镇领导具有相当的权威，镇政府在处理公务时有许多便利之处。制度创新是长征镇城市形态快速变迁的根本驱动力。制度创新的本质是寻求原制度下不可获得的利益。土地使用制度改革、企业与税制改革、简政放权制度的实施激发了社会各阶层对经济利益的追求以及开发土地的积极性，促进了结构重组以及社会、经济、城市等方方面面的快速发展。长征镇政府积极创制的驱动力相当部分来自于这种利益追求，而推进镇政府创新的客观环境在于其处于传统文化、体制边缘的处境。

镇政府作为长征镇的基层行政管理机构，一方面具有明确的实权，对本地区建设具有不可推卸的责任：一是确定发展方向，制定发展策略，组织社会开发及市场化运作；二是解决"城市边缘区"社会结构、经济结构的解体与重构的矛盾；三是维护国家、当地政府、村民、开发商之间的利益和社会的公正与可持续发展。另一方面，作为所辖地区最大的土地使用者和企事业单位所有者，镇政府直接指导土地开发，力图利用土地开发获得最佳效益。

4.5.2 政府与市场

在现实的市场经济体制中，市场机制在资源配置中起基础性的作用，除了市场机制以外，还存在着各种各样的制度性结构，这些制度彼此相互影响。例如，政府常常在社会经济中扮演着一种角色来解决市场机制所解决不了的资源分配问题，并由此给予市场机制以极大地影响。同样的，企业因为实现了市场机制所实现不了的个体资源分配问题，而在经济中发挥着非常重要的作用。此外，各种各样的法律制度及其自发形成的结构（包括组织、规则、约定、习惯等等），在不同的场合发挥着对经济活动的协调作用。所有这些结构相互补充、相互竞争，才使得整体经济复杂的资源配置过程得以有效、有序地实现。

市场经济条件下，城市开发与建设的运作机制是市场与政府的互补机制。我国由于土地的公有制和原有的计划经济体制背景，政府在城市社会经济运行中具有绝对的权威作用，而私营部门对于城市发展并没有类似于美国社会背景下的控制力与影响力。市场化的改革使国家与市场的关系发生了一定程度的变化，但计划经济的影响并未完全消除，在目前由计划向市场的转型时期，政府仍然扮演着非常重要的角色，地方政府行政力对城市功能与结构的变迁乃至城市形态的形成与发展具有相当的主宰作用，城市社会经济的运行仍高度依赖政府的行政协调。长征镇城市形态形成与变迁的具体运作机制是以政府为主体，以市场为导向的政府与市场的互补机制。

首先，镇政府的行为（自下而上的力量）是长征镇发展中最为关键的因素，从确定发展方向、招商引资到协调组织、形态控制，镇政府始终发挥主要作用。在这种情况下，行政机制不可避免地会发生作用。一是运用行政力提高开发效率。一方面，镇政府通过行政协调，疏通市、区行政机构各个环节，提高开发效率。也正因为如此，在麦德龙购物中心实施中，镇政府能以 2 个月左右的时间修好 500 ~ 600m 的路段；另一方面，镇政府凭借其在当地的行政威慑力及人际关系网络，处理动迁中的各种问题。同样，新黄浦爱奇爱特项目的动迁也仅用了 2 个月便圆满完成。二是运用行政力保护相关企业。外来企业的进驻对国营商业造成一定的冲击，带来了竞争机制，引起部分国企职工下岗、待岗。国内有关部门基于商业上的利益保护主义与本位主义，每每在政策上予以调整、变动。如 1997 年，外贸部规定限制国外商业零售业的进入；1999 年，外贸部又规定外资企业必须有国营大商业的参加等等。针对这些政策变动，长征镇政府体现了其对相关企业的行政保护力，以各种对策为相关企业提供了在国家大政策变动情况下较稳定的政策环境，如OBI建材超市项目。

其次，市场机制在长征镇的发展过程中仍起着相当重要的作用：一是由于社会经济条件已经发生了变化，征地过程和土地使用权划拨过程客观上已经带有了土地权益的交易性质，市场机制在发挥作用；二是镇政府的价值取向与运作过程具有明显的以市场为导向的企业化特征，行政机制背后仍是市场机制作用的结果；三是社会开发与市场化运作是长征镇主要的城市化模式。

4.5.3 土地经营

长征镇在城市开发建设中筹措资金的方式是多渠道、多层次、多元化的：一是自筹资金。随着企业与税制的改革后，地方利润可留成比例逐渐增加，大小企业的先后进驻长征镇，促使镇政府的税收逐年增加，财力逐渐雄厚；二是通过银行等金融机构融资；三是通过上市公司的形式融资；四是社会筹资。通过引进开发商获得建设资金，截至1999年，长征镇在城市化过程中总投资50亿元，其中区、镇政府投资10亿元，仅占20%，引进外资2亿美元，占40%，引进国内民间投资20亿元，占40%。

“以地生财”，显化土地收入，是长征镇拓宽社会筹资的主要方式。土地本身作为重要的空间资本，逐渐转化为经济资本和流动资本，镇政府通过土地批租、收取土地使用费、土地入股等土地有偿使用形式，利用土地资本换取外来资金或联盟跨国资本，疏解了地方政府财政压力，进而改造地方的基础设施与社会就业问题的开发方式，创造市场化、商业化的产业空间。

1. 土地的直接收益

根据我国1982年公布施行的《中华人民共和国宪法》第十条规定，“城市土地属于国家所有。农村和城市郊区的土地，除由法律规定属于国家所有的以外，属于集体所有”。有关权威人士提出“农村集体所有土地先行征用转变为国有土地后才能转变使用性质”。

长期以来，国家采用行政的方式征用农村集体所有的土地，以满足新增建设用地的需要；同时，国家对各项建设用地的需要，采用行政划拨的方式加以配置。对农村集体所有土地的征用，必须获政府有关部门的批准。征地的决定，是有法律效应的行政决定，是必须执行的。然而，鉴于征地中补偿和支付项目的增加及标准内、标准外总费用的大幅度提高，以及考察征地过程中各方“讨价还价”的行为，在一定意义上可以说征地已从一种行政行为变成了在行政许可前提下的交易行为。对城市建设中增量土地使用权的划拨，其过程与向农村集体组织征地实际上是同一过程。土地使用权获得者必须支付全部的征地费用，并且往往还需安置农村劳动力。对于少数政府机关、军队、公共服务项目等依靠政府财政拨款征地的用地单位而言，他们确是通过“无偿划拨”得到土地使用权。然而改革开放以来，包括开发公司在内的企业和各类经济组织均已在财务上独立，征地过程中所需的制度内和制度外费用均须自筹和作为经营费用，某些征地费用已趋于反映市场的标准。

2. 土地入股

长征镇的征地采取“一家（镇政府）出面，几家（相关企业）共同负担”的方式，由镇政府出面征用某农地B，征地费之15%上缴市政府、15%上缴区政府（征地费一），其余70%归土地所有方（本例中以镇政府为主要土地代理人①）所有（征地费二）。伴随征地而来的问题是动迁与劳动力的吸收。动迁仍采用镇政府出面处理，相关企业共同负担的方式。以新黄浦A&A项目的征地与动迁过程为例，镇政府采用了2种方案：一是货币加分房，每户除安置住房之外，赔偿6~7万元；另一种是用钱买断，一次性付给农民35万元/户。劳动力的吸收是镇政府为保障农民利益而必须解决的问题，长征镇劳动力的吸收主要是就地吸收。

考察上述征地过程，可以发现，镇政府一方面是镇集体土地的主要代理人，另一方面代表相关企业出面征地，实际上身兼“买家”与“卖家”双重角色，掌握极大的自主权。换言之，在向上级政府支付征地费一之后，接下来主要是镇政府与投资商两方之间的“讨价还价”过程。镇政府拥有的是土地，同时必须兼顾农民利益（如解决劳动力的吸收问题），而投资商必须支付的主要有征地费一（30%）+征地费二（70%）+拆迁、补偿、安置等费用。其中，征地费一是相对确定的值，动迁费用也较为确定，而征地费二这一项费用最具有斡旋的余地，这也是镇政府与投资商谈判的焦点所在：第一，为了吸引外来企业的进驻，镇政府可以在这一项费用上极大地让利于投资商，例如，在OBI项目中，镇政府将地价由120万元/亩降至60万元/亩，且包括前期动迁费；第二，利用这一项费用的让利，获得其他方面的补偿，例如，在农工商超市项目中，地价由75万元/亩降至50万元/亩，但要求其解决部分劳动力；第三，以土地作为合营资本与外来投资者共享利润，例如，在麦德龙超市项目中，镇政府力争以土地作价入股的方式与麦德龙集团进行合作，这一方式同时也解决了土地拥有者资金不足的问题。

由镇政府一家出面的利处在于：一，降低征地费，区政府为了支持镇政府的开发与建设活动，实行征地费减半等优惠政策，而这一点往往需要依靠镇政府的行政协调及多方努力才能实现；二，降低动迁成本，利用镇政府在当地的行政威慑力及人际关系网络，能够极大地提高动迁效率，降低动迁成本，例如，新黄浦爱奇爱特项目的动迁仅用了2个月便圆满完成。总而言之，镇政府的“一站式”服务为投资商提供了极大的便利，而这同时也成为镇政府谈判的筹码之一。

3. 政府公司

上海新长征集团是沪上首家以镇级经济规模组建的集团，拥有总资产17亿元，属下全资、控股、参股、契约合作等各类公司、企业达300多家。其中的全资公司如曹安市场雄居全国农贸市场50强；属下的契约公司如麦德龙年销售额近10亿人民币。集团核心是由普陀区长征镇的镇、村、队3级共同投资的上海新长征集团有限公司。从长远来看，镇政府将逐步剥离原有的行政性公司，通过资产重组转为实体性公司，但就目前情况而言，镇政府与集团公司有着千丝万缕的关系，例如，长征镇现任镇长就是新长征集团有限公司董事长，其他高层人员由镇政府的行政组织人员兼（派）任之，从而掌握了来自政府的土地资本和行政规划上的正当性使用。

新长征集团对于长征镇的城市建设起着举足轻重的作用。一方面，新长征集团改变了原有镇、村、队为基础的分散经营格局，形成统一而强有力的经济实体，充分发挥规模效

① 土地代理人：掌管单位、部门、系统等机关用地，拥有法定土地使用权的决策者与管理者，其可能是厂长、校长、经理、企业集团负责人、区长等。

应和整体优势，增强市场竞争力；另一方面，使镇政府能以企业行为向外扩张，争取新的发展空间，而且其作为经济实体投入市场，可以向银行贷款，以解决政府欠缺资金开发土地的财政困扰；同时在长征镇企业重新布局和老宅改造过程中，能够通过运用集团的经济能力自行设法补偿搬迁损失和自行设法安置农业人口就业，从而弥补镇政府财力不足的困境。

4. 乡镇企业与国企合资

尽管长征镇在以往的发展中积累了一定的资金，但要建设现代化的市场群落，靠自己积累起来的资金是无法迅速达到规模经济的。为此，长征镇除发挥其土地优势外，利用乡镇企业固有的灵活政策和体制优势，与国有企业进行大规模的合资与合作，从而吸引了国有大企业的进入。如与农工商集团合作建设全市最大的超市配售中心，与新黄浦集团合作建设全市最大的建筑装潢材料配售中心，与上海汽车销售公司合作建设上海汽车销售中心等。国有大企业的进入，对市场群落的建设起到了奠基的作用。

4.6 跨国公司的投资——上海锦江麦德龙购物中心

麦德龙进驻长征镇无论对长征镇的经济发展以及城市空间的演变具有不可估量的社会效应。

麦德龙集团是位居欧洲第一、世界第二的零售配销集团，名列世界 500 强，年销售额达 400 多亿美元，在世界各地拥有 2645 个连锁分店。随着中国经济的高速增长和零售业的逐步开放，麦德龙国际集团选择中国作为它在亚洲发展的重点，并把中国总部设立在上海。

上海锦江麦德龙购物中心有限公司是由上海锦江集团、麦德龙国际管理集团和长征实业总公司[①]共同合作投资建立的大型仓储式、会员制、连锁经营的百货零售配销中心，总投资 1500 万美元，占地面积 66 亩，营业面积 $16849m^2$。

4.6.1 政府主动引资

长征镇若按计划经济下之常规发展会变成市区工业或居住扩展的基地，市区将蚕食郊区；若继续乡镇企业发展，则仍然处于边缘地位。在这种情况下，长征镇希望借助沪宁高速公路修建的契机，寻找该地区的发展方向。

获悉锦江麦德龙将开设大型购物中心后，镇领导认为购物中心正代表世界商业经营方式与销售方式发展的新趋势，引进这种新型商业业态，势必冲击国内传统的商业业态，带来全新的经营理念，带动周边地区滚动开发并向外辐射，促进长征镇市场群落和国际接轨。这一想法亦得到区政府的支持。因此，长征镇主动上门向麦德龙集团提供有关材料，使投资商充分了解该地区的交通地理条件。

在此之前，麦德龙集团曾联系过上海市商委、市百一店，并没有受到足够的重视。审视长征镇的条件，麦德龙集团认为，一方面，长征镇是上海与华东的联结门户与枢纽，具有无比的区位优势，进驻长征镇，即相当于进入上海与华东的销售窗口；另一方面，长征

---

① 长征实业总公司，是新长征集团的前身。

镇具有城乡结合部所特有的地价优势和空间优势，而大型购物中心对规模与空间的要求是市中心城区无法满足的；另外，长征镇强烈要求合作的诚意表明长征镇能够提供一个适合发展的政策环境。鉴于以上原因，1994 年下半年，麦德龙集团很快决定在长征镇投资。

4.6.2 政府与企业的博弈

1. 选址的斗争

然而，从立项到实施，之间并非一帆风顺，从 1994 年下半年开始谈判历经一年多。麦德龙集团看中了西游乐园所在基地。此基地的区位交通优势显赫，东面紧邻沪宁高速公路武宁路出口，南面是沪宁高速公路（1995 ~ 1997 年修建）以南的第一条主要道路——梅川路，西面靠近真光路，对于以要求快捷交通的高层次消费者为市场对象、其服务面不仅包括上海而且面向整个华东地区的大型购物中心来说，的确是个理想的场所。

但是，西游乐园耗资 1700 多万元，占地面积 44249m^2，尽管每年要亏 200 万元，但要拆除这一项目，损失还是无法估计；况且，谁也不敢确定麦德龙这个项目是否能获得成功。尽管如此，镇政府在迫切引入外资改善地区经济的意志驱动下，在普陀区政府的大力支持下，最终决定拆除西游乐园，引进麦德龙购物中心项目，但是，要求麦德龙集团在“三通一平”过程中赔偿 700 万元。

2. 土地的斗争

上海区域的土地有偿使用形式可以分为土地批租和缴纳土地使用费等两种形式。前者为地方政府或企业单位，针对开发商的商业（30 年）、旅游（40 年）、工业（50 年）、房地产（70 年）等用地使用期限，收取土地批租费；后者为外商在中国境内投资企业的土地使用者，必须向当地政府缴纳土地使用费（尚不包括农地征地、拆迁、补偿、安置等费用以及基础设施建设费用，〈该费用由企业自行承担〉）。还有一种形式是地方政府以土地作为合营资本与外来投资者共享利润，这种方式既解决了土地拥有者资金的不足，又满足了投资者的土地使用需要，双方都有所获益，土地配置效率也相对提高，在一定程度上得到了城市政府的默许甚至鼓励。

麦德龙集团要求土地批租，原因是一次性支付所需费用之后，集团即可获得较大的经营自主权。镇政府希望能以土地入股的方式进行合作，一方面可以化土地资本为经济资本，弥补长征镇资金不足的缺陷；另一方面，可以与麦德龙集团共享利润。谈判在此僵持不下。当时的处境是，麦德龙集团处于优势，而长征镇政府处于劣势，因为土地批租可依据有关法规，土地合作却无先例可循。最后，镇政府暗示“土地合作”方式得到上级政府的默许与鼓励，采用此种方式，麦德龙集团可以获得若干优惠政策及便利条件，在这种情况下，麦德龙集团权衡利弊，决定同意长征镇以土地入股的方式参与合作。

3. 政府的合作

由于长征镇政府真诚地予以积极配合，提供所有的配套服务，包括与上级政府的协调以及各部门的人际关系处理等，购物中心实施过程中并未碰到特殊的阻力。1996 年 8 月，麦德龙购物中心基本落成，然而，购物中心正对的梅川路仍是泥泞小道。麦德龙集团要求长征镇在购物中心开张前修好梅川路，时间只有 2 个月。镇政府、区政府、市政局协商之后，由市政局负责，在购物中心开张前 1 周修好了购物中心前面梅川路 500 ~ 600m 的路段。1996 年 11 月，麦德龙购物中心如期开业。

4.6.3 麦德龙的效应

麦德龙购物中心开业前2天进行试营业，人流如织，但很多人只是持好奇观望态度。购物中心正式开业那一天，镇政府保持高度沉默，第一天销售额达400万。此后，每年日销售额均达到300万元以上，1998年春节日销售额约为750万元，创全世界麦德龙最高纪录。购物中心采用会员卡制度，向具有法人资格的专业客户开放，为政府机构和各类企业提供比市场价低30%~40%的商品。到1997年2月，会员客户已超过13万，且以平均每天500户的速度递增。

麦德龙带来的税收连年大幅度增长，从1996年的701万元增加到1999年的1988万元，4年共创税5800万余元。2000年前4个月，已缴纳税收1300万余元，同比增长达60%。另外，由于长征镇是麦德龙集团在中国的总部所在地，其不仅拥有当地麦德龙购物中心的税收，同时享有国内其他集团购物中心带来的利税。这一切为普陀区以及长征镇的经济与税收的稳步发展起到了积极作用。

麦德龙购物中心所带来的外部社会效应也是不可估量的。首先麦德龙的进驻吸引了大量人流、物流，带来了地区的人气与活力，提升了房地产和土地价值；其次带动周边地区滚动开发并向外辐射，逐渐构成以麦德龙为首的、以大卖场为主的市场群落，辐射江、浙，乃至华东地区，从而形成长征镇的商业物流中心、农贸物流中心；另外，麦德龙购物中心项目的成功也彰显了长征镇积极寻求外来投资振兴地方经济的发展战略，从而吸引了更多大卖场的进驻，如新黄浦爱奇爱特、农工商超市总部、新长征电脑总汇等。这些企业的陆续进入，不仅为长征镇带了更大的经济活力和效益，同时根本地改变了长征镇的空间形态。

4.7 长征镇空间形态的变迁

在镇政府积极的市场干预政策引导下，长征镇的经济形态、社会形态开始了本质性的变化，这些变化在空间形态上体现出以下的特征：

第一，在最优势区位（以真北路、金沙江路、梅川路为主轴的地区）形成了以大卖场为主体的购物、休闲、娱乐、餐饮联动的市场群落；

第二，工业逐步集中到工业区（长征工业区①以及适合私营企业主投资的市区私营经济区——普陀星云经济区②）；

第三，农业大部分转移至长征镇辖区之外；

第四，居住区大量兴建起来。

4.7.1 低密度的市场群落

真北路两侧，北起沪宁高速公路、南至金沙江路范围内城市面貌变化最为显著。20世纪90年代以前，该地区主要是仓储、农田、村居（麦德龙原址为西游记乐园）。20世纪90年代以来随着道路等基础设施的推进，麦德龙购物中心、新黄浦爱奇爱特购物中心、农工商超市总部、红星美凯龙家具装饰超市、OBI建材超市等项目的先后落成，该地区的

---

① 长征工业园区东起真北路，南至云岭西路，西达祁连山南路，北沿金沙江路，占地1400亩。

② 普陀星云经济区西侧为真北路，北侧为沪嘉高速公路，南临真南路、交通路。

面貌发生了巨大的改变（表4－2）。

长征镇主要开发项目一览表 **表4－2**

项目名称	时间	投资者	原土地利用性质
上海锦江麦德龙购物中心（Metro）	1994年下半年立项 1996年11月开业	上海锦江集团 麦德龙国际管理集团 长征实业总公司	“西游乐园”
新黄浦爱奇爱特（A & A）	1996年9月立项 1997年1月动工 1998年4月竣工	上海新黄浦集团 台湾长立国际控股有限公司 长征实业总公司	仓库
金粤渔村	1997年4月动工 1997年10月开业	金粤渔村集团	仓库
农工商超市总部	1997年10月立项 1998年下半年动工 1999年1月开业	上海农工商超市总公司	仓库
新长征电脑总汇	1998年9月动工 1999年6月开业	新长征集团 （镇级经济组织）	仓库
红星美凯龙家具装饰超市（Macallin）	1999年10月立项 2000年10月开业	红星集团 （国内民营企业）	农田
OBI建材超市	1997年10月有投资意向 1999年2月立项 2000年12月竣工	OBI建材装饰市场股份公司 上海金桥开发公司 上海物贸集团	仓库

上海锦江麦德龙购物中心入驻长征镇，迅速成为长征镇地标建筑，带来了真北路口城市景观的巨大改变，并带动长征镇城市建设的热潮。之后，新黄浦爱奇爱特、新长征电脑总汇、红星美凯龙家具装饰超市等项目的引进进一步促成了长征镇“成行成市”的低密度市场群落空间的形成，而几经周折的OBI的最终落成，即促成了真北路、梅川路地区城市景观的完善。

4.7.2 缺乏城市设计控制

道路等基础设施的建设是长征镇空间形态的变迁的基本条件，而引进许多大型项目是长征镇空间形态变迁的关键所在。在镇政府与各类投资商的谈判中，焦点所在无不是经济利益，形态控制反而较少引起争议。

究其原因，一是建筑形态方面，长征镇镇政府对此尚未有，或还来不及形成严格的有关城市设计方面的规定。麦德龙购物中心、OBI建材超市都有国际通用的建筑形态，而其他大卖场也有一定的建设规范。因此，城市设计方面的控制几乎是放任自流。二是空间环境方面，由于长征镇地域宽广、地价低廉，土地资源相对具有优势，镇政府为了吸引投资而在土地方面极大地让利于商家，商家在相对非常富裕的用地上，可提供充足的停车泊位、提供行人广场，更加增强了企业的竞争力。

然而，由于商家经营方式的不同，造成了城市空间的彼此独立，对城市居民而言，城市空间的资源无法共享。较为值得注意的是新黄浦爱奇爱特与麦德龙比邻而居，但中间以围墙分割，分别有自己的停车场与出入口。设立围墙处景观混乱，镇政府曾考虑将围墙打通，共享资源，以改善景观质量，但由于麦德龙实行会员制，限制人员进入，因而，这一设想难以实现。作为长征镇的纳税大户，镇政府无法得罪麦德龙，城市规划最终向投资商倾斜。

4.8 城市空间形态塑造的策略探讨

4.8.1 政府的功能

决策是行动的基础，城市空间形态的形成与演变起始于一连串日常决策的过程。从长征镇的实践来看，镇政府不但是地区发展的决策者，而且在某种意义上兼任了城市设计者的角色，城市规划由于成为了政府的行为而得到比较完整的贯彻和实施。从而再次证明，决策是城市形态塑造必须考量的首要环节，而政府是城市规划必须借助的首要力量。

但是，政府并不总是公正严明的象征，我国的体制改革大大改变了传统的政府冗烦的“官僚体系”和僵化的“计划指令式作风”。在市场机制下，政府的企业化使城市建设过程更具灵活性，但由于相关城市行政与法规尚未完善，某些领域其自由裁量权限大小没有定规，政府身兼“球员与裁判”双重角色，难免会出现种种弊端。作为一个独立的利益主体，政府往往会有一些“自利”的价值取向和利益选择，例如会在政绩机制作用下过于重视形象工程而导致建设行为短期化；会在行政机制作用下简单处理公众的要求而导致建设行为行政化；会在效益机制作用下对私人投资者的建设行为放松控制。

长征镇的发展历程见证了20世纪90年代以来，上海西北城郊结合城市形态发生的巨变，这一巨变是镇政府积极主动地运用市场机制，并积极地干预市场等综合作用下的产物。长征镇的发展充分显示出政府在吸引国内外资本方面的灵活性，然而城市有关法规的建设尚未能跟上快速的城市发展步伐，因此城市建设也反映出忽视城市空间的整体规划和控制的短期效应。

4.8.2 专家参与决策

在组织体系中，城市规划师只有被纳入决策过程中、获得决策者的支持，才能发挥真正的功能。国外一些城市规划理论家都试图将传统的城市空间形态塑造过程纳入到城市发展政策架构中。

巴奈特（Jonathan Barnett）在其“开放的城市设计程序”一书的引言中指出①：“城市设计并不是一剂灵丹妙药，它并没有证明什么，如果不是藉着国家住宅、社会福利、教育、就业等政策的帮助，仍然无法解决现有的城市问题。同时，缺乏整体的配合，一个环境优良的城市也将随着人口规模的不断扩大，而渐渐丧失原有的优势。”这本书总结了纽约市自1964年10年内对城市设计程序的改革，指出了一个良好的城市设计绝非设计师手

---

① ［美］乔纳森·巴奈特．开放的都市设计程序．舒达恩译．台湾尚林出版社，1967

下的妙笔生花，而是依靠全体市民的共同参与及公共政策的支持而增进了城市的价值。其中如何协调私人发展与公众利益；城市设计的原则应该是设计城市而非设计建筑；如何保存具历史价值的标志物；如何制定邻里计划并鼓励社区居民参与；如何支持市中心的建设以抗衡郊区化的竞争；发展交通以建立及完善城市各部分之间的连接；如何评估设计及环境的品质等均是该书讨论的重点。因此，纽约的经验也证明了城市设计的理论必须融入到社会经济政治的框架中，才有真正实施的意义。

对城市设计者而言，与决策部门的结合，并不意味着盲从于政府权势，参与决策的关键在于研究并尽力理清“政府”的意图与运作机制，因势利导，使其有利于城市的发展，从而达到引导与控制城市空间形态演变的效果。长征镇快速发展的初期尚未认识到合理的城市规划及控制的必要性，但在20世纪90年代末城市规划已被切实地得以重视，从而为长征镇未来的发展奠定了理性的决策基础。

4.8.3 平衡市场利益

资金注入是城市开发建设的前提，只有在投资者资金注入的前提下，城市规划才不会仅是“纸上谈兵”，因此，融资是城市形态塑造不可忽视的一个重要环节。如前述长征镇城市化过程中，多样化融资渠道的开辟是其城市建设活动顺利进行的重要原因。

融资的关键在于兼顾私人投资者的利益，有效利用私人投资者的想法。在现代城市规划真正的实施过程中，由于地方政府财力有限，私人投资者起着很大作用。私人资本，尤其是外来资本投入成为城市建设的重要资金来源。以长征镇为例，外资及国内民间投资在其总投资中各占了40%的比例。私人投资者的原则是“有利可图”。在决定投入资金之前，开发项目的可行性、成功机率、政府的财政资本制度、政策倾向等都是其判断与决策的依据。因而，通过城市规划及相关设计展示城市的发展机遇以及城市可能的发展前景以吸引资金注入是引导与控制城市空间形态演变方向的策略之一。另外，在“有利可图”的基础上，一些有远见的大开发商也会将公共利益作为考虑的内容之一。因此无论是政府还是城市专业工作者应善于平衡不同利益集团的关系，即考虑公共利益，也兼顾资本集团的利益，从而使资本与政府之间的博弈①达到新的纳什均衡②，最终实现城市空间形态塑造的优化。

4.8.4 善用土地资源

土地是城市开发最根本的物质载体，如何从土地所有者或使用者那里获得土地，是任何开发项目都必须解决的首要问题；土地同时也是城市开发资金的重要来源，地方政府或单位往往以土地资本换取外来资金，或以土地作为资本的形式来联盟跨国资本（长征镇麦德龙等案例）。另外，我国由于经济改革步伐较快而政治的民主化、法治化相对滞后，土地往往被无形的社会人情资本视为“土地代理人”，而被半透明化地出让给利益团体或

---

① 博弈论：研究决策主体行为之间发生直接相互作用时的决策以及这种决策的均衡问题，说明为什么在合作对双方都有利时，保持合作也是困难的。

② 纳什均衡：在没有外在的强制力约束时，当事人按照制度安排而各自进行最优化决策时所构成的战略组合结果。

"有关系"的人。换言之，在我国当前不完善的土地市场中仍存在着"钱权交易"的"黑箱操作"。

长征镇所运用的各种土地经营的方式是由特定历史时期所决定的，毋庸置疑对地方经济的快速发展具有积极贡献，然而这些方式只是阶段性的。政府通过基础设施的改造，土地的出让来改造城市环境，并借此来推动经济的发展，从长远发展而言是一种不可持续的发展方式。由于土地资源的稀缺性以及排他性，仅以投资推动型为主的经济增长模式将会成为强弩之末，最终潜力丧尽。上海 2003 年开始的土地一级市场全面公开招投标的出让方式，将使土地市场更加透明、法制化。然而如何适度地控制和调整土地供应量是一种政府智慧，它关系到城市社会经济平稳有序的发展。

4.8.5 倾听市民意见

长征镇的发展一直都是政府在"当家作主"，然而政府更多的关注主要集中于宏观地区发展的层面，如长征镇特殊的社会形态的演进（从农村社会进入城市社会）、经济结构的调整（农业经济向城乡经济转移），招商引资促进第三产业发展等方面，这些都涉及到社稷民生的根本利益。这种当家作主的高度责任感、政府主导的市场化的改革模式对地区发展具有积极的贡献，但任何事物均有其两面性，当家作主的精神在以经济发展导向为主的"企业家"政府决策中有时难免有所偏差，而忽视了民众利益的真正所在，这也是中国目前强势政府的共同特征。政府不可能是无所不能的，只有倾听来自民间的声音，才能使政府真正地"为人民服务"。

从社会规划的角度来说，公众是城市生机与活力的主要源泉，公众利益是城市建设和发展中公众普遍的价值取向和利益选择。现代城市规划作为政府公共政策的一个重要方面，其基本准则应该是代表公众利益、保护弱势群体、维持社会公平。

自 20 世纪七八十年代以来，在全球范围内掀起的一股治理（Governance）模式变革，也就是在政治力量和市民社会之间建立合作互动的良性关系。这种变革是在整个社会层面上重新界定政府的职能与角色定位，实现政府与市民社会之间关系的根本变革。这种变革的目的是要改变战后几十年政府形成的职能活动范围和运行机制，力图在政府与市场之间寻求更为有效的提高公民普遍福利及提升国家生产力、竞争力的制度安排和组织创新。

在传统的观念上，政府多少是被认为是全知全能的，是完全理性的，并且代表了社会的整体利益，然而经济学的一个基本常识告诉我们，信息不对称是经济和社会生活的共相，无论是个人还是政府，其理性只具有相对意义。实际上，政府的理性是有限度的，政府官员也同样类似于"经济人"。他们也有各自的利益，也有各自的部门利益，他们难以甚至不可能完全地代表真正的公共利益，因此，将所有期望系于惟一的权力中心是危险的。正是在这样分析的基础上，治理理论才倡导发展多元化的、以市民社会为基础的、分权与参与相结合的管理模式，重视公共服务供给和公共问题解决过程中的公民参与。

4.9 本章小结

大城市边缘区的城市形态变迁是一个经济、社会、文化形态以及空间形态互动的综合演变过程。其中，空间形态变迁最为外在、直接，经济形态的变迁最为根本，经济形态的变迁促进了社会、文化形态的变迁，并促成了空间形态的变迁。

20世纪90年代以来，上海西北城郊结合部长征镇的城市形态发生了巨变。表现在经济形态方面，长征镇产业结构实现了由“一二三”向“三二一”的优化调整，以市场为龙头的第三产业成为其核心经济增长点，工业走向集中，农业逐步外移，镇内相关经济组织实行了改制。相应地，社会形态方面，农民转化为居民，外来人口大量拥入，长征镇的人口结构与就业结构趋于复杂，人们的定居方式走向聚居化、规模化、城市化。社会经济形态及结构的演进及产业空间布局的转移导致了长征镇空间形态的变迁：在最优势区位形成了以大卖场为主体的购物、休闲、娱乐、餐饮联动的市场群落；工业集中到工业区；农业大部转移至长征镇辖区之外；居住区大量兴建起来。

以真北路、金沙江路、梅川路为轴的市场群落空间形态的形成与国内外一批大企业项目（如麦德龙购物中心、新黄浦爱奇爱特购物中心、农工商超市总部、红星美凯龙家具装饰超市、OBI建材超市等）的进驻密不可分。大市场的建设进而带动了长征镇餐饮服务业、房地产业等其他第三产业的发展，并直接影响了住宅的开发建设。

长征镇的城市形态发生的巨变不是自然发生的，正是长征镇政府积极主动地运用市场机制，并积极地干预市场等综合作用下的产物。长征镇政府自下而上地区发展的内在驱动力，促进了政府制度的创新，进而在地区发展中灵活地运用地理区位优势、土地资源的优势、企业改制的契机，积极地吸引来自国内外的资本，为地方经济的发展注入了活力，同时也创造了崭新的城市空间形态。

毋庸置疑长征镇的发展的模式对地方经济的快速发展具有积极贡献，然而这一模式是由特定历史时期所决定的，只是阶段性的。从城市可持续发展的角度、从社会发展的民主化进程着眼，未来的长征镇发展应该更加重视公共服务供给和公共问题的解决，并在地区发展过程中提倡和鼓励专家参与、公众参与地方决策，为地区持续稳定的发展奠定理性的基础。

第五章　住宅的市场化开发对上海城市形态的影响

5.1　上海房地产开发建设的市场化变革

在城市中，具体空间与功能的开发建设行为包括两方面内容：一是房地产的开发建设，二是基础设施的完善建设。前者是以盈利为主要动机的市场行为，后者则在更多的时候是政府主导下的公共行为。由此特性决定，房地产的开发建设对社会信号的反馈更及时、更显著，且在对城市居民的生活领域划分的直接影响程度上，房地产的开发建设更胜一筹。

在城市土地制度、住房制度和金融制度改革的背景下，20 世纪 90 年代上海的房地产开发迅速地进入了全面市场化运作的阶段。经过 10 余年的发展，房地产业目前成为上海国民经济 6 大支柱产业之一，其中住宅开发总量已占据了房地产市场总量的 3/4。

在房地产业增加值方面，自 1990 年至 2002 年，上海房地产业增加值由 3.75 亿元上升到 373.63 亿元，增幅达 99.63 倍，是该时间段内所有产业中增长幅度最大的部门。房地产投资方面，自 1990 年至 2002 年，投资总量由 8.16 亿元上升到 748.89 亿元，上升了 91.8 倍，占当年度全社会固定资产投资总额的比例由 3.6% 上升到 34.2%，上升了 9.5 倍，增幅惊人。

上海房地产开发建设的发展（1990～2002 年）　　**表 5－1**

指　标	1990	1995	2000	2002
国内生产总值（亿元）	756.45	2462.57	4551.15	5408.76
其中：房地产业增加值（亿元）	3.75	91.29	251.70	373.63
房地产业占国内生产总值的比例（%）	0.50	3.71	5.53	6.91
全社会固定资产投资总额（亿元）	227.08	1601.79	1869.67	2187.06
其中：房地产投资（亿元）	8.16	466.20	566.17	748.89
房地产投资占全社会固定资产投资总额的比例（%）	3.59	29.10	30.28	34.24
居住消费占城市居民生活消费总额的比例（%）	4.60	6.20	8.40	11.40
全社会房屋施工面积（万 m^2）	3801.46	10566.42	8636.31	9425.42
其中：住宅（万 m^2）	2269.06	6195.12	4804.12	5994.70
全社会房屋竣工面积（万 m^2）	2138.44	3093.93	3266.52	3102.54
其中：住宅（万 m^2）	1339.02	1746.82	1724.02	1880.50
市区人均居住面积（m^2）	6.60	8.00	11.80	13.10

资料来源：上海统计年鉴 2003

5.1.1 土地的市场化历程

20世纪90年代上海土地市场经历了从行政划拨到2001年8月1日开始全面实行土地有偿出让的过程。虽然上海土地市场的有偿出让方式已于20世纪90年代初期开始推行，但通过市场方式取得土地开发的仍以外销市场，即外国投资为主，土地市场的投资主体比较单一。如表5-2所示，1994年以前，外销土地市场占据了绝对的市场份额，而从1995年开始，随着土地划拨方式的逐渐退出，国内投资主体逐步进入土地的市场化运作状态，内外销市场总量开始接近，以后内销市场逐步占据市场的主导地位，并与2001年实现内外销市场的全面统一。这一发展历程清晰地反映了上海土地市场化进程的轨迹。

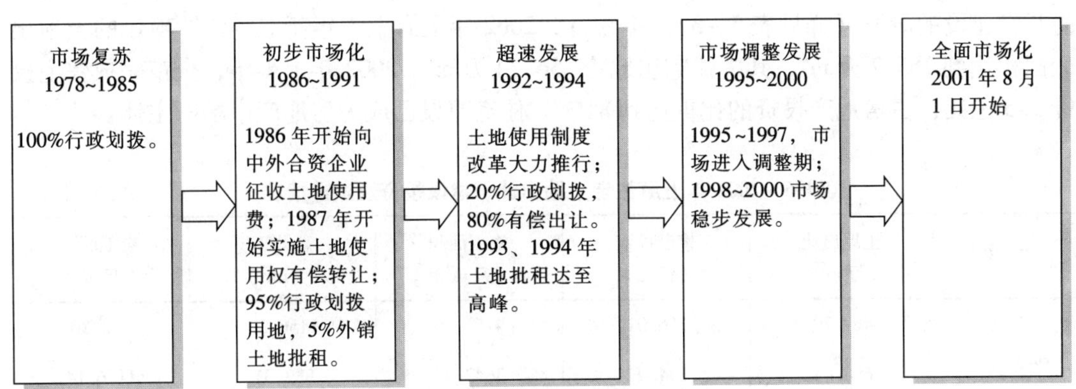

图5-1 上海土地市场发展的历程

1988~2001年上海土地批租面积（单位：万 m^2） **表5-2**

年份	1988~1991	1992	1993	1994	1995	1996	1997	1998	1999	2000	2001
总 计	980.4	2071.6	4961.1	1894.3	1203.5	898.3	1430.8	1227.9	1646.0	2182.2	2517.1
外 销	980.4	2071.6	4914.9	1568.0	640.3	378.7	461.4	421.1	527.9	402.7	—
内 销	—	—	46.2	326.3	563.2	519.6	969.4	806.8	1118.1	1779.6	—

数据来源：上海市房地产市场（2001、2002年）。

注：1）内销包括外资内销地块。

2）1988~2001年的土地出让面积含补地价的土地面积，2001年的数据扣除解除合同和补地价土地面积。

土地的一级市场是国家高度控制和垄断的市场，也是各级政府进行地方经济建设的主要资源。上海可供有偿出让的土地主要来源于：一是通过市区内原有工厂置换而产生的可开发用地；二是通过政府对拥有土地使用权的企业的闲置土地调整取得；三是根据规划需要进行旧区改造的地块。据统计，截至到2000年通过土地批租所获得的收益1000亿元已用于城市更新和基础设施建设①。土地市场化极大地推进了上海住宅建设的市场化进程。

5.1.2 住宅的市场化运作

1998年的《国务院关于进一步深化城镇住房体制改革的决定》中明确指出，当前深

① 陈良宇. 上海现代化建设与投融资体制改革. 亚洲开发银行理事会第35届年会上的发言. 2002

化住房体制改革的重点为3个方面：停止住房实物分配，逐步实现住房分配货币化；建立和完善以经济适用房为主体的多层次城镇住房供应体系；发展住房金融，培育和规范住房交易市场。随着住房体制改革措施的实施，我国开始逐步形成以市场机制为基础进行住房开发和住房分配的体制。

住房制度的改革一方面调动了集体、个人作为开发者的投资建设积极性，在很大程度上改善了城市建设的资金条件，加快了上海市住房建设以及其他城市建设的速度。另一方面，也是更重要的，通过住房商品化、货币化、市场化的改革，使居民对住房的部分需求释放出来，增加了房地产市场的有效需求，改变了原有的住宅供需关系。

在土地市场化进程的推动下，上海20世纪90年代中期开始进入大规模的住宅市场化的开发建设的阶段（详见表5－3）。据统计，2002年上海上半年新增经营性项目的土地出让面积达到265.7万m^2，其中住宅用地为256.74万m^2。2002年上半年，全市完成住宅投资286亿元，占房地产投资的比重达到81%。住宅建设已成为房地产市场的主体。

1996～2001年上海住宅土地出让、建设投资及建造情况　　表5－3

年　份	土地出让（万m^2）	建设投资（亿元）	施工面积（万m^2）	新开工（万m^2）	竣工面积（万m^2）
1996	469.70	356.01	4154.16	1156.29	992.30
1997	698.04	334.07	3647.47	883.31	1176.14
1998	701.28	320.66	3704.29	972.84	1242.00
1999	788.94	324.49	3747.17	1160.65	1229.23
2000	1041.10	408.82	4263.50	1781.64	1388.01
2001	—	439.17	4842.31	2161.00	1524.21

数据来源：中国房地产信息网，上海市房地产市场（2001、2002年）

上海的住房商品化的改革始于20世纪80年代后期，在住宅建设的市场化运作方式的推进下，于20世纪90年代中期加速了改革进程。一方面通过商品化的方式使旧有公房逐步实现私人产权化；另一方面停止住房实物分配，逐步实现住房分配货币化，并通过市场化供应来满足居民的住房需求。表5－4显示了从1991至1999年近10年间，个人购房比重逐年上升的事实。城市居民个人的住宅消费已成为住宅消费市场的主体。

上海市历年住宅商品房销售情况比较　　表5－4

年　份	商品住宅销售总面积（万m^2）	个人购买商品住宅面积（万m^2）	个人购买比重（%）
1991	—	—	12.3
1995	535.51	184.69	34.5
1997	617.02	403.44	65.4
1999	1243.33	1009.25	81.2

注：1991年数据源自《房地产市场体系建设研究》；其余年份数据源自房地产信息网。

上海可以说是中国大陆住宅市场化最彻底的城市了[①]。自2000年1月始，除了极小部分的廉租屋还被保留在政府的职能之内外，政府已不直接参与住宅的建设。即除廉租屋以外，所有的住宅供应与需求均通过市场的方式来解决。上海目前是全国惟一没有经济适用房建设的大城市，比起住宅市场化程度较高的香港仍由半政府性质的房屋署所提供之“居者有其屋”计划，其市场化进行的更为彻底。

然而，即便在发达国家住宅的市场化开发过程中，政府仍然承担着两个方面的义务。一是政府直接提供住宅；这是对住宅市场化开发的有益补充。任何国家都不可能实现住宅的完全市场化供应，政府必须向中低收入者提供福利住房，廉价出租或出售，以保障他们的基本生活需要。政府开发的另一方面，也是最重要的，政府通过城市的基础设施、公共物品的开发建设和提供，为住房消费者营造适宜的城市环境。从而产生对开发商、消费者，以及城市经济、社会、空间形态的引导作用。

全面的住宅市场化，其积极的一面，促进了10年间上海住宅建设和消费的同步高速增长，但其对整体社会的消极影响亦日渐明显，资本的绝对话语权使住宅开发商、投资商成为了市场的主宰，而城市居民始终处于被动选择的地位，城市规划师与建筑师亦不得不沦为城市空间利润化取向的工具。

5.1.3 房地产融资制度变革

由于房地产投资数量大、使用周期长的特点，房地产开发商总是积极寻求金融业的合作与支持，而金融业凭着其雄厚的资金实力在不断地向房地产业渗透。目前上海市与房地产市场密切相关的金融制度改革主要分为开发融资和消费融资两大部分。

随着国有银行商业化改革的推进，金融的行政管制措施逐步被取消，银行逐步根据项目本身的效益来决定贷款的方向。住宅开发市场属于投资收益比较高的领域，在市场机制的作用下，金融机构必然加大对住宅市场化开发的支持力度。房地产抵押贷款政策不仅可以减少金融机构的风险，也使开发商能以较低的成本获得所需资金。随着上海经济1990年代以来的蓬勃发展，整个20世纪90年代金融体制对房地产市场大力支持，使房地产开发方兴未艾。

在消费融资方面，1998年以来，全国逐步减少福利分房，随着《个人住房担保贷款管理试行办法》等一系列新的住房制度改革和金融体制改革，为抵押贷款购房提供了根据和支持；随着大幅度降息和按揭力度的加大，不仅有效降低了房地产开发商的资金成本，同时积极地促进了居民住宅需求的增长。图5－2可以反映出，从1998年开始，上海各大银行住宅按揭贷款大力介入住宅市场，改变了居民住房消费的方式，使住宅需求得到了极大释放，从而一定程度上刺激了上海房地产市场的整体复苏。从1999年开始，上海的住宅市场出现了供销两旺的局面，通过住宅按揭贷款实现购房需求已成为上海市民普遍接受及采用的方式。

---

① 房地产时报，2001年12月

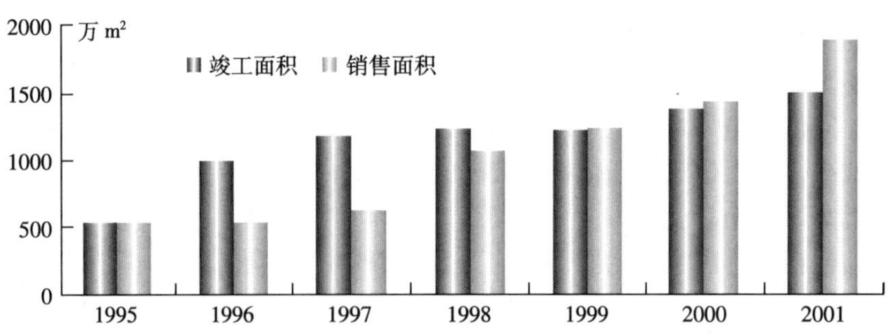

图 5－2　上海历年住宅供需关系的变化

数据来源：上海市房地产市场（2001、2002 年）

5.1.4　房地产企业的市场化运营

1992 年以后，我国颁布并开始贯彻新的公司法，这标志着我国的国有企业改革进入了一个新阶段：将国有企业转换成持股公司，以建立责权明晰、自主经营、自负赢亏的现代企业制度。这种改革迫使企业，特别是国有企业在预算拮据、没有诸如免税和减免债务补贴的状况下生存，企业的运营必须适应市场的需要。

同期，政府颁布了各种政策，包括赋予企业依法处置土地资产的权力，鼓励企业利用土地筹集自身改造资金等政策。例如，1996 年 7 月，上海市颁布的《国有大中型企业利用外资进行技术改造划拨土地使用权处置管理试行办法》中指出："为缓解国营大中型企业于外商合资、合作进行技术改造中股本金不足的困难，增强中方股权控制能力，支持企业以土地使用权作价与外商进行合资改造"。这些政策的推行进一步加速了城市中心区工业企业土地置换以及危旧房改造的进程。企业工厂外迁出城市中心区，不仅使得中心区的土地价值得到有效利用，同时处置土地资产的权力赋予了大量陷入困境的国有企业重新运作的机会。另外，国有房地产开发企业的改革使得住宅开发市场逐步走向有序化，企业开发运作公平竞争，政府不直接干预企业操作，从而极大调动企业开发的积极性。

市场经济条件下，上海的房地产开发建设主体呈现出前所未有的多元化，政府包揽全部住房与服务设施的计划、建设、供给、分配的时代已经一去不复返了。表 5－5 显示，与国内其他主要城市比较，1999 年上海的房地产企业的数量位于首位，反映出上海市场化住宅建设空前活跃的程度。

1999 年全国及 4 个直辖市按经济类型分的房地产开发企业（单位：个）　　**表 5－5**

地区	合计	内资企业					外资企业	
		小计	国有经济	集体经济	私营经济	其他经济类型	港澳台	其他外商
全国 （比重）	25762 （100%）	21422 （83.2%）	7771 （30.2%）	4803 （18.6%）	2668 （10.4%）	6180 （24.0%）	3167 （12.3%）	1173 （4.5%）
北京	716 （100%）	459 （64.1%）	248 （34.6%）	32 （4.5%）	3 （0.4%）	176 （24.6%）	179 （25.0%）	78 （10.9%）

续表

地区	合计	内资企业					外资企业	
		小计	国有经济	集体经济	私营经济	其他经济类型	港澳台	其他外商
上海	2595 (100%)	2294 (88.4%)	726 (28.0%)	429 (16.5%)	209 (8.0%)	930 (35.8%)	208 (8.0%)	93 (3.6%)
天津	663 (100%)	586 (88.4%)	168 (25.3%)	66 (10.0%)	151 (22.8%)	201 (30.3%)	43 (6.5%)	34 (5.1%)
重庆	1073 (100%)	931 (86.8%)	191 (17.8%)	122 (11.4%)	331 (30.8%)	287 (26.8%)	85 (7.9%)	57 (5.3%)
广州	1426 (100%)	1117 (78.3%)					309 (21.7%)	

资料来源：根据2000年度中国固定资产投资报告房地产业分册有关数据整理

5.2 FDI对上海房地产市场的影响

改革开放以来，作为中国经济中心的上海，吸引外商直接投资成效显著。从历年外商投资产业结构来看，第二和第三产业是其主要投资方向，而外商投资对上海房地产市场化运作的贡献则是毋庸置疑的。上海的土地批租方式最先在外销土地市场开始，外商投资是上海土地市场市场化的先行者、引导者，外商投资的参与强有力地推进和加速了上海房地产市场的市场化进程。

上海市外商直接投资房地产概况表（单位：亿美元） **表5－6**

年份	签定合同项目（个）	签定合同金额	实际吸收外资金额
1995年以前合计	410	84.11	19.04
1995	145	48.71	6.82
1996	96	40.24	10.53
1997	115	10.98	13.26
1998	55	4.00	9.23
1999	49	1.79	9.66
2000	55	1.42	4.22
2001	38	5.17	7.20
累计	1023	119.94	108.09

资料来源：上海统计年鉴

外商投资上海市房地产的状况明显地受上海市经济运行状况和投资母国及世界经济的左右。受中国整体经济宏观调控的影响，1995年开始上海房地产市场实际吸收外资金额也发生波动。实际吸收外资金额在1995～1997年期间逐渐增加，到1997年达到了13.26亿美元，由于受亚洲金融危机和全球经济不景气的冲击，2000年上海房地产市场实际吸收外资金额跌至最低，为4.22亿美元，但2001年随着区域及世界经济整体复苏又回升到7.20亿美元。

上海外商房地产开发企业（单位）个数（1996～2000年）（单位：个）　　**表5－7**

年份	外商投资企业总数	上海全部房地产企业数	外商企业占全部企业数比重（%）
1996	256	2030	12.61
1997	264	2398	11.01
1998	307	2601	11.80
1999	301	2595	11.60
2000	285	2549	11.18

数据来源：中国统计年鉴

按外商来源国家（地区）分的开发企业个数及比重　　**表5－8**

年份	企业数（个）			比重（%）		
	港、澳、台投资企业	其他外商投资企业	外商投资企业总数	港、澳、台投资企业	其他外商投资企业	外商投资企业总数
1996	93	163	256	36.33	63.67	100.00
1997	129	135	264	48.86	51.14	100.00
1998	206	101	307	67.10	32.90	100.00
1999	208	93	301	69.10	30.90	100.00
2000	201	84	285	70.53	29.47	100.00

数据来源：中国统计年鉴

尽管如此，上海外商房地产开发企业的数量自1996年以来一直保持稳定，历年外商投资开发企业数均在250家以上。外商房地产开发企业每年为上海市提供9000多个就业机会，占上海市房地产开发企业总从业人数的12%（如表5－7所示）。截止到2001年底，来自港、澳、台地区的房地产开发企业一直占上海市房地产外商投资开发企业的绝大比重①，并呈不断上升趋势。从1996年的36%上升到2000年的71%（如表5－8所示）。

5.2.1　推进土地市场化运作

1988至1995年期间，外销市场的土地批租总量几乎占据了上海土地出让总量的90%（详见图5－3所示），而外销土地市场是当时外商进入上海房地产开发的惟一途径。外销土地市场的发展对1995年以后活跃起来的内销土地市场具有重要的引导性及示范意义，最终促进了2001年上海内外销土地市场的合并，使土地市场化运作更加趋于规范及透明。

① 从某种意义上说，海外华人的社会网络和经济网络在太平洋沿岸的都市特大工程的规划和重建中发挥了关键性的作用。据估计，5500万海外华人1990年总计生产出的国民生产总值大约高达4500亿美元（参见《经济学家》1992年第一期第21页）。

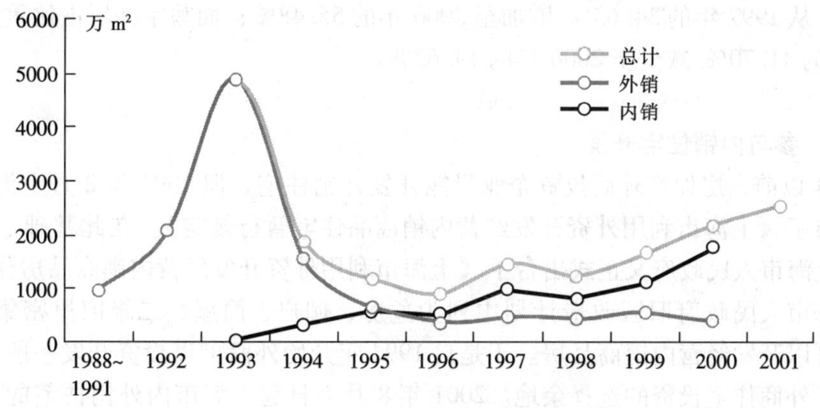

图 5－3　上海历年土地批租面积 1988～2001（万 m²）

数据来源：上海市房地产市场（2001、2002 年）

5.2.2　投资开发物业类型的变化

根据英国学者凯伊·奥尔兹对环太平洋地区 20 世纪 90 年代跨国房地产企业的开发行为的分析，特别值得一提的是，跨国房地产市场开发往往集中在如下一些方面，包括高档（A 级）写字楼、实行物业集中管理的豪华住宅区、高级宾馆、城郊闲置地带、可租赁的住宅和工业用地等，并且经常用“在全世界房地产市场背景下”这一概念为指导对其开发建设阶段和市场化阶段进行战略上的通盘考虑①。在上海的外商房地产开发企业的投资物业类型也具有以上共同的特征，以住宅、写字楼为主，商业营业用房和其他投资所占比重基本保持在 20% 左右。

上海外商投资开发的物业类型情况（单位：万元）　　**表 5－9**

年　份	1997	1998	1999	2000
本年完成投资	2139445	1673566	1423626	1039348
住宅	740952	559368	675041	576641
比重（%）	34.63%	33.49%	47.42%	55.48%
其中：别墅、高档公寓	168087	164278	193716	118740
写字楼	892068	543482	390784	203931
比重（%）	41.70%	32.44%	27.45%	19.62%
商业营业用房	270900	229235	250950	141251
其他	235525	341481	106851	117525

数据来源：上海市发展计划委员会、上海市建设和管理委员会、上海市统计局

外商投资上海房地产物业类型与中国相关政策的调整息息相关。1998 年以前，外商投资主要集中于写字楼，而同期由于上海市写字楼市场饱和及过剩致使投资额发生变化。因此，在 1997～2000 年期间外商投资住宅和写字楼的比重呈不断变化态势，其中住宅比重

① ［英］凯伊·奥尔兹．经济全球化与浦东开发开放．海外学者论浦东开发开放（俞可平等主编）．中央编译出版社，2002．P212

逐渐增加，从1997年的34.63%增加至2000年的55.48%；而写字楼所占比重大幅减少，从1997年的41.70%减少至2000年的19.62%。

5.2.3 参与内销住宅开发

1993年以前，房地产外商投资企业只能开发外销住宅。但1994年2月上海市建委和外资委颁布了《上海市利用外资开发经营内销商品住宅暂行规定》。在此基础上，于1995年8月，上海市人民政府又正式出台了《上海市利用外资开发经营内销商品房住宅规定》，明确在上海市人民政府旧区改造计划中列为危房、棚户、简屋、二级旧里密集地区的地块，外商可以开发经营内销商品房。于是自1994年开始外商可以投资开发一般内销住宅，从而增加了外商住宅投资的选择余地。2001年8月1日起上海市内外销住宅的正式并轨，又进一步降低了外商投资上海住宅市场的门槛和风险，使得外商开发普通住宅在外商投资住宅开发中占据了较大的比重。

如表5-10所示，从外资内销住宅土地出让的历史数据分析可知，在1995年~2000年期间上海市外资内销商品住宅用地的土地出让虽然小有波动，但绝对数值一直较高，说明外商对上海市内销商品住宅市场前景乐观。外资直接参与内销普通住宅的开发也将其成熟的住宅开发经营经验开始渗透进上海房地产市场，不仅促进了市场开发主体和物业开发模式的多元化发展，同时为内销市场注入了更多的竞争机制。

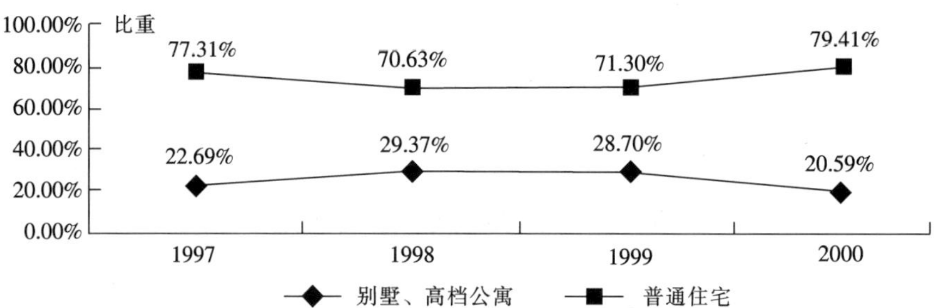

图5-4 外商开发的高档公寓、别墅与普通住宅在住宅中所占的比重

数据来源：上海市发展计划委员会、上海市建设和管理委员会、上海市统计局

上海市外资内销商品住宅用地的土地使用权出让情况 **表5-10**

年份	住宅		
	出让地块数（幅）	土地出让面积（hm^2）	可建面积（万m^2）
1995	18	78.69	202.91
1996	19	66.82	255.87
1997	39	82.59	257.80
1998	23	85.52	155.91
1999	19	74.00	126.49
2000	14	52.80	103.53
至2000F年累计	132	440.42	1102.51

资料来源：上海市房地产市场

5.2.4 高档住宅开发

在上海高档住宅①项目开发中，外商投资一直占据较重要的份额。截止到2001年已经开发完成的上海高档住宅项目共计116个，其中外商投资项目为51个，占总存量的44%。然而2001年已开工未完成的216个项目中，外商投资项目为25个，占全部项目的11.6%，可见，2001年高档住宅市场中外商投资项目比国内投资项目的增长缓慢；虽然在2001年立项未开工中，外商投资比重有所回升，约占27.6%，但从市场总体情况分析，2001年以后的几年中，外商对上海高档住宅市场的投资将比较谨慎。

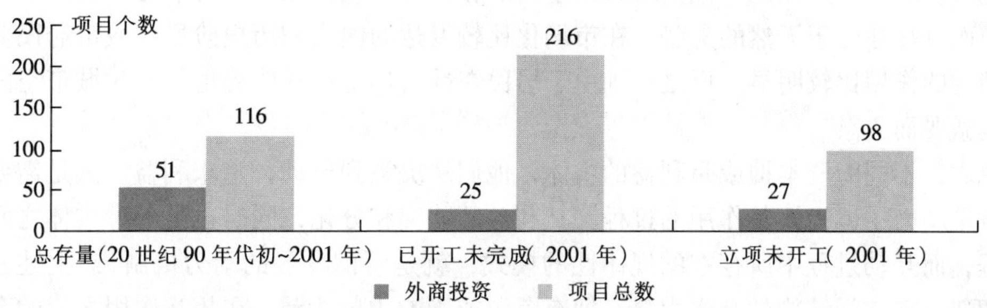

图5-5 外商投资高档住宅项目与全部高档住宅项目情况对比

资料来源：中原中国地产研究报告2002

上海外商投资高档住宅市场的投资国分布情况 **表5-11**

	外商项目总数量（个）	香港	新加坡	台湾	日本	澳大利亚
总存量（1990~2001）	51	41	6	2	1	1
2001已开工未完成项目	25	14	8	0	2	1
2001已立项未开工项目	27	19	6	1	0	1

资料来源：中原中国地产研究报告2002

如表5-11显示，香港在上海外商投资上海高档住宅市场中，无论是市场总存量，还是未来市场供应，都占相当大比重。截止到2001年，在已经完成开发的项目中，香港投资的项目数比重为80%；在2001年已开工高档住宅项目中，香港投资占56%；在2001年立项未开工高档住宅项目中，香港投资约占70%。新加坡、台湾、日本、澳大利亚也有一些投资项目。

5.3 住宅市场化开发的机制分析

从城市发展的过程而言，政府、企业及城市居民是最关键的推动城市发展的动力主体。由于在城市中所处的地位的差异，不同的动力主体对城市的空间构成产生了不同的利益追求。

① 外商投资上海高档住宅的数据来自中原中国地产研究报告2002；根据该报告，上海高档住宅市场的研究对象定义为：a）均价在8000元人民币/m^2以上的高档公寓、服务式公寓与别墅；b）高档公寓与服务式公寓的研究范围集中在黄浦、卢湾、徐汇、静安、长宁、浦东小陆家嘴等六个区域；c）对于别墅的研究范围不限定。

无论是过去的君主制度还是现代社会的执政阶层，政府都代表了一定社会群体的利益，必然会在政策上体现其阶级取向。政府的政策、战略会造成城市空间系统的结构性巨变，国家投资建设又往往对城市发展产生决定性的作用。城市的发展依赖于经济活动，因此经济组织的产业活动空间在城市整体的空间格局中占有支配的地位。企业，作为城市的经济组织单元，总是以最小的成本投入换取最大的效用为目的，这就构成了企业在城市中选择空间区位的基本经济学原则，从而使企业成为城市空间系统发生结构性演变的重要促动者。城市居民为了维护各自在城市空间和土地利用中的特定利益而参与企业和住宅的投资。但与政府和企业相比，他们对城市空间的影响力，或在城市活动中的“话语权”是有限的，而且往往处于天然的劣势。在市场化比较发达的国家和历史阶段，城市居民对城市空间结构的作用比较明显。反之，则由于居民在社会环境中的弱势地位而对城市空间结构的影响微弱而无奈。

总之，不同的资本抑或是利益的主体，他们从决策到行动，追求利益、满足需要的过程，就是动力主体发挥其作用的过程。其利益的冲突和分化，同时也是各种主体之间互动的过程，而互动过程中所存在的规律性的模式，就是所谓发展的动力机制①。上述三者构成了塑造城市空间结构的基本力量，拥有资源或影响力的力量，在相互作用之后的合力的物化，体现为城市空间的重组或扩展。在市场经济条件下，没有一个单一的力可以完全决定城市空间的结构。在经济全球化条件下，更有国际资本对地方层面上各种力的影响。但在诸多的社会力量中，在某一时期，有某种力会主导最后的合力，并主要地影响城市空间结构的变化。

上海1990年代住宅市场化开发是政府（及其下属部门）、住宅的开发者（开发商和投资商）以及住宅的使用者（城市居民为主）共同表现的舞台。他们为了追求各自的特定利益，而在推动住宅的市场化开发进程中扮演着不同角色。

5.3.1 政府的角色

政府是靠行使政治权力来控制经济和社会关系的。政府行为是影响良好的居住条件和住宅质量的主导力量，个体经济单位（无论是开发商或是消费者）都是根据政府的政策制度采取决定的②。上海的行政管理体制是“两级政府、三级管理”（上海市政府、各分区政府、街道管理部门）。从行政学的角度看，各级政府部门的所有职能目标存在一个共同之处，即满足人民的集体需要③。从这一意义上说，政府代表了社会利益④。在上海住宅的市场化开发过程中，政府作为城市公共部门，理论上对开发行为的作用影响主要表现在4个方面：（1）战略性引导；（2）规划控制；（3）房地产市场的宏观调控；（4）提供公共物品和投资基础设施。

---

① 约翰·弗雷德曼．世界城市之未来：都市与区域政策在亚太区域的角色．杜韵颖译．城市与设计学报，1997［2/3］：P1～24

② 让—欧仁．阿韦尔．居住与住房．商务印书馆，1996．P27

③ 贝尔纳．古尔内．行政学．商务印书馆，1995．P4

④ 张兵．城市规划实效论—城市规划实践的分析理论．中国人民大学出版社，1998．P58

1. 地区政府竞争

1990 年代，土地有偿使用制度的改革使土地进入市场并为城市政府提供了巨大的直接可操纵的资源。随着简政放权，上海市将土地批租的管理权下放到各区政府，形成了地区政府之间的竞争机制。政府间竞争就像市场中企业竞争一样，面对压力时，可以产生最大化的实质性效益，这就形成“企业家政府”的运作机制。土地经营则成为地区“企业家政府”刺激发展地方经济的最重要方式，并成为城市经营的核心。然而土地经营是一把双刃剑，运用得好，可以提高为城市政府提供公共服务的效率，有利于居民福祉的增进；倘若运用失当，城市政府甚至可能蜕变成为利用行政权力谋取自身利益最大化的利益集团。

上海各区政府部门，分别负责自己管辖区内的城市建设和经济发展，也可以公开得到其他政府部门的绩效信息。信息能够导致攀比，攀比则能够导致模仿更为有效的地区的运作模式，从而使绩效较低的地区感受到压力。但正是这种竞争以及“企业家政府”效应，政府一度单纯追求短期的经济利益，对市场的控制不力，导致为了追求土地租金的短期价值而忽视对土地批租总量、城市形态的控制，最后促成了上海市在 20 世纪 90 年代中期的开发热潮中，整个上海市土地供应总量和房屋建设总量的失控。图 5 - 6 显示的是 1995 至 2002 年上海商品住宅的空置情况。明显地可以看到在 20 世纪 90 年代中期开始，住宅空置面积持续上升。

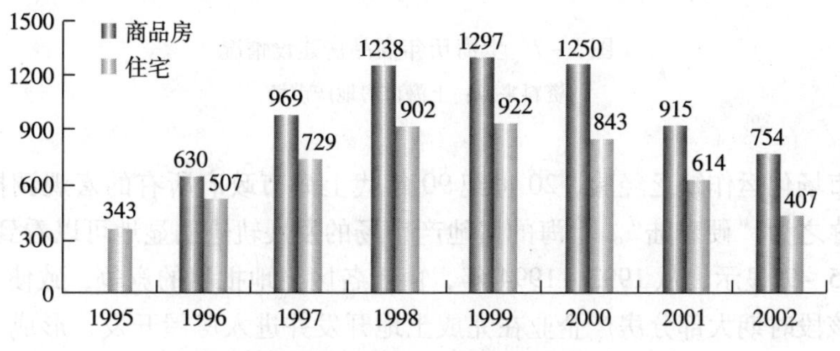

图 5 - 6　1995 ~ 2002 年上海商品住宅空置情况

资料来源：上海市房地产市场

一直到 2003 年 8 月以前，上海土地批租的主要方式仍然是协议的方式①。由于被放权后的政府拥有了过多的自由量裁权，在不完备的法制和监督体系下，滋长了大量的寻租空间、官僚作风、开发的不公平竞争以及土地投机等现象。一些房地产公司和政府部门的利益息息相关，或利用各种社会关系影响政府对土地及规划方案的决策，这严重影响了政府角色的公正、公平性。另外，政府过多地以直接参与，而不是以间接宏观控制的方式介入房地产开发过程，超越了政府经济管理的职能定位，是一种非市场行为。这些都阻碍了房地产业的市场化发展，容易导致住宅市场化开发的混乱和城市形态变迁的无序性。

2. 被动的宏观调控

上海市政府将住宅产业作为城市的支柱产业之一，其兴衰发展直接关系到整个城市的经

---

① 根据上海市历年房地产市场年鉴统计，超过 95% 的土地批租是通过协议完成的。

济发展速度和城市的空间发展趋势。政府主要通过政府及其下属机构的行政职能和经济职能来体现他们对城市建设发展的意愿，并通过各类政策的制定以及一定的行政命令为辅导，对住宅开发业的发展规模、速度和空间布局，以及城市居民的住宅消费行为进行引导控制。

作为对房地产市场运作的补充，市政府对房地产市场的宏观调控，对于保证城市建设的统一和谐以及经济发展的持续稳定是非常必要的。针对房地产市场的运作失灵，政府一般首先采用财政政策，通过税收的调整、税种的设置、税率的高低引导房地产的各种经济行为；其次，政府通过银行的货币政策来调控金融市场，从而影响住宅市场中开发商、投资商以及消费者的行为，并起到抑制房地产投机行为的作用。

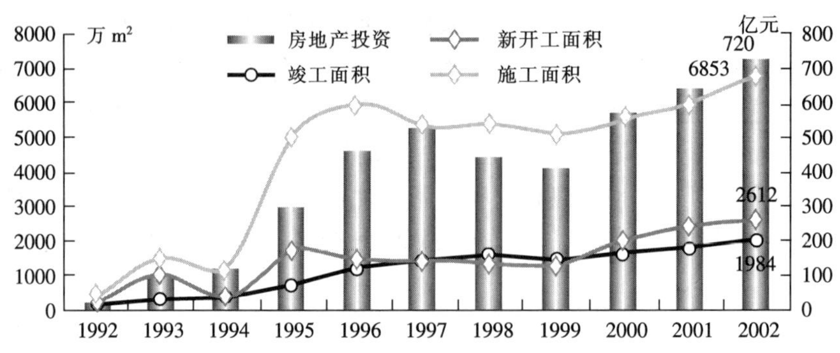

图 5-7　上海历年商品房建设情况

资料来源：上海市房地产市场

由于对市场化运作缺乏经验，20 世纪 90 年代上海市政府所有的宏观调控几乎都是被动的，或可称之为“硬着陆”。上海的房地产市场的发展轨迹明显地可以看到政策的影响。图 5-3、图 5-7 显示，从 1993~1994 年，由于各区土地批租的竞争，致使土地出让面积大幅增加。该段时期大部分房产企业在完成土地开发并进入房屋开发，形成了后 3 年投资建设的高峰。1995~1997 年，商品房集中上市，市场供求失衡，空置量增加；导致后 2 年市场低迷。5 年之后的 1998 年才开始实施一系列促进商品房市场发展政策，包括货币化分房、购房退税等，以刺激商品房市场需求；从 2000 年起，房地产市场复苏，又进入新一轮发展期。由于政策执行过程各区地方利益的平衡所产生的延后效应以及房地产市场本身的周期性，总体而言，市级政府宏观政策对房地产市场的反应是迟缓且被动的。

3. 妥协的城市规划

城市规划是政府对城市的各项用地及建设进行合理组织与协调的行为。对于住宅的市场化开发而言，规划分为 2 个层面。其一是对开发行为产生控制、管理作用的城市宏观层面上的规划，包括城市总体规划、分区规划、控制性详细规划以及城市设计等；其二是服务于某一特定的住宅开发地块的修建性详细规划，或是某些拥有较大地块的开发商在将土地“分包”给其他开发商之前，也会进行控制性规划或城市设计，以保证整个开发项目的统一性。规划方案有时会影响到房地产开发项目的优劣，但规划方案从程序上也必须通过规划管理部门的审核。

城市层面的规划及管理对住宅市场化开发的影响作用主要取决于以下 2 点。第一，城市规划确定的城市发展范围和目标。理论上城市规划决定城市形态的发展趋势、城市功能和空间结构、城市开发模式、可供开发的用地以及各用地的开发强度、建筑高度等技术指标。开发商在投资决策和选择开发用地时必须考虑城市规划所确定的各个层面的内容，而城市规划同时也成为政府部门确定土地交易过程中土地价格的影响因素之一。第二，城市规划管理部门在处理开发过程各项事务中所使用的裁定权。开发商在我国进行房地产开发前和过程中，必须获得规划部门颁发的“两证一书”，即建设项目选址意见书、建设用地规划许可证和建设工程规划许可证。而对于每一个开发项目的整个开发过程以及开发用地和开发项目的使用情况，规划部门也会在法定范围内执行监督、验收和管理职能。

虽然从程序上而言，城市规划和管理都是合理的，但就具体项目而言，由于地方政府经济效益导向的发展观，加之政府所拥有的自由量裁权，往往会妥协于发展商的要求，使开发商的偏好左右规划方案的发展，甚至有时反过来修改既定的规划控制条件。

20 世纪 90 年代由于受“企业家政府”思维主宰，上海各区政府甚至以本区已消灭了 6000 元/m^2 以下的住宅为荣①，竞相建设高档社区，并将此作为政府的工作内容之一②。上海市对于安居房、低收入住宅等实行特殊的供地、税金、信贷等有关政策在 20 世纪 90 年代亦开始渐减，甚至自 2000 年 1 月起，除了极小部分的廉租屋还被保留在政府的职能之内外，政府已不直接参与住宅的建设。即除廉租屋以外，所有的住宅供应与需求均通过市场的方式来解决。所以，上海可以说是中国大陆住宅市场化最彻底的城市了③。政府从以前的福利分房到完全依靠市场，从一个极端又走到了另一个极端，从而导致政府在住宅市场上失去了重要的调控手段之一，而使市场在较大程度上被房地产开发商和投资商操纵了。

5.3.2 房地产开发商——市场的主宰

20 世纪 90 年代，是中国房地产商叱咤风云的时期，上海住宅市场的舞台更是房地产商在唱主角。房地产开发商和投资商决定了造怎样的住宅，怎么造，在何处造，造了卖给谁的问题。

1. 群雄纷争的战国时代

根据 2001 年上海百强房地产企业的排名④，值得注意的是，排名前 10 位的房地产企业的市场份额最高的不过市场总量 2.5%，而前 10 位市场份额之和不到市场总量的 15%。因此，可以反映出 20 世纪 90 年代上海的房地产企业是一个群雄纷争的战国时代。没有一个企业真正有能力领导这个市场。

与发达的香港房地产市场对比，香港地产上市公司有 60 家，大陆有 96 家；香港前 10 位上市公司资产为 3996 亿，大陆前 10 位的才 766 亿，相差 5 倍多。96 家中年盈利达 1 亿的还不到 30%，所以我国房地产业看起来是个非常大的产业，房地产企业看上去也是财富企业，但实际上还是处于初步发展阶段。

---

① 长宁区 2002 年商品住宅均价突破 6000 元/m^2，资料来源于上海房地产市场报告（上海社科院编）。

② 黄浦区区长 2003 年在“振兴黄浦区房地产发展论坛”上的讲话。

③ 房地产时报，2001 年 12 月。

④ 上海统计年鉴（2002~2003 年）。

2. 文化情结与文化偏差

北京大学张颐武教授在一次聚会上和发展商们开了个玩笑。当潘石屹[①]提出让张颐武对房地产开发提出文化批判的时候，张颐武教授说[②]：

> *“我害怕，不敢批判，我觉得10 年来中国房地产是伟大、惊天动地的革命事业，我觉得最伟大的，让我们印象最深的是我们把整个欧洲，整个美国都搬到北京周围。我在北京看到一系列欧洲的地名，最好玩的事情是我的一个老师，他搬到一个地方叫‘海德堡’，他写文章时候就写的是‘于海德堡’。我发现北京的空间发生了一系列改变，原来有的地方已经开始消失了，突然变成了好多高雅的欧洲的地方。中国在经济成长中间新的富有阶层的一些人希望像欧洲一样的生活，像美国一样的生活，今天突然就在我们身边了。500 米以外就是欧洲，300 米以外就是美国，这时候我觉得房地产商确实是做了一个创造性的毁灭革命工作。”*

张颐武教授的一番话是对中国发展商辛辣的讽刺。事实上，中国发展商的这种文化偏差离不开其纠葛不清的文化情结。在目前中国新兴的房地产企业中，企业高层或其中坚分子有相当一部分是文人背景出身，对居住改变生活有一种强烈的使命感，常以中国住宅的救世主自居。而居住如何改变生活，通过什么方式去改变，确实模糊不清、语无伦次。如2000 年初由中国的发展商发起的“新住宅运动”就是对20 世纪90 年代整体发展商文化情结的综合展现，但最终以不了了之收场。“新住宅运动”曾于2000 年6 月在上海东方明珠电视塔旁的国际会议中心隆重举行了研讨会，然而连大部分的业内人士也搞不清这次会议的真正意图，“这个会很虚，谈什么历史、哲学，本身并无实际内容。”[③]

“新住宅运动”在上海几乎未能激起一丝涟漪，虽然其发起者之一的万科在上海也有不少的项目。因为住宅最终是要面向市场的，任何文化的包装最终要获得市场的认可。但是，不能不承认这种对中国住宅的思考是积极的，而发展商们的文化思考或取向（有时甚至是有偏差的文化认知）与其最根本的商业利益最终是结合在一起的，因此难免人们不得不怀疑其纯洁性了。

3. 精明低调的发展商

与中国其他城市的发展商相比，上海的开发商堪称最低调的了。中国大陆96 家上市公司里最大的是上海陆家嘴集团公司，万科第二。但万科在全国范围内很知名，陆家嘴集团公司却默默无闻。北京地产界的潘石屹，其市场的曝光程度堪与娱乐界的明星媲美，上海除了周正毅[④]经常上香港媒体的娱乐版外，上海的发展商是最不热衷于炒作的，几乎很少出现在大众媒体之中。

所以有这样的说法：“最好的概念在北京，最好的景观在深圳，最好的房型在上海。”

---

① 潘石屹，北京红石房地产公司总经理，以擅长房地产概念炒作著名。其代表楼盘为北京SOHO 现代城，以SO-HO 概念将一个频临崩溃的商住项目起死回生，创造了中国地产界的神话。

② 吴晓东. 地产十年：泡沫与沉淀. 三联生活周刊，2002 -09 -26. http：//www. lifeweek. com. cn

③ “分析：新住宅运动勿成炒作游戏!”，引自新浪财经版，2000 -06 -28. http：//finance. sina. com. cn

④ 周正毅，上海农凯集团董事长。周正毅以做期货起家，后涉足房地产领域。周正毅在香港自诩为上海首富，活跃于社交界，但在上海的房地产项目运作并未见起色。2003 年因涉嫌房地产项目中的非法行为而在上海被拘捕。

可能这座城市需要的不是掌声，而是利润。上海的房产商非常精确地知道一个商品的价值，他们有非常清楚、明确的逻辑，对于市场有非常精确的关注。他们是在非常精确地制造商品，而非概念。

上海发展商的精明另一个重要的原因是所面对是理性的消费者。由于地域文化等历史因素，上海的消费者素以精打细算而著称。理性的住宅消费者在大量的住宅供应中选择最符合自己需要的住宅产品。所谓理性，即消费者更多的关注点在于一定价格下的住宅使用价值和使用功能，称之为"性价比"。比如，房地产市场最初的住宅开发逻辑是：随着收入的提高，消费者更喜爱户型面积大的产品。但事实上住宅面积却并不是消费者单纯的目标。

在市场条件下，住宅使用者主要通过租赁或购买的方式获取房地产住宅。他们对住宅开发建设过程中的经济效益看法与开发商不同，用一句著名的房地产业广告语来说，就是"更多的人希望花更少的钱住更好的房"。开发者、投资者所获取的利润越高则意味着消费者在获取住宅消费品时所需付出的代价越高。因此城市居民重视在一定的住宅消费支付下，能享受到尽可能多的利益；更多地关注住宅开发建设过程中的社会效益和环境效益。因此，真正打动消费者的并非天花乱坠的广告，而是真实的产品。这也从另一方面可以解释精明的上海发展商并不依赖媒体和广告取胜的缘由。

4. 引导住宅设计

在大多数的发达国家和地区，城市住宅市场一般分为 2 种，一种为私人住宅市场，由私人开发商和投资商兴建的住宅；另一种为由政府作为公共物品提供的城市公共住宅，以保障受私人住宅市场排斥的城市贫民。由于城市公共住宅的甲方是城市政府，而城市政府更多地关注项目实施的经济可行性，对建筑师的创作基本是不予干涉，从而为建筑师们提供了相对自由的创作空间。因此，城市公共住宅也是许多世界著名建筑师成功的基石之一，如勒·柯布西耶的法国巴黎的马赛公寓，斯特林早期设计的城市公寓等。

20 世纪 90 年代以来，由于上海政府已从以前的福利分房到完全依靠市场，从一个极端又走到了另一个极端，因此，房地产开发商成为了住宅市场的主宰，进而并引导着住宅的设计。上海发展商的文化情节的表现可以说是实实在在的，必然地传达到住宅设计的理念之中。20 世纪 90 年代的上海也有张颐武教授所言的欧洲城市的克隆现象（但经常在克隆过程中，基因发生突变，产生很多不伦不类的结果），即所谓的"欧陆风情"；接着又演变为"借景生情"，主要以景观资源创造住宅项目的附加值，如一系列的"江景"（黄浦江）、"水景"（苏州河）、"绿景"（大宁绿地、黄兴绿地等大型公共绿地）。

但所有的文化附加值最终体现为根本的商业利益。为了尽量减少开发的风险性，大部分开发商一般会采取"随大流"的开发态度。往往是市场上反映什么类型的住宅销售好，并不去深究其原因和作为其背景的社会经济条件，也不对市场需求量细致调研，便一窝蜂地都开发该类住宅，于是便导致了上海市住宅的"同质化"现象。

在房地产商绝对的资本话语权主宰下，建筑师已经尴尬地成为了他们的傀儡。建筑师基本上已成为开发商的画图工具，其创造的空间仅限于如何以各种方式取悦发展商的偏好，满足和实现开发商们的文化情结。而发展商们不同的文化追求，又通过建筑师的工作，创造出城市支离破碎的住宅产品的大拼盘。

5.3.3 永远被动的城市居民

城市居民是住宅开发市场的最主要使用者，即住宅的消费者。城市居民对住宅数量和居住水平要求的不断提高是城市住宅市场化开发的主要推动力。但与政府和企业相比，他们对城市空间的影响力，或在城市活动中的“话语权”是有限的，而且往往处于天然的劣势。帕尔（Paul）研究指出①，空间限制（时间/距离消耗）和社会限制是形成不同城市居住模式的2个基本限制因素，而收入又是决定空间限制和社会限制的最重要的因素。

由于居民家庭收入所影响的消费能力的差异，社会地位、生命周期和文化状况等差别产生的住宅消费个人偏好，不同的消费者对住宅产品的要求是不一致的。随着上海经济的飞速发展，城市社会文明不仅在物质方面而且在精神方面的变化也越来越快。这一社会现象通过住宅消费者的择居过程反映出来，越来越明显地表现为居住的空间分异现象。不同的居住空间不仅在可达性、生活环境质量、就业和受教育机会等方面存在着差异，而且具有社会经济地位差异的社会标签作用。

1. 旧城改造与中心区人口外迁

从20世纪90年代初起，上海开始了改革开放后的第一轮大规模的旧城改造。分析其发展过程，可分为3个阶段（见表5-12）。其中，影响最大的是“365”旧城改造。历时5年（1995~2000年）的365万m^2的旧城改造，正处于上海市房地产市场，尤其是住宅市场的快速发展时期。“365”旧城改造不仅改善了动拆迁区域居民的居住状况，也相应带动了上海住宅房地产业市场化的发展。

1990年代上海旧城改造的发展过程和特征　　表5-12

发展阶段	特　征	问　题
第一阶段：1991~1996年	该时期主要特点是改善居民基本生活配套设备，如在原有旧房基础上进行成套改造。主要由房管局出资，居民基本不需要承担改造费用。涉及的动迁以实物方式补偿。	只注重经济效益，而忽略社会效益，特别是环境效益。旧区改造地块项目的容积率普遍过高，从而影响了城市整体风貌及环境品质。
第二阶段：1997~1998年	此时提出“拆落地”改造方式，规模扩大至整条弄堂，基本做到当年开工当年竣工。改造资金通过“三个一点”方式解决，即政府、企业、居民共同承担。1998年开始实行货币化动迁。	市区面积急剧扩大。截止2001年底，上海市区面积由1990年的748.71km^2猛增至3924.24km^2，扩大了4.24倍。随着城市面积的蔓延，旧城区近年来有近20%的居民外迁，导致“市区空洞化”，郊区呈“摊大饼”式的无序铺展，对土地资源造成了极大的浪费。
第三阶段：1999~2000年	此时推出成片成街坊改造方式，每个地块占地至少在5000m^2以上。政府要求以“四高”标准进行开发，在出台多项优惠政策的同时鼓励企业投资。	建筑密度急剧增加。由于土地批租所造成的利益驱使，使开发地块的建筑密度和容积率失控。上海市8层（包括8层）以上的建筑在20世纪80年代初只有121幢，到20世纪90年代初达到784幢，而到2001年底已经有4226幢。其中20层以上的建筑从1980年的3幢发展到2001年的1680幢。大量的高层建筑影响了城市的整体形象，也严重破坏城市的气候和生态环境。

资料来源：本书整理汇总

① Pahl, R., 1975. *Whose city?* (2nd ed.), Penguin

从居民迁出中心区的主观愿望及行动可以分为主动迁居与被动迁居2种类型。居民为了改善居住条件，主动迁出中心区，选择其他地点居住，可看作主动迁居。被动迁居，简称“动迁”，通常是结合旧城更新、土地功能置换进行的。

影响外迁居民选择居住地点的因素是多方面的，但首位考虑因素是房价。根据1999年10月对南京东路周边地区居民的抽样调查①，也显示了这种影响。调查显示：61%的居民认为房价是首要影响因素，26%的居民选择居住地点主要考虑因素是公共设施齐全、生活便利，9%考虑子女上学方便、4%为接近工作地、4%首先考虑绿化环境条件。可见商品房价格与公共服务设施及生活条件的便利是影响居民选择搬迁地点的主要因素，而对房价的考虑处于绝对的主导地位。

商品房价格与区位条件具有直接关系，从城市中心到边缘体现为逐次降低的圈层式分布。普通居民对商品房价格有一定承受幅度。该次调查的统计显示，货币分房后，加上公积金和按揭的运用，只有10%的人可以购买5000元/m^2以上的住宅；10%左右的人可以买4000元/m^2左右的住宅；50%的人可以买3000元/m^2以上，4000元/m^2以下的住宅；20%的人可以买2000元/m^2的住宅②。可见，3000~4000元/m^2的住宅较符合普通市民的购买力。而3000元/m^2~4000元/m^2的商品房主要分布于内环线附近及内外环线之间的区域，即中心城区的边缘区③。然而，随着近年上海房价的飞涨，市民的购买能力并未见有明显的提高，反而相对房价的涨幅有下降之趋势。

中心区原有居民主要是中低收入阶层，在这种情况下，主动外迁的居民将主要集中居住在内环线附近及内、外环之间的边缘区。中心区人口疏解过程中，动迁是人口数量下降的主要原因。10年间，近100万人口通过主动或被动的方式迁离中心城区。以黄浦区为例，1994~1998年共动迁居民27964户，决大多数外迁人口都是动迁居民。动迁居民的安置方式主要有2种：即现房安置和货币化安置，货币化安置政策从1998年后实施。由于中心区原有人口密度较高，改造成本高，决大多数居民都是异地安置。

同时，由于上海市“八五”前及“八五”后新建居住小区也多位于中心城区边缘，如上海市中心居住小区分布的现状，在这两种情况的共同作用下，中心城区的人口分布呈现出城市边缘化集中的格局。今后相当长的时期内，随外围交通条件改善及公共配套设施的逐步完善和货币化分房、住房市场化的推进，目前已经形成的这种格局有继续强化的趋势。

黄浦区动迁及房屋拆迁情况表 **表5-13**

年份	动迁单位户数（户）	动迁居民户数（户）	拆除建筑面积（m^2）	其中	
				单位	居民
1994	299	8345	213106	29592	183514
1995	600	7977	254497		254497

① 1999年10月笔者对南京东路周边地区居民的抽样调查，共发放问卷100份，回收有效问卷95份。

② 购房者需要住怎样的房子. 文汇报，1998-12-21

③ 根据上海房地产市场的数据，2002、2003年上海楼价飞涨，2003年涨幅接近30%。位于内环线附近及内外环线之间的区域的楼价已上升至5000~6000元/m^2。

续表

年份	动迁单位户数（户）	动迁居民户数（户）	拆除建筑面积（m^2）	其中	
				单位	居民
1996	588	6710	282317	126152	156165
1997	322	2327	121661	69779	51882
1998	211	2605	87011	24507	62504
合计	2020	27964	958592	250030	708562

资料来源：《1999 年黄浦区统计年鉴》

2. 住宅市场化开发布局主动引导着人口流向

根据上海市统计局发布的2000 年第5 次人口普查资料分析，10 年来上海人口空间分布呈现三大明显变化：一是内外环线之间新建城区人口大幅增加；二是中心城区人口密度明显下降；三是全市城镇人口比重大幅上升。

表5－14 中数据显示，与1993 年相比，2000 年上海市黄浦、静安、卢湾、虹口区4 区总人口则分别减少15.74 万、7.86 万、6.45 万和3.42 万人，同时3 区的人口密度也有较大幅度下降。长宁区人口变缓较小，其余5 区的人口都有一定幅度增长，人口数增长最多的是浦东新区，而人口密度增长最多的是徐汇区。

1993～2000 年上海市中心城区各区的人口变动情况（单位：万人，人/km^2）

表5－14

分区	面积（km^2）	1993		1995		1997		1999		2000		增长总量	
		人口	密度	人口	密度	人口	密度	人口	密度	人口	密度	人口增长	密度增长
黄浦	12.41	81.92	66011	76.92	61982	60.98	49138	68.65	55318	66.18	53326	-15.74	-12683
卢湾	8.05	42.04	52223	39.33	48857	37.58	46688	36.52	45368	35.59	44212	-6.45	-8012
徐汇	54.76	76.71	14008	80.62	14722	83.80	15303	86.03	15711	86.77	15845	10.06	1837
长宁	38.30	60.16	15707	60.75	15861	61.13	15960	61.11	15956	60.49	15793	0.33	86
静安	7.60	43.66	57447	40.47	53250	38.08	49972	37.10	48688	35.80	46985	-7.86	-10342
普陀	54.83	80.88	14751	82.57	15059	83.49	15228	83.94	15309	84.27	15370	3.39	618
闸北	28.50	67.43	23659	67.01	23512	67.45	23666	70.13	23967	70.83	24209	3.40	1193
虹口	23.48	83.78	35681	82.70	35221	80.80	34415	80.51	34289	80.36	34225	-3.42	-1457
杨浦	52.23	104.07	19963	106.20	20372	107.75	20669	108.15	17808	107.95	17775	3.88	743
浦东	522.75	143.73	2749	148.63	2843	153.40	2934	160.08	3062	165.14	3159	21.41	410

资料来源：根据上海市统计年鉴整理（1994～2001 年）。
除2000 年外，1993～1999 年黄浦区数据包括了原南市区的住宅量。

城市房地产价格的分布特征，居民购买力的限制，使得人口流动的空间区位现象受到住宅市场化开发布局的引导，同时又通过居民的择居过程，反映出上海市住宅市场化开发的空间布局特点。

3. 社会结构破坏

由于历史原因，中心城区的居民以中低收入阶层为主。对南京东路周边居民调查显示，大部分居民是工薪职工、退休、下岗、待业人员和学生，经济收入水平较低，属于中等及中下等收入阶层。居民的住宅条件通常较差，房屋破旧、空间拥挤。居民的住房大多是公房，占总数的93%；居住房屋质量普遍较差，以一室户和两室户为主，分别占57%和36%；厨卫设施多为公用。由于经济及历史原因，多数居民无力自己解决住房改善问题，寄希望于等待政府改造。

通常情况下，原有居民在中心区的居住时间较长，长期磨合形成了稳定的社会结构。调查显示多数居民的居住年限很长，5～10年占11.6%，10～15年占10%，15年以上的高达75%。尽管居民对住房建筑质量与居住面积状况非常不满，但居民普遍认为邻里关系较好：认为非常好的占10%，46%的居民认为邻里关系比较好，认为一般的占40%，比较差与很差的占4%。可见，居民对邻里关系的满意程度较高。长时间的居住，使多数居民对中心区有高度认同感。调查显示，76%的居民希望改造后迁回原地居住；同时，原有居民具有较高责任感。例如，在南京东路改造过程中，经常有人对施工给予热心关注，并对新建设施表示出极大兴趣。高度的责任心和认同感，以及多年形成的良好邻里关系、稳定的社会结构，这些都是中心区保持活力的坚实基础。但是，在中心区改建过程中，大范围推倒重建和以开发商为主导的开发方式，使居民因承担不起回迁费用而搬迁到边缘区域居住，原有居民大量流失。同时积淀多年的社会结构也被全部铲除，严重破坏了中心区保持活力的基础。

4. 贫富差异

然而，快速的经济成长所造成的"财富鸿沟"使得高收入的富裕阶层在择居时拥有了更大的自由，他们可以选择仍然留在城市中心，或郊外环境优雅的别墅区。而对于并不富裕的工薪阶层和城市平民，他们几乎没有太多的选择，经济的处境决定了他们为了取得较廉价的住房，无奈地迁到离中心较远的郊区。

贫富两个不同阶层由于在经济收入水平、家庭结构、文化背景以及对城市空间的使用方式和生活风格等方面上的诸多不同，需要通过不同的特定城市空间对自己的"领地"加以固定与确立。居住区在某种意义上成了一种"排外的装置"，而"房地产价格的弹性也有助于加强社区的一致性"①。卡斯泰尔在分析美国城市空间的社会分异时曾指出：

> *"当社会紧张加剧而城市衰败之际，精英便躲在'有警卫的社区'内避难，这是20世纪90年代晚期遍及全球的现象，从南加州到廾岁，以及从圣保罗到波哥大都见得到"*②。

然而这种社会空间分异的现象在20世纪90年代的上海已逐渐显现，并在住宅市场化的过程中被日益强化。

5. 有限选择

即使城市居民拥有一定的购买能力，但由于当前城市居民整体素质、公众参与体

① ［美］曼纽尔·卡斯泰尔．信息化城市．崔保国等译．南京：江苏人民出版社，2001．P250
② ［美］曼纽尔·卡斯泰尔．网络社会的崛起．夏铸九，王志弘等译．北京：社会科学文献出版社，2001．P511

系、法制体系的有待完善，居民对市场运作、政府政策仍然缺乏决定性的影响，住房的选择（区位、房型、环境质量、设施等条件）往往最终从属于而不是优先于由经济组织和政府做出的城市空间决策。因此，住宅开发的结果往往是政府政策引导着房地产开发，而房地产开发以及消费政策又进一步引导着居民的住房消费，城市居民只有在消费过程中发现住宅产品的不足，类似的信息反馈到住宅开发市场后，从而产生对住宅市场的影响。上海市住宅开发的“同质化”现象，也致使住宅消费者面对住宅市场时缺少选择。

5.4 住宅市场化开发影响下的上海空间形态变迁

上海20世纪90年代的住宅市场化开发是政府（及其下属部门）、住宅的开发者（开发商和投资商）以及住宅的使用者（城市居民为主）共同表现的舞台。他们为了追求各自的特定利益，而在推动住宅的市场化开发进程中扮演着不同角色，继而影响了城市住宅空间的格局。房地产商在市场化导向下，主宰了住宅空间格局的变化；而城市居民在有限的选择下被动地接受着这一空间的变化。

为了便于空间分析，本书将上海各区划归为3类地域（见图5－8）。全部或大部分位于内环线以内的地区为核心区，包括黄浦、静安、卢湾和南市；全部或大部分位于内外环线之间的地区为内圈区，包括虹口、闸北、杨浦、长宁、徐汇、普陀；其他区/县全部或大部分位于外环线以外，归为外围城区。浦东新区幅员广阔，横贯上述3类地域。核心区和内圈区构成上海中心城区，外围城区则是非中心城区。

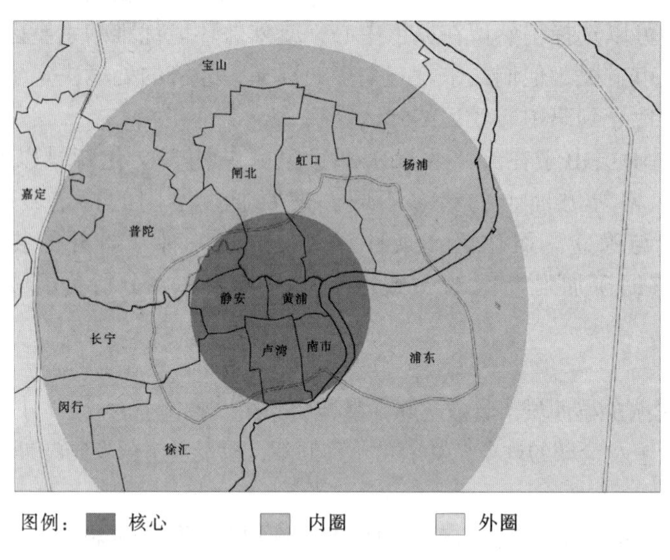

图5－8　上海的行政区划与圈层地域

20世纪90年代的上海城市住宅空间呈现出圈层动态更替的变化，而在此变化过程中由于房地产开发行为的趋利性引导，又具体表现出住宅品质的不均衡开发，以及各类品质住宅的不均衡分布，住宅空间的分异现象已卓然显现。

5.4.1 圈层结构动态更替

20 世纪 90 年代上海住宅的市场化进程同时伴随着城市产业结构重组所带来城市空间结构重组，使上海中心城区的住宅开发在近 10 年内经历了总量增加和分布变化。上海提出的城市产业空间布局是一种圈层模式，内环线以内（即城市核心）以第三产业为主，内外环线之间（即城市内圈）以第二和第三产业并重，外环线以外（即城市外圈）以第一和第二产业并重。

随着产业圈层结构的调整，带来了中心城区的大规模城市再开发，进而引发了人口的大量外迁，从而导致住宅的圈层结构亦发生动态的重组，主要表现在 2 个方面（见表 5－15）：在核心地区，住宅占中心城区总量的比重明显下降。在发展余地较大的城市内圈，住宅比重有了大幅上升。因此，上海中心城区的居住分布变化表现为从城市核心转移到城市内圈，再开发过程中的功能置换使城市核心地域的商务和商业地位得以提升。

1993～2000 年上海市中心城区住宅总量的时空变化情况 **表 5－15**

年 份		1993	1994	1995	1996	1997	1998	1999	2000	累计	平均年
浦东新区	总量（万 m^2）	1498	1721	1930	2250	2597	2767	3551	3886		
	增量（万 m^2）		223	209	320	347	170	784	335	2388	341.1
	增长率（%）		14.9	12.1	16.6	15.4	6.5	28.3	9.4	159.4	14.6
徐汇区	总量（万 m^2）	1196	1231	1377	1444	1940	2194	2331	2465		
	增量（万 m^2）		35	146	67	496	254	137	134	1269	181.3
	增长率（%）		2.9	11.9	4.9	34.3	13.1	6.2	5.7	106.1	10.9
杨浦区	总量（万 m^2）	1199	1274	1386	1594	1875	1915	2007	2135		
	增量（万 m^2）		75	112	208	281	40	92	128	936	133.7
	增长率（%）		6.3	8.8	15	17.6	2.1	4.8	6.4	78.1	8.6
长宁区	总量（万 m^2）	822	843	922	1009	1099	1128	1166	1231		
	增量（万 m^2）		21	79	87	90	29	38	65	409	58.4
	增长率（%）		2.6	9.4	9.4	8.9	2.6	3.4	5.6	49.8	5.9
普陀区	总量（万 m^2）	962	973	1003	1082	1227	1627	1802	1895		
	增量（万 m^2）		11	30	79	145	400	175	93	933	133.3
	增长率（%）		1.1	3.1	7.9	13.4	32.6	10.8	5.2	97.0	10.2
闸北区	总量（力 m^2）	799	825	865	939	967	971	1048	1036		
	增量（万 m^2）		26	40	74	28	4	77	－12	237	33.9
	增长率（%）		3.3	4.8	8.6	3	0.4	7.9	－1.1	29.7	3.8
虹口区	总量（万 m^2）	992	1017	1070	1147	1183	1295	1306	1361		
	增量（万 m^2）		25	53	77	36	112	11	55	369	52.7
	增长率（%）		2.5	5.2	7.2	3.1	9.5	0.8	4.2	37.2	4.6
卢湾区	总量（万 m^2）	458	443	448	453	478	525	580	588		
	增量（万 m^2）		－15	5	5	25	47	55	8	130	18.6
	增长率（%）		－3.3	1.1	1.1	5.5	9.8	10.5	1.4	28.4	3.6

续表

年 份		1993	1994	1995	1996	1997	1998	1999	2000	累计	平均年
静安区	总量（万 m^2）	509	488	496	497	520	565	588	617		
	增量（万 m^2）		-21	8	1	23	45	23	29	108	15.4
	增长率（%）		-4.1	1.6	0.2	4.6	8.7	4.1	4.9	21.2	2.8
黄浦区	总量（万 m^2）	748	719	707	723	695	720	741	755		
	增量（万 m^2）		-29	-12	16	-28	25	21	14	7	1.0
	增长率（%）		-3.9	-1.7	2.3	-3.9	3.6	2.9	1.9	0.9	0.1

表5-15、表5-16中的数据表明，位于城市核心区的黄浦区住宅总量几乎没有变化，但住宅比重却在迅速下降（-10.6%）；静安区、卢湾区、长宁区、闸北区和虹口区的总量增长在20%~50%之间，除静安区的住宅比重在下降外（-2.3%），其他4区的住宅比例累计增量在上升（0.5%~2.3%），其中卢湾区在1998年之前住宅比例在下降，1998年后住宅比例大幅度上升；徐汇区、浦东新区、杨浦区和普陀区住宅在这7年内的增长总量接近1993年已有的住宅总量，尤其是浦东新区，住宅总量增长159.4%，而徐汇区的住宅比重增长最快（16.6%）。

1993~2000年上海市中心城区住宅比重的时空变化情况（%）　　表5-16

年 份	1993	1994	1995	1996	1997	1998	1999	2000	累计增量
徐汇区	54.3	54.1	55.2	56.1	70.6	68.9	69.5	70.9	16.6
浦东新区	63.1	66.2	67.8	76.0	75.6	78.9	80.0	77.6	14.5
杨浦区	45.1	46.3	48.1	51.5	55.5	56.0	57.1	59.1	14.0
普陀区	54.1	54.4	54.8	55.8	57.8	63.7	65.1	65.3	11.2
长宁区	54.5	54.7	56.3	56.4	57.2	56.6	56.1	56.8	2.3
虹口区	56.0	55.8	56.5	56.8	56.8	58.2	57.6	58.0	2.0
闸北区	53.2	53.7	53.4	53.8	53.8	53.8	53.8	53.7	0.5
静安区	53.7	53.0	54.3	55.0	52.8	53.9	50.9	51.4	-2.3
卢湾区	54.1	52.4	52.0	51.8	51.5	51.3	55.8	55.4	1.3
黄浦区	56.3	55.5	56.2	53.5	52.3	50.6	45.3	45.6	-10.6

注：以上两表中除2000年外，1993~1999年黄浦区数据包括了原南市区的住宅量。

1993~1997年数据源自：栾峰. 20世纪90年代的上海城市开发演变. 同济大学硕士学位论文，2000.1

1998~2000年数据源自：房地产信息网。

图5-9则为上海市1998年~2000年期间住宅开发的集中区域，显示出住宅开发的选址与城市空间形态发展的关系。上海近年来住宅开发建设的总量增长迅速，该增长主要来自于处于销售价格高低两端的两类住宅的开发建设。中低端住宅市场增长绝对值相当大，但与此同时，高端住宅市场却在以快得多的速度增长，且市场对高端住宅的需求有进一步

趋旺的现象①。这一不同品质、价格住宅开发建设的不均衡现象，所表现出来的分化趋势，与城市居民收入的两极分化以及相应的社会结构分异趋势相互映衬，显示出社会结构与空间结构的同步分化。

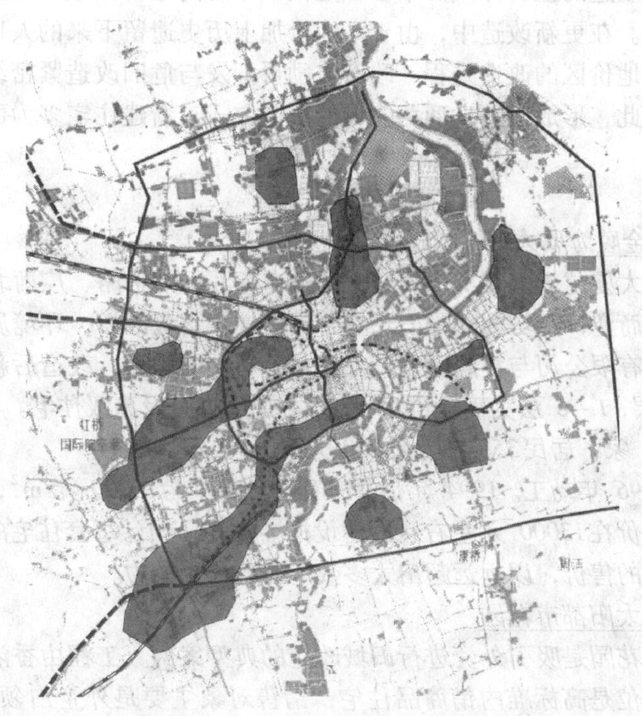

图 5－9　1998～2000 年上海市中心城区住宅开发集中区域示意

资料来源：根据 2000 年上海市住宅导购地图绘制

5.4.2　城市核心区

20 世纪 90 年代上海市在重新确立了城市功能后（变生产性城市为国际经济、金融贸易中心之一的现代国际大都市），一直将城市核心区的更新改造作为急需解决的重要城市问题。但上海市核心区原有的居住建筑密集、拆迁量大、安置费用高，政府和开发商最初只能采取小面积逐步更新改造的方式。尤其是在 20 世纪 90 年代前期和中期，土地批租权下放到各区政府层级，整个上海市缺乏统一的旧城改造的进度安排，导致 20 世纪 90 年代中期，上海市核心区大量高档化和贫困化社区、高层和低矮棚户住宅相邻并置，城市形象凌乱不堪。20 世纪 90 年代后期上海市政府及时认识到该问题，收回了下放到区政府的土地批租权，加强了旧城区更新改造的统一管理，也强化了上海市各区政府之间的合作以及政府与大型开发商之间的公开合作。如卢湾区政府与瑞安集团合作的太平桥地区整体更新改造。

住宅的市场化开发模式，使得上海市核心区的大规模更新改造得以进行。但 20 世纪 90 年代由于在土地利用和房地产开发过程中存在着过度以开发商的利益为导向，使城市

① 资料来源于上海统计年鉴（2003 年），经整理分析所得。

的核心区开发呈现新建住宅的高档化倾向、高地价及其周边地区的“空壳化”的倾向。

1. 新建住宅的高档化

在高额土地出让金的限制下，为了保证房地产开发的巨额利润，高密度、高容积率的开发方式成为旧城改造的主要方式。中心区是城市中的高地价区域，主要是一、二级地价及部分三级地价区。在更新改造中，由于高地价加上历史遗留下来的人口高密度，改造成本极高。为推进高地价区的改造进程，政府鼓励再开发与危旧改造紧密结合，充分发挥市场的调节作用。因此，形成以开发商为主导的改造方式，新建住宅多为面向高收入阶层的高档住宅。

案例一：金陵海欣大厦

金陵海欣大厦位于上海市福州路文化商业街、云南中路、广西北路之间。改造前沿街为低层小商业，街坊内部是旧式里弄居民楼，建筑破旧，环境质量低下。大厦由上海金陵股份有限公司与黄浦区投资发展总公司共同筹建，改造后新建商、办、住综合楼，共24 层，1 ~6 层为商业群房、7 ~24 层为办公及高级住宅。项目占地4400m^2，共动迁单位30 家，居民350 户、约900 人。

工程于1996 年动工。1994 年估算工程造价成本为10000 元/m^2，预计建成后，住宅每平方米售价在13000 元左右。因建设标准较高，预计每套住宅的售价在100 万元以上。如此高的售价，以远远超出大多数市民的承受能力。

案例二：太阳都市花园

太阳都市花园是吸引外资进行旧城改造的典型案例。工程由香港锦发集团投资与开发，市场定位是高标准内销商品住宅，销售对象主要是外企白领、政府高级官员、驻沪港商及侨眷。工程基地位于南市区老城厢内，原为二级旧式里弄住宅，原有居民皆动迁到其他地区。1997 年底建成后，每套售价为80 ~120 万元。由于售价过高，不得不改变最初市场定位转向以私营企业主为主要销售对象。

2. “空壳化”倾向

“空壳化”是指城市中的高地价区域，由于商务、办公等第三产业大量聚集，在一定范围内造成无人居住的现象。目前，在中心区的中央商务区和中心商业区的核心地段，由于开发改造，居民大量搬迁，已出现无人居住的现象。例如，南京东路河南中路至黄河路段，汉口路至天津路之间的街坊以全部开发建设成为商办建筑，成为无人居住区；外滩地区河南路以东、广东路至宁波路之间的区域，居民也日渐稀少。这种现象在人民广场、豫园商城附近也同样存在。

在中心区土地再开发过程中，高地价使得新建建筑中商业办公类等具有较高收益的开发项目占绝大多数，新建住宅比例非常少，造成土地利用结构单一。同时，由于新建住宅以高档商品房为主，超出普通市民购买力的范围，使居民几乎无法回迁到原地居住，回迁率较低。

20 世纪 90 年代中期核心区住宅的再开发，并不具备适宜居住的高质量环境条件。由于粗放型高强度的开发，中心区通常建筑密度高，人群流动性强、绿化少、交通干扰大。同时 20 世纪 90 年代中期的再开发地块相对基地面积较小且零散，导致住宅建设多为散点式布局为主，尽管单幢住宅的局部环境条件较好，但整体环境质量欠佳，不具有规模优势。在这种条件下，相对于外围成片开发的高档住宅，核心区高档住宅竞争力较小。而面向高收入阶层的高标准内销住宅，销售对象主要为港澳台胞、华侨以及三资企业和国内企业，此类阶层购房多属二次置业、三次置业，通常不会将此处住宅作为长期居住地。

在这几种因素的共同作用下，核心区中的高地价及周边区域呈现“空壳化”。随着旧城更新的继续，这种迹象有进一步扩大的趋势。

5.4.3 快速更新的内圈层

上海市的内圈层历来是主流居住地带，也是20世纪90年代中期以前城市核心区人口外迁、城市规模扩张的过渡地带。至2002年末，中心城区的住宅总量占全市住宅总量的半壁江山（50.3%）①。

图5-10截取了上海市内圈层——杨浦区、虹口区的部分用地。在这一片地带中，居住用地明显占据了主导，居住形态既有建国前的棚户区住宅有待更新；也有大量建国后的形成的旧公寓，如鞍山新村；同时也有20世纪90年代市场化机制下形成的新住宅区，例如周家嘴路两侧、黄兴绿地周边形成的新居住社区。住宅形态总体上呈现逐步更新的趋势。住宅的市场化开发机制加快了旧住宅的更新进程，内圈层的居住区得到强化，档次逐步提高。例如，新黄浦集团开发的平江小区，从第一期到第三期，经历了5、6年时间，居住品质逐步提高。

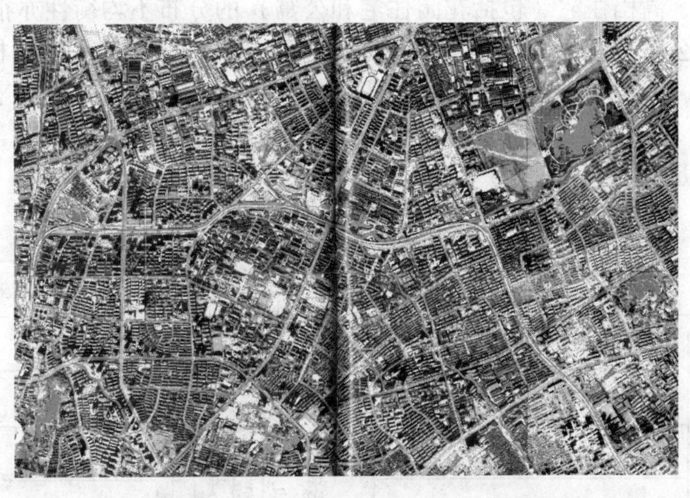

图5-10 上海市内圈层用地示意

资料来源：上海市影像地图集（中心城区），上海科学技术出版社，2001

根据数据显示，由核心区及内圈区构成的中心城区，还存在着明显的住宅价格和品质不均衡开发的特征。如以苏州河为界，呈现出显著的“南北差距”：住宅实际平均销售价格高于中心城区平均值的静安、徐汇、卢湾、长宁、黄浦等五区（由高到低排序）均位于苏州河以南，而住宅实际平均销售价格低于中心城区平均值的虹口、杨浦、闸北、普陀等

① 数据来源于上海统计年鉴2003，经整理所得。

四区（由低到高排序）均位于苏州河以北。可以看到这样一个重要现象：5个高平均房价地区与4个低平均房价地区各自内部的住宅实际平均销售价构成类似的等差排列，而位于这两个高低组团之间的差值却相对较大（见图5－11）。

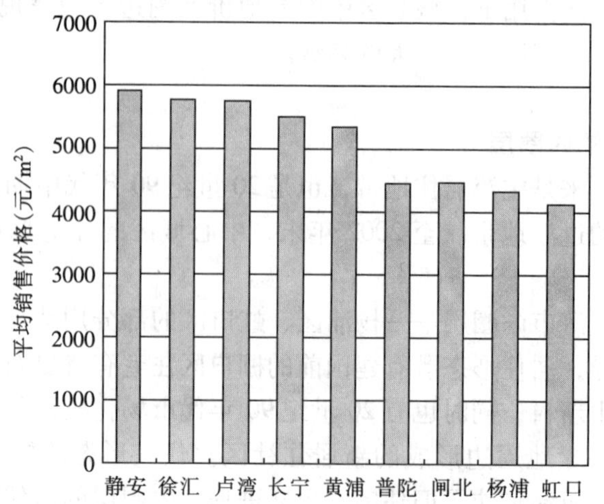

图5－11　上海中心城区住宅实际平均销售价格的不均衡分布（“南北差距”）

资料来源：上海统计年鉴2003，经计算整理所得

中心城区中、高档住宅（包括花园住宅和公寓）的分布不均衡性亦很显著。2002年末，花园住宅和公寓总量位居中心区首位的徐汇区共有154万m^2中、高档住宅，而闸北区仅有1万m^2。如以中、高档住宅建筑面积占住宅总建筑面积的比例来排序，徐汇区（5.9%）落至第3位，静安区和卢湾区分别以8.5%和6.8%排在前2位，排在最末的仍然是闸北区，不足0.1%（见图5－12）。

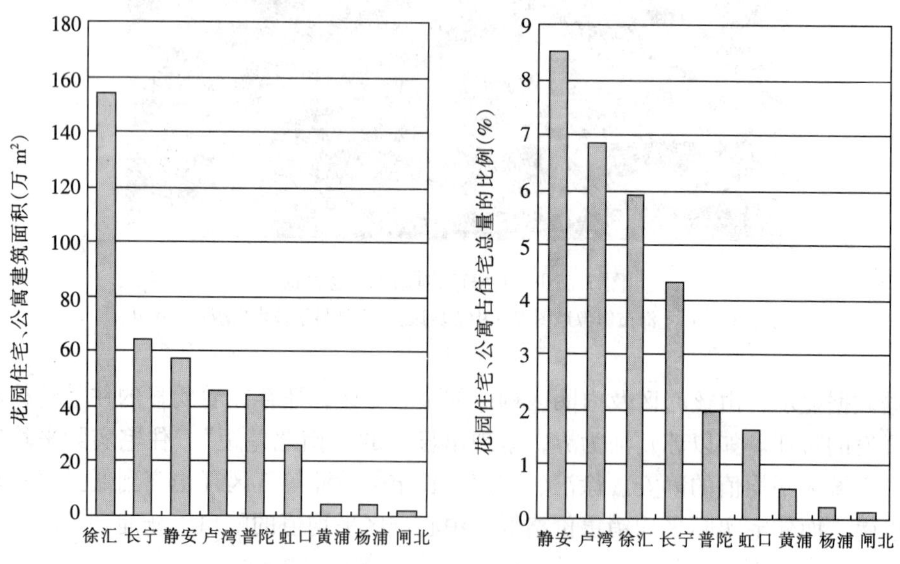

图5－12　上海中心城区中、高档住宅的不均衡分布

资料来源：上海统计年鉴2003，经计算整理所得

5.4.4 外围城区

到20世纪80年代末期，上海的中山环路（内环高架）以外的地区以生产类用地为主，同时也分布着上海市政府统一建设的大型居住区，如北部的彭浦新村、东北部的中原居住区、西北面的曹扬新村，以及20世纪80年代后期新建的西南面的康健新村、古北新区等等。随着20世纪90年代初期住宅市场化开发体系的逐步建立，以及城市居民对改善居住条件的急迫需求、购买力的释放，大量的住宅区建设以星火燎原之势遍布于城市的外围城区，但建设规模以中小型为主。大量外围城区的住宅开发定位在无法承受市中心高价住宅的低收入者，追求居住面积但无法承受中心区高房价的动迁居民。这一时期的住宅开发规模小，建设成本低，往往不注重住宅的外部环境。

例如20世纪90年代中期，地铁一号线和城市快速干道的建设带动了城市西南角莘庄地区的住宅开发。大量开发商在该地区投资开发住宅，但城市管理和基础设施供应却相对滞后，土地供应过量，导致在该地区的住宅开发选址随机、建设无序。而紧接着的上海市房地产低谷又终止了该地区的进一步发展，最终形成目前的城市建设现状——在农田、村落和荒废地之间零落地分布着的住宅小区，居住环境恶劣，又缺乏必要的生活服务设施，绝大多数居民只能依靠地铁这个单一的交通工具，高峰时段交通拥挤不堪。20世纪90年代后期，随着上海整体房地产市场的复苏，该地区支离破碎的开发格局已被重新打破，依赖轨道交通的发展，住宅开发方兴未艾，成为全市房地产开发最集中的地区之一。

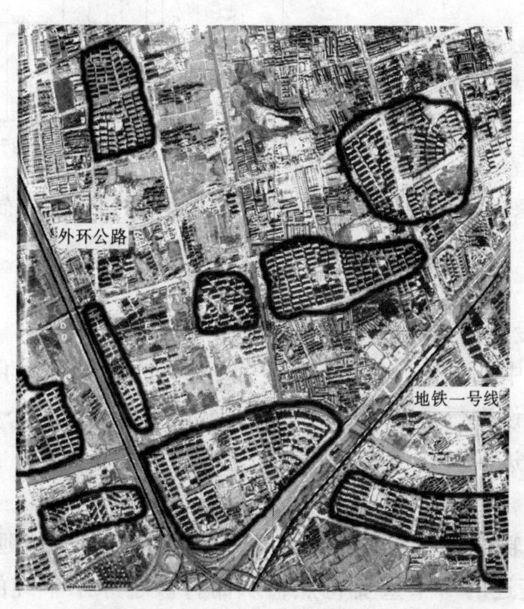

图5-13　莘庄地区城市边缘地带的城市形态

资料来源：上海市影像地图集（中心城区），上海科学技术出版社，2001

随着各项改革的深入、城市经济的发展，高收入者开始不满足于市中心的住宅区位条件，而需求更好的社区环境。由于上海市城市中心区用地零杂，土地稀缺，因此在上海市外围城区中，大型社区和别墅区为代表的高档住宅区比例也开始迅速增加。居住用地向城市边缘的扩张，导致其后从市区迁出的工业和新建工业只能选择距离市中心更远的用地。

城市形态以圈层迅速铺开。

这一时期上海的住宅开发分布呈现出一定程度的郊区化趋势。据2002年度的数据显示，6个外围城区的新建住宅量占全市新建住宅总量的近六成（59.6%），高额的土地成本（该年度居民住宅用地交易价格上涨了11.0%）驱使相当一部分房地产开发向外围扩散，外围城区2002年度名列新增住宅总量首位的是普陀区和宝山区。在外围城区中，中、高档住宅的分布也显得异常的集中。根据上海统计年鉴（2003年）的统计资料显示，2002年末，松江和闵行2区总共占据了外围城区花园住宅和公寓总量的82.7%。

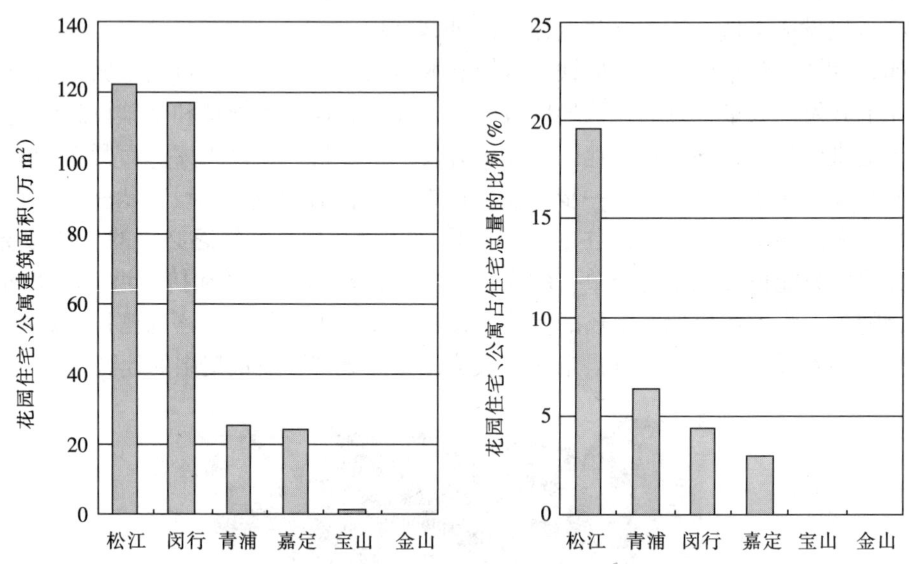

图5-14 上海外围城区中、高档住宅的不均衡分布

资料来源：上海统计年鉴2003，经计算整理所得

5.4.5 城市公共设施的支持

从20世纪90年代中期开始，配合城市产业结构和空间结构的调整，上海市政府对城市基础设施的改造与建设进行了大规模的投入。城市基础设施和公共设施的建设直接地影响了周边地价的升值，进而引导了住宅开发的选址与空间布局。

1. 交通轴的导向

城市建成区沿着以轨道交通和城市快速道路为主的交通干线延伸，是上海市20世纪90年代城市空间形态变迁的一个重要特点，从而打破了原来单纯的圈层城市格局（参见图5-15）。这也是土地价值规律发挥其最优选择作用的结果。

在城市快速交通轴线上，由于两边地区可以通过便利的交通媒介到达市中心，其区位条件优于其他地区，从而形成城市沿轴向辐射发展的态势。上海市受到历史遗留的城市格局、城市建设密度以及现有经济发展水平的限制，城市居民出行以公交系统为主，城市空间的拓展亦受此牵制。随着上海市城市快速道路、大运输量的轨道交通线及其站点的建设，最为明显的是上海市一号地铁线和明珠线同时向西南方向建设，带来了城市空间形态的西向延伸，从而带动了上海市房地产业的“西进运动”。可达性的提高，是房地产项目选址的基本条件之一，从而促使房地产开发资金涌向了上海的西南部，住宅开发已经跨过闵行区，沿着地铁线和公路等进入松江、青浦等城市边缘区。

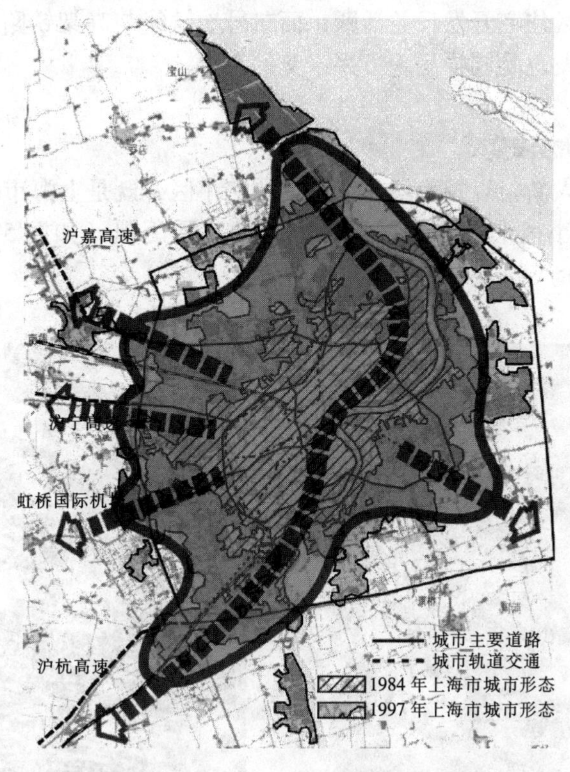

图 5－15　上海市城市轴向发展示意

资料来源：根据 1984 年与 1999 年的上海市总体规划图纸整理绘制

2. 城市重要节点地区的依托

根据城市多核心模式理论，行业区位、地价房租、集聚效益和扩散效益是导致城市呈现多核心的主要因素。从住宅的市场化开发的角度看，20 世纪 90 年代，由于若干上海市城市副中心的确立，以及大型公共设施、公共空间的投资建成，促成了上海城市形态多核心发展的态势。

由于城市重要节点地区的集聚效应带动了区域地价的升值，城市的高级住宅区的选址一般均依托这些地区而发展。如新鸿基开发的名仕苑从上海的圈层结构来看，它处于内圈层的外缘，但由于徐家汇商业中心的更新，强化了其城市副都心的地位，进而带动了区域地价的升值和相应物业品质的提升。上海浦东世纪公园的开发、地铁二号线的通车以及浦东新区市政大楼、上海科技馆等公共建筑的投资建设，促成了该地段大片高档住宅区的形成以及地区附近的普通商品住宅的开发建设；虹桥开发区的建设则成为古北高档住宅区的依托。

交通枢纽尤其是大型公交转换站点建设，也是城市多核心形态的重要原因。住宅的市场化开发一般会遵循“T＋1”规律：离地铁、轻轨站点，以及其他交通枢纽 1 公里的地方，既方便交通，又不会影响小区环境，被认为是最好的住宅开发和居住地段。因此，为了减少住宅开发的风险性，大量开发商在交通枢纽附近选择住宅开发地块。

近年来闸北上海铁路新客站地区新开发的住宅区密集，正是由于其日渐成熟的交通换乘优势，轨道交通明珠线、一号地铁线在此设立换乘点，城市主干道内环高架、沪太路也交汇于此，促使该地区住宅开发日益活跃；而二号地铁线与高架铁路明珠线换乘处——中山公园地区的住宅开发也是同样呈现方兴未艾的态势。

5.4.6 住宅区形态演变

石库门住宅、工人新村以及市场化开发的住宅小区，既是上海市住宅小区形态的现有形态，也反映了住宅小区形态和小区开发方式的发展历程（如图 5 – 16、图 5 – 17、图 5 – 18、图 5 – 19 所示）。

图 5 – 16 上海市郊区的农村住宅

图 5 – 17 石库门住宅区

图 5 – 18 计划经济下住宅小区

图 5 – 19 市场化开发住宅区

资料来源：上海市影像地图集（中心城区）. 上海科学技术出版社，2001

石库门住宅和工人新村都是成片、开放式的住宅小区，对于理解城市历史，提高城市的地区活力具有重要的作用。但就其居住功能而言，石库门住宅早已不能满足市民的居住需求和城市发展的需要。而在20世纪90年代以前的计划经济体制下，旧城更新或是为了改善居住条件而异地重建的住宅新区，量大面广，缺乏竞争监督机制，受制于当时的社会经济条件，导致居住区更多的是大量快速建造的极端统一化的行列式住宅。

在住宅市场化开发体系下，开发主体多样化，开发市场竞争激烈。买方市场的逐步形成促使开发商必须重视开发楼盘的建筑形态、小区空间环境和建设质量。然而由于城市规划控制及物业管理水平的滞后，这一时期市场化开发的住宅小区多为封闭式，在各自的开发地块内自成一体，很难达成统一的城市肌理，甚至割裂了城市，减弱了城市的地区活力。而地区性的统一规划以及对外开放的住宅区开发方式则是使其具有地域特征、充满城市生命力的一个重要因素，古北新区便是一个成功的例子（参见图5－20）。

图5－20 古北新区的住宅区形态

资料来源：上海市影像地图集（中心城区），上海科学技术出版社，2001

开发商对住宅建筑形态和小区环境质量的追求，使得居住区形态、住宅建筑形态更加丰富多样。从“复古”到“现代”，从“本土建筑”到“欧陆风情”。但遗憾的是，传统虽然被迅速打破，相应的具有内涵的新事物却尚未建立起来。虽然市场化的开发过程使得无论是开发商还是消费者，其选择性都有所增加，但在市场、成本，尤其是认识能力等多元限制作用下，上海市20世纪90年代新开发的居住楼盘同质化明显，缺乏个性。

另一方面，开发商在追求最大化利润的驱使下，在开发过程中不断寻求突破城市规划控制条件的可能。而由于法规体系的不完善，管理监督机构过大的自由量裁权，以及尚未在社会中全面普及的法制观念等等因素，在实际的住宅市场化开发时，住宅小区开发突破规划条件的情况屡有发生。

5.4.7 城市公共空间形态

住宅的市场化开发模式，一方面使得政府和企业能够从为城市居民提供福利住房的束缚中解脱开，另一方面，政府可以通过土地批租获得大量的建设资金用于改善整个城市大环境，公共绿地建设、环境整治等等。然而政府对城市公共空间的规划引导，房地产开发企业的城市意识，直接对城市公共空间开发与使用产生不同的影响。

1. 消极的案例——苏州河沿岸地区的住宅开发

苏州河流经上海市中心城区长达20km，在市区核心地段汇入黄浦江。早期苏州河两岸多为工业用地和棚户区，因而苏州河地区环境污染严重，河水黑臭、两岸垃圾成堆、道路破旧、违章搭建严重，苏州河地区呈现一种城市衰败地区的景象。为此，上海市将苏州河环境综合整治工程列为上海市有史以来最大的环境整治项目，同时成立了市级和苏州河沿岸八区一县的区级环境综合政治机构。到2003年实施阶段告一段落时，总投资将达86.5亿元人民币。

苏州河环境整治的3年成效是有目共睹的，水质初步改善，沿岸绿化带和绿化样板段得以实施。水质治理直接促进了两岸土地的再开发。苏州河环境改善使沿线地价升值，开发商的投资兴趣增加，从而使土地得以再开发。而政府部门从土地有偿出让中得到环境治理的利益回报，进一步增加对环境治理的投入促使土地继续升值，这是一个良性循环过程。但苏州河地区开发与最优效用的开发模式差距甚远。

表5－17和图5－21是截至2001年11月，苏州河沿岸（静安区和普陀区）的住宅开发现状。可以肯定的是，住宅开发的市场化在资金和实际运作两个方面推动了苏州河地区的城市更新的进程，但就目前的开发方式看，仍然存在着一些问题。

苏州河两岸住宅开发项目 **表5－17**

序号	住宅项目名称	原用地类型	开发时间	占地面积（hm^2）	开发建筑面积（万 m^2）	容积率
1	新福康里	旧式里弄	2000	3.79	10.9	2.88
2	南草坪花园	工业厂房	1999	2.49	2.8	1.12
3	天鼎花园（一期）	工业厂房	1999	1.62	3.6	2.22
4	河滨花园	工业厂房	1999	2.83	9.6	3.39
5	宗鑫公寓	工业厂房	1996	0.7	3.2	4.57
6	景泰花园	工业厂房	2000	2.70	10.5	3.77
7	音乐广场	工业厂房与旧式里弄	2000	2.55	9.2	3.59
8	河滨围城	工业厂房	2000	3.69	11.1	3.0
9	中远两湾城	棚户区与工业厂房	1999	49.51	153.3	3.23
10	世纪之门—半岛花园	工业厂房	1998	15.1	45.0	2.98
11	芙蓉花苑	仓库用地	1998	不详	不详	不详
12	上海绿洲城市花园	工业厂房	1998	约10	约20	2.0左右
13	西部俊园	工业厂房与旧式里弄	2000	1.92	6.4	3.35
14	上海知音苑	工业厂房	1999	4.94	15.4	3.12
15	新湖云庭	棚户区与工业厂房	尚未开发	28.11	81.0	2.88

由于住宅开发的风险性低，开发回报快，苏州河沿岸现有的土地再开发项目集中于住宅建设。随着苏州河环境整治的逐步深入，更多的住宅开发商加入到苏州河两岸剩余的土地争夺中。而如果政府缺乏对土地一级市场的明确规划，在可观的土地出让金的利益驱使下，任由苏州河两岸的土地为单一的住宅用地所蚕食。但从城市整体发展、河流的综合功能来看，滨河地区只开发住宅用地并不经济。随着城市发展、社会进步，人们越来越要求城市能提供更多的公共游憩空间和文化设施。上海内城区由于历史发展原因，土地有限，城市景观环境欠缺，苏州河的整治为整个中心城区提供了创造公共空间和公共景观的一次难得契机，苏州河两岸的公共空间必须重新规划，合理善用。

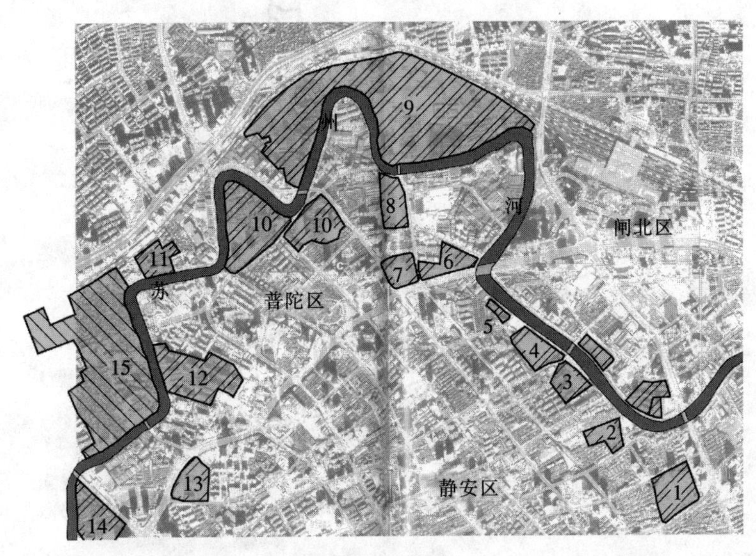

图 5－21　苏州河沿岸（静安区和普陀区）的住宅开发现状

*资料来源：根据上海市影像地图集（中心城区）和现场调查绘制。

开发商“搭便车”的意识导致土地开发滞后于环境整治。苏州河地区的土地再开发成本较高，在苏州河环境整治还未得到实现时，大多开发商采取观望态度，不敢冒然进入这一市场。而只有当整治后的苏州河成为房地产开发的景观资源后，两岸的旧城改造才得以启动。这阻碍、延缓了“环境整治——沿岸土地开发”这一循环进程，导致产生了大量棚户区和高档商品住宅区毗邻的城市景观。

苏州河沿岸土地资源有限，土地价值较高；原用地大多为棚户集中地区，使得开发的前期费用亦较大；由于缺乏对苏州河沿岸公共空间使用的统一规划指引，开发商仅从自身利益最大化出发，只注重本地块内的景观设计，彼此间缺乏关联，从而造成整个滨河地区整体城市景观的混乱。另外，开发商利用公共空间作为景观资源提升自己的物业价值，将公共资源占为己有，以提高地块容积率。

理论上苏州河的公共环境、空间景观应服务于全体市民，但实际的最大获利者却是周边地块的开发商。开发商在追求自身利益最大化时，将其利用公共空间的成本直接转嫁给了其他市民，从而使苏州河水环境整治后的两岸开发行为又再次导致了苏州河地区的城市公共环境、空间景观正在以另一种方式恶化。由于缺乏对苏州河沿岸公共空间使用的统一规划指引，沿岸高密度高层住宅的开发，甚至临河兴建板式高层建筑，已经严重地破坏了苏州河的生态及景观环境。从城市发展的可持续性角度，苏州河地区开发缺乏将土地开发获得的经济利益进行大范围内再分配的机制，这种短视的开发方式，具有不经济性和不可持续性，是对城市公共资源的一种浪费。

2. 积极的案例——太平桥地区开发

太平桥地区位于上海市卢湾区的东北角，复兴东路以北淮海路以南。早在 1996 年，卢湾区政府就组织编制了太平桥地区改造的详细规划。但太平桥的人口密度非常高，每 1 万 m^2 土地居住着 800 户居民，政府很难平衡动迁成本。

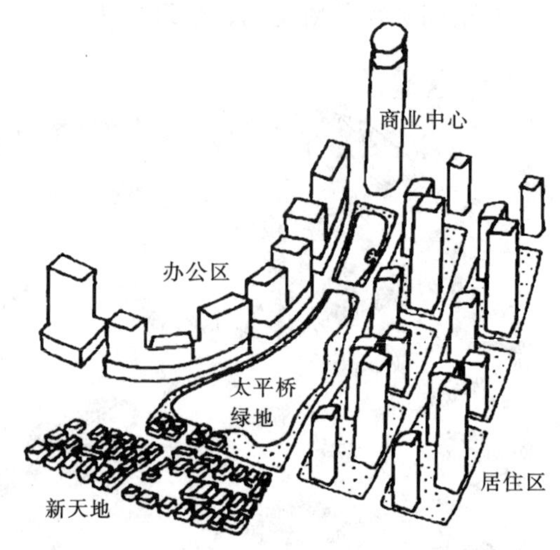

图 5－22　太平桥地区开发地块示意

太平桥地区最后由香港瑞安集团，在市场模式下组织统一开发改造，整个项目总用地达 $52hm^2$。而开发商在该项目中最成功的决策就是利用“新天地”旧城改造项目和面积达 $5.8hm^2$ 的“太平桥绿地”为周边的住宅、商业及办公楼的开发创造了综合而多元的城市景观。

图 5－23　太平桥地区开发模型

资料来源：SOM

从功能上看，“新天地”是一个旧城改造和历史保护项目，太平桥绿地是城市公共空间，两者所创造的均为公共福利。但如果从太平桥地区整体开发角度来分析，它们其实充当的却是商业化的角色。整个项目开发用地的中心是太平桥绿地，西面的“新天地”是文化、娱乐、餐饮综合区。南面是住宅小区，北面办公楼区，东面将建设综合性购物娱乐商业中心，项目总建筑面积 160 万 m^2。无疑“新天地”的保护修复和太平桥绿地的开发将使周边地块价值升值，而统一开发使得投资于公共设施的开发商又从周边其他开发项目中获利。

太平桥地区的开发对于住宅的市场化开发而言，提供了一种可供借鉴、“多赢”的住区开发模式，有 2 点创新可供借鉴。一是放弃功能单一的开发方式，而形成集商务、居住、娱乐、公共绿地等多种功能的组团式开发。在解决居住配套问题的同时，能够增强地区的生命力。二是对于公共空间的营造而言，太平桥地区居民享受到自然生态环境质量较高和人文环境浓郁的居住条件；公共空间的建设者就是周边地块开发的获利者，因此，建设公共空间——太平桥绿地和“上海新天地”的开发商自然从其他各类开发中获利；而政府又免于财政资金短缺的尴尬，仅仅需要达成与开发商的契约，以及建立完善的管理控制和监督评价体系。

5.5 本章小结

在城市土地制度、住房制度和金融制度改革的背景下，20 世纪 90 年代上海的房地产开发迅速地进入了全面市场化运作的阶段。经过 10 余年的发展，房地产业目前已成为上海国民经济六大支柱产业之一，其中住宅开发总量已占据了房地产市场总量的 3/4。

城市住宅市场化开发的最直接促动力是开发商对巨额开发利润的追求，因此，政府的土地供给、制度政策，以及消费者对住宅产品的需求和喜好等都影响着开发商的投资决策。而各项制度改革更激发了社会各个利益阶层对住宅市场化开发过程中各项利益的追求积极性。

市场化的开发条件使得经济规律和土地级差效益发挥了作用，内城区的工业企业被置换到郊区，旧城改造中城市核心区人口向城市外围疏散，20 世纪 90 年代的上海城市住宅空间呈现出圈层动态更替的变化，而在此变化过程中由于房地产开发行为的趋利性引导，又具体表现出住宅品质的不均衡开发，以及各类品质住宅的不均衡分布，住宅空间的分异现象已卓然显现。

上海 20 世纪 90 年代住宅市场化开发是政府（及其下属部门）、住宅的开发者（开发商和投资商）以及住宅的使用者（城市居民为主）共同表现的舞台。他们为了追求各自的特定利益，而在推动住宅的市场化开发进程中扮演着不同角色，继而影响了城市住宅空间的格局。房地产商在“企业家政府”的市场化导向下，主宰了住宅空间格局的变化；而城市居民在有限的选择下被动地接受着这一空间的变化。

20 世纪 90 年代上海由于各级“企业家政府”的运作模式，致使政府的决策主要服从资本的利益，从而丧失对住宅市场的引导与调控的主动性。甚至自 2000 年 1 月始，除了极小部分的廉租屋还被保留在政府的职能之内外，政府已不直接参与住宅的建设，致使上海成为中国大陆住宅市场化最彻底的城市了。政府从以前的福利分房到完全依靠市场，从一个极端又走到了另一个极端，不利于社会的稳定和住宅市场各方利益的平衡，特别对城市社会日益显现的两极分化而产生的住宅弱势群体是灾难性的打击。

住宅从来就不纯粹是住人的机器，它反映了城市社会空间的矛盾。即便在发达国家住宅的市场化开发过程中，政府仍然承担着两个方面的义务。一是政府直接提供住宅；这是对住宅市场化开发的有益补充。任何国家都不可能实现住宅的完全市场化供应，政府必须向中低收入者提供福利住房，廉价出租或出售，以保障他们的基本生活需要。从2003年下半年开始，上海政府已开始调整政策导向，大力支持并在政策上倾斜于中低价城市住宅的建设，以平抑住宅市场所引发的社会矛盾，促使住宅市场的健康发展。

因此，理解和反思20世纪90年代上海市场化住宅开发的运作过程及其社会和空间的影响，对于研究城市的发展和城市的管理具有重要意义。

毋庸置疑，城市规划需要足够的私人投资、消费能力和成熟的房地产市场作为支撑。直到房地产开发结束，才是最终完成了城市规划实质环境建设的目标。因此，规划体系应该适应市场需求，适应经济体制转型所带来的新的挑战。改变传统规划利用规划控制条件“限制”城市建设的方式，而运用经济、社会、土地供应等方式，调节投资方式和区位。尊重开发商对经济利益的追求，共同“激励”城市的繁荣发展。事实证明，在计划经济时代，扭曲或破坏市场机制的运作、限制企业对最佳区位选择的规划方法是低效的，规划人员应和曾经的“敌对方”——开发商站在一起，转换角色，从游戏的制定者转变为追求利益——经济、社会、环境利益的参与者。

城市规划需要在政府与房地产资本这两种决定性的权利确定他们的追求和意图之前，发挥其影响作用。规划不再仅仅是创造和控制城市空间，还应该提供政策方案、参与政策制定。因而，在市场化经济体系为基础的城市中进行城市规划，房地产开发概念应该成为一种基础知识。掌握房地产开发的运作机制，从机制入手，能使城市规划易于为开发商和政府部门所接受，从而使规划的实施获得事半功倍的效果。

市场化住宅开发显化了城市的阶层分异，而城市规划的一个重要任务就是帮助弱势群体。要使城市所有的市民都能享受到高品质且能够负担的住宅，就必须关心住宅的公共利益，为市民创造公共利益。

市场化的住宅开发过程透露了这样的信息：在上海市目前经济快速发展的时期，企业团体和城市管理部门中的精英阶层愿意成为城市发展的主导力量。因而要切实反映公众意愿，必须健全公众参与体系和监督评价体系，才能促进社会和谐地发展。

第六章　分化的两极——信息化与非正规经济活动的空间投影

6.1　同步增长的信息化和非正规经济进程

2000年9月12日晚，著名的经济学大师斯蒂格利茨在中国人民大学《经济学》第2版新闻发布会暨中国经济问题报告会上指出，在美国，新经济是一种真实的存在。1993年至今，由于新经济的发展，美国的劳动生产率年均增长约3.5%。新经济的一个突出特点是大学与企业的紧密关系，“硅谷”就是最好的例子。

中国处在发展和利用新经济的有利位置，中国政府非常强调新技术的作用，注重科技开发，重视教育和科研。中国作为全球化的受益者，主要体现在FDI方面；另外，中国也在积极参与知识的全球化，比如发展因特网，并日益成为世界的重要组成部分。随着中国经济规模的越来越大，进一步扩大出口有困难，这就需要扩大内需拉动经济，中国政府正在这么做。

但是，中国面临的挑战在于它的情况有所不同，不能单纯地依靠新经济。中国不仅要为受过很好教育的劳动力提供就业机会，还要考虑那些没有受过很好教育的劳动力的就业问题，而不是排挤他们。这两种劳动力的数量在同步增加。乡镇企业是中国的一个独特创造，过去20年乡镇企业获得了很大成功，但在新经济条件下不见得仍会成功。

斯蒂格利茨对中国发展新经济面临两难的论点，一针见血地指出了中国经济在大力发展以信息化为主的新经济的同时，还应关注未受过很好教育的劳动力的就业问题（其中有不少进入了非正规经济的部门）。

在上海20世纪90年代快速的城市经济发展中，信息化的进程和非正规经济的活动的增长可以说是同步发生的，它们共同在城市空间形态中留下鲜明的烙印。

6.2　上海信息化进程

6.2.1　信息化进程的概念界定

信息的这种强大影响力贯穿于信息的生产、消费与分配、交换的全过程中，与此前的几次革命浪潮一样，人类社会也在这一进程中做出了相应的自我变革。

信息化进程本身是一个渐进复杂的过程，其内在机制与外部影响也是极为复杂的。随着信息技术的不断发展演变，它对人类生存环境、生产方式、社会结构、空间组织的影响作用日益显现。从根本上讲，信息化进程“正在重塑教育、科技、文化、国际关系和国家形态，也正赋予民主、自由以新的内涵”①。

---

① 胡延平编著. 跨越数字鸿沟——面对第二次现代化的危机与挑战. 北京：社会科学文献出版社，2002. P1

城市是生产和积聚的中心，是交换、消费、再生产的控制中心，是人类社会社会生活的凝结点，又是信息技术取得发展进步与产生辐射力的主要空间所在，因而，城市及区域的空间结构在信息化社会的背景下的演化规律，变成了诸多相关理论的研究热点。如果以新兴信息技术的应用领域进行划分，信息化进程表现为两个方面：

首先在生产领域，信息化与全球化的联合作用下[①]，出现了全球性的资本结构重组以及由此产生的产业结构重组，在此背景下，全球性的劳动力结构重组与重新分工应运而生；

其次在生活领域，以互联网为代表的新兴信息技术的应用日趋广泛并深入日常生活的方方面面，从而向人类社会的传统沟通交流方式乃至生活方式提出了本质性的挑战。

6.2.2 信息技术发展进程的特征

就信息技术（IT）的发展历程而言，无论采取哪种界定，其至今为止的总共时间也不会超过60年[②]，但在最近的20余年里，对信息技术发展的回顾与展望无疑成了一大研究热点，形成的理论著作可谓不计其数。

其中，作为美国信息技术权威刊物《电脑世界》（Computer world）的资深副总裁与专栏作家，莫谢拉（David C. Moschella）借助其所供职的“国际数据集团”（IDG）和“国际数据公司”（IDC）所采集整理的大量第一手资料，著述的“权力的浪潮：全球信息技术的发展与前景1964～2010”（Waves of Power：The Dynamics of Global Technology Leadership，1997）[③] 一书具有一定的权威性与完整性。它对信息化进程发生的技术背景与时间概念有一个明确的认识。信息时代以电脑的革新与应用为特征，莫谢拉概括并据此推论信息技术发展总共将在可预见的范围内经历四次浪潮。

第一次浪潮：莫谢拉对“现代的电脑时代”的开始时间界定于1964年，并以国际商用机器公司（IBM）将其S/360系统引进电脑产业，从而形成第一个可以随时间不断更新换代的兼容系统。

第二次浪潮：在20世纪80年代，信息技术发展的焦点发生了第一次重大转变：由主机（Mainframe Computer）转向个人电脑（PC），其标志性事件是国际商用机器公司于1981年推出个人电脑。事实上，信息成为新的城市社会与空间结构重组的核心依据的局面，也是建立在这一次变革之后信息技术产业大为发展、信息技术产品深入社会生活两大基础之上的，信息化进程由此真正起步。

第三次浪潮：随着个人电脑的广泛运用及对信息分享的不断优化，以惊人的速度不断扩大的网络系统飞速发展，其势不可遏制，信息技术产业的个人电脑时代正在让位于日益围绕全球网络基础结构的一门产业。这一次以网络为中心的浪潮只是在1993～1994年才真正开始，但已成为当前的主题，互联网（Internet）和万维网（Worldwide Web）的使用

---

① 事实上，信息技术的迅猛发展与广泛运用本身就是全球化得以实现的必要技术保障之一，社会信息化与全球一体化、政治民主化、经济自由化是当代社会发展坐标中的相互关联、促动、共生的四大变量，而其中的核心正是信息化（可参见：胡延平编著．跨越数字鸿沟——面对第二次现代化的危机与挑战．北京：社会科学文献出版社，2002）。

② 即以第一台现代电子计算机的发明为标志开始计算。

③ ［美］戴维·莫谢拉．权力的浪潮——全球信息技术的发展与前景（1964～2010）．高恬，高戈，高多译．北京：社会科学文献出版社，2002

者增至千万计，一个“以网络为中心”的时代诞生了。例如，“可以考虑一下：今天把调制解调器（Modem）速度提高一倍几乎可以肯定比微处理机（Microprocessor）速度提高一倍更能推动这个产业向前发展”①。信息的影响力在网络技术的催化下，大大加强了，进而激化了信息化进程本身。

第四次浪潮：莫谢拉预计，到2005年左右，用高度带宽把发达世界联系起来的过程应已大部完成，但信息技术的演化并未停止，全球信息基础结构就绪之后，新近主要强调的服务内容与应用将标志一个新的时代的诞生。莫谢拉将该次浪潮界定为：“越来越大的主要社会产出的份额（不论是商业、娱乐业、生活方式或教育）将首先围绕新近出现的电脑领域策划出来，……信息技术将超越今天的比特与编码信息世界而嵌入在大量商业与消费产品之内，……嵌入式技术将使信息技术无孔不入而难以衡估”②。

图6-1提供了信息技术产业发展四次浪潮的概括与预测的形象说明。事实上信息技术的革命性发展之所以引人关注，绝不仅仅是由于其经济效应，其所导致的社会形态变革与价值观的颠覆同样发人深省。

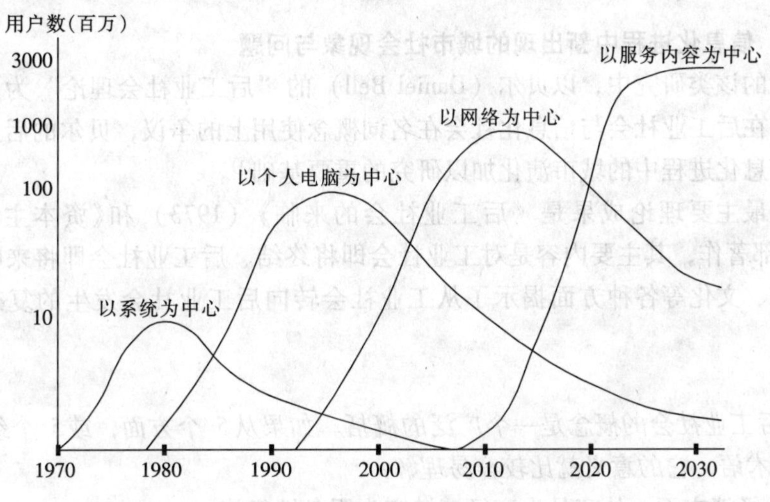

图6-1　信息技术产业发展阶段

资料来源：[美]戴维·莫谢拉．权力的浪潮——全球信息技术的发展与前景（1964~2010）．高恬等译．北京：社会科学文献出版社，2002．第4页

信息技术产业的发展（1964~2015年）　　**表6-1**

	以系统为中心 1964~1981	以个人电脑为中心 1981~1994	以网络为中心 1994~2005	以服务内容为中心 2005~2015
主要客户	公司	专业人员	用户	个人
主要技术	晶体管	微处理机	通讯宽带	软件

① [美]戴维·莫谢拉．权力的浪潮——全球信息技术的发展与前景（1964~2010）．高恬，高戈，高多译．北京：社会科学文献出版社，2002，P9

② 同上，第13~14页

续表

	以系统为中心 1964 ~ 1981	以个人电脑为中心 1981 ~ 1994	以网络为中心 1994 ~ 2005	以服务内容为中心 2005 ~ 2015
主要原理	格罗施法则	穆尔法则	梅特卡夫法则	转型法则
卖主提供	专卖系统	标准产品	增值服务	用户服务
销售渠道	直接	间接	联机	用户拉动
网络关注点	数据中心	内部的地区网络	公共网络	透明度
用户关注点	效率	生产率	用户服务	虚拟化
供应商结构	纵向结合	横向电脑价值链	统一电脑与通讯价值链	嵌入
供应商领导	美国系统	美国部件	本国载体	服务内容供应商
期末使用者人数	1000 万	1 亿	10 亿	全球
期末市场规模	200 亿美元	4600 亿美元	3 万亿美元	嵌入太多，难以衡量

资料来源：［美］戴维·莫谢拉. 权力的浪潮——全球信息技术的发展与前景（1964 ~ 2010）. 高恬等译. 北京：社会科学文献出版社，2002. 第 6 页

6.2.3 信息化进程中新出现的城市社会现象与问题

在早期的该类研究中，以贝尔（Daniel Bell）的“后工业社会理论”为里程碑式的成果。尽管存在后工业社会与信息化社会在名词概念使用上的争议，贝尔的后工业社会理论仍然是对信息化进程中的城市演化加以研究的重要基础①。

贝尔的最主要理论成果是《后工业社会的来临》（1973）和《资本主义文化矛盾》（1976）两部著作，其主要内容是对工业社会即将终结、后工业社会即将来临的预测，从经济、政治、文化等各种方面揭示了从工业社会转向后工业社会发生的复杂变化。贝尔指出：

> *“后工业社会的概念是一个广泛的概括。如果从 5 个方面，或 5 个组成部分来说明这个术语，它的意义就比较容易理解：*
>
> *a. 经济方面：从产品生产经济转变为服务性经济；*
> *b. 职业分布：专业与技术人员阶级处于主导地位；*
> *c. 中轴原理②：理论知识处于中心地位，它是社会革新与制定政策的源泉；*
> *d. 未来的方向：控制技术发展，对技术进行鉴定；*
> *e. 制定政策：创造新的‘智能技术’。”③*

贝尔采用了后工业社会的概念用词，但却开创了信息化进程对社会结构影响的研究领域，并极富前瞻性地直接指出了该社会形态的核心特征，如他在《后工业社会的来临》中

---

① 该类研究在早期被广泛称作“后工业社会”研究，以重点突出其社会经济形态的根本性变革。

② 贝尔（Daniel Bell）强调其后工业社会的理论不是对社会现实的简单反映，而是关于社会结构变化的概念性图式，形成后工业社会概念图式的方法论基础便是贝尔的“中轴原理”（关于其具体概念与方法论限于篇幅与本项研究的主题，不在此展开，可参见：刘少杰著，后现代西方社会学理论，北京：社会科学文献出版社，2002）。

③ ［美］丹尼尔·贝尔. 后工业社会的来临. 北京：新华出版社，1997，P127

提到的："后工业社会是以服务业为基础的。因此，它是人与人之间的竞争。这里主要考虑的不是纯粹的体力或能源，而是信息"①。

贝尔在《资本主义文化矛盾》一书中对资本主义社会转入后工业时代（或称之为信息化社会）后所出现的各种社会矛盾加以了分析。以此为开端，近20余年来，西方学者分别从产业变革、就业结构、文化演化、全球化、社会分层、家庭结构变迁、性别平等等诸多方面进行了深入研究与分析。例如：汤林森（John Tomlinson）的《文化帝国主义》（Cultural Imperialism：a Critical Introduction，1991）②，斯普瑞特奈克（Charlene Spretnak）的《真实之复兴》（The Resurgence of the Real，1997）③，帕里罗等（Vincent N. Parrillo、John Stimson、Ardyth Stimson）的《当代社会问题》（Contemporary Social Problems，1985）④，纳拉扬（Deepa Narayan）等的《谁倾听我们的声音》（Can Anyone Hear Us?：Voices of the Poor，2000）⑤，汉斯－彼得·马丁、哈拉尔特·舒曼的《全球化陷阱——对民主和福利的进攻》（Die Globalisierungsfalle：der Angriff auf Demokratie und Wohlstand，1996）⑥ 等等。

而最近的代表性著作无疑是卡斯泰尔（Manuel Castells）的巨著《信息时代三部曲：经济、社会与文化》，分别为第一卷：《网络社会的崛起》（The Rise of the Network Society）（1996）⑦，第二卷：《认同的力量》（The Power of Identity）（1997）⑧，第三卷：《千年的终结》（End of Millennium）（1998）⑨。该著作第一卷聚焦的是信息时代的经济与社会动力问题，论述由新经济与网络所造成的新的社会与经济发展，以在美洲、亚洲、拉丁美洲与欧洲的研究为基础，建构了一个有系统的信息社会理论，论述了所谓"网络"的逻辑。第二卷聚焦于信息时代的生活世界与网络社会的社区天堂，分析自我的形成以及在两项社会核心制度——父权制家庭与国家——处于危急之际，网络与自我的互动。第三卷诠释了20世纪末的历史转化，分析了信息化资本主义、贫穷与社会排外、全球犯罪经济的邪恶连结、经济互赖的多元化基础等诸多信息化时代的具体领域问题。

当信息社会仅在美国开始的时候，贝尔的研究已经指出了信息化进程的两大主题：信息技术的生产与消费，而此后以卡斯泰尔为代表的大量学者的研究也是围绕这两大主题及其影响展开的。

具体而言，信息化进程的两大主题与前文提到的信息化进程的两大表现形式相对应。信息技术的生产对应的是信息化进程导致的产业结构重组，服务业首次超越制造业成为经

---

① ［美］丹尼尔·贝尔．后工业社会的来临．北京：新华出版社，1997，P136～138

② ［英］汤林森．文化帝国主义．冯建三译．上海：上海人民出版社，1999

③ ［美］查伦·斯普瑞特奈克．真实之复兴——极度现代的世界中的身体、自然和地方．张妮妮译．北京：中央编译出版社，2001

④ ［美］文森特·帕里罗，约翰·史玎森，阿黛思·史玎森．当代社会问题．周兵，单弘，蔡翔等译．北京：华夏出版社，2002

⑤ 迪帕·纳拉扬，拉伊·帕特尔，凯·沙夫特等．谁倾听我们的声音．北京：中国人民大学出版社，2001

⑥ ［德］汉斯－彼得·马丁，哈拉尔特·舒曼．全球化陷阱——对民主和福利的进攻．张世鹏等译．北京：中央编译出版社，1998

⑦ ［美］曼纽尔·卡斯泰尔．网络社会的崛起．夏铸九，王志弘等译．北京：社会科学文献出版社，2001

⑧ ［美］曼纽尔·卡斯泰尔．认同的力量．夏铸九，黄丽玲等译．北京：社会科学文献出版社，2003

⑨ ［美］曼纽尔·卡斯泰尔．千年的终结．夏铸九，黄慧琦等译．北京：社会科学文献出版社，2003

济活动的中心，并以信息处理业尤为显著，对城市经济的发展、城市竞争力的提升起着决定性的作用，并由此带来了新一轮的劳动力结构重组，就业分布的调整注定是一个影响深远的社会演化动因。信息技术的消费对应的是以电脑网络为代表的信息技术的应用飞速推广及发展，并对人类社会的日常生活模式、价值取向、交往组织形式产生了本质性的影响，进而导致社会结构的异化。作为信息化进程实质内容的信息技术的生产与消费，带来的以上两方面的城市社会结构的演变，必然在城市空间结构组织上产生投影①，表现为空间结构的重组与分异。

6.2.4 信息化进程中城市发展与空间形态变迁动态

社会学界的学者将研究注意力集中在信息化进程对社会结构的影响力上，而作为MIT的建筑与设计系主任，米切尔（William J. Mitchell）以一个建筑学者的角度，在其代表作《比特之城》（City of Bits，1995）② 和“伊托邦——数字时代的城市生活”（E-topia：“Urban life，Jim-but not as we know it”，1999）③ 中，对信息化进程中城市发展与空间形态的变迁做了十分富有感染力的的探索与展望。前者对由于信息技术的发展、普及而造成的建筑、城市的形态、模式的转化做了深入剖析，所描绘的图景十分具有吸引力，并提出未来城市是一个数字化空间的观点；后者指出拓展建筑与城市规划的观念是城市完成数字时代发展模式转变的重要前提之一，并且提出在此转变过程中将出现的新的社会关系。

此外，具有类似学科背景的哈佛大学规划系主任萨夫迪（Moshe Safdie），在其著作《后汽车时代的城市》（The City After the Automobile，1998）④ 中，就城市面对现代化发展的机遇与挑战时的困惑提出了反思，并站在城市规划的角度对新的城市空间模式作了探索。

与此对应的是，社会学界的一些重要学者也将实现更多地转移到了对城市社会及空间结构在信息化进程中的演化问题上，其中最具代表性的当属萨森（Saskia Sassen）的《全球城市》（The Global City，1991）⑤ 一书。

而兼具社会学与规划学背景的卡斯泰尔（Manuel Castells）与霍尔（Peter Hall）合著的“Technopoles of the World”（1994）⑥ 重点分析了作为信息化进程重要特征之一的信息产业兴起及相应的各类高新技术园区的建立对城市社会结构、空间结构的影响。尤为值得注意的是，该书指出中国正成为全球信息化进程研究的重要对象之一，并将中国珠江三角洲的城镇群纳入了其大量的实证研究之中。

---

① 事实上，本论文的重要观点是，城市社会结构与空间结构不是单向决定的关系，而是互动并行的关系，从这个意义上来讲，将城市空间结构的重组称作城市社会结构的投影也许会产生一些歧义，之所以仍采用这一提法，目的在于与本文的行文顺序相呼应，可详见后文将提到的社会-空间统一体理论。

② [美] 威廉·J·米切尔. 比特之城——空间·场所·信息高速公路. 范海燕，胡泳译. 北京：生活·读书·新知三联书店，2001

③ [美] 威廉·J·米切尔. 伊托邦——数字时代的城市生活. 吴启迪，乔非，俞晓等译. 上海：上海科技教育出版社，2001

④ [美] 莫什·萨夫迪. 后汽车时代的城市. 吴越译. 北京：人民文学出版社，2001

⑤ Sassen，S.，1991. *The Global City：New York，London，Tokyo.* NJ：Princeton University Press

⑥ Castells，M. and Hall，P.，1994. *Technopoles of the World—The Making of 21st Century Industrial Complexes.* London：Routledge

6.2.5 中国信息化的进程

一系列技术发展与经济变革的直接结果是城市在全球经济行为中的中心地位的进一步加强以及城市内部社会结构的分异。这种由信息化进程导致的城市社会结构重组的影响是深远而多方面的，其中相对直观而重要的一方面便是城市空间的结构重组。事实上，关于这些影响的表现形式以及发展走势的问题，自20世纪80年代以来一直是西方人文学者关注的焦点。近年来，随着我国城市发展水平的日渐提高以及受全球性的信息化进程的影响，这一问题也逐渐成为一个我国社会科学研究的新热点。

在我国，关于信息化进程及其对城市社会、空间结构演化影响的研究开展至今不过10来年，其本身是20世纪八九十年代开始兴起的关于我国经济转型期城市社会、空间演化研究的一个发展分支，主要研究学者来自于两个不同背景，一是社会学界，二是地理学界。受其学科背景的影响，社会学界的研究以对信息化及其相关联的经济全球化对我国城市社会形态的影响分析为主，而地理学界则更多关注信息产业发展及信息技术应用对城市空间形态的影响与作用。

杨伯溆的《全球化：起源、发展和影响》（2002）① 一书，从社会学的角度聚焦了信息化时代全球经济一体化的核心载体：跨国公司，进而延伸论述了在这一全球性的变革背景下，人类社会的个人、家庭、社区的演化，以及文化、传媒的角色与变迁，乃至国家的职责与地位的转变等问题。杨伯溆指出“经济权力集中在很少一部分人手里不仅会对个人自由和机会等造成威胁，还会对国家民主政治本身造成损害”，关于社会收入贫富差距进一步拉大的问题，“全球城市中的经济结构变化意味着分配方面的两极分化”，关于社会价值观与生活方式的问题，“由于他们（大众）的消费被生产商品的大公司所引导和操纵，他们的生活观念和行为准则不可避免地受到一定程度的控制”，而信息化进程中正在形成的新的社会联系网络是由信息联结关系所决定的，“这类关系不但和传统的本土社区毫无关系，而且是对后工业化时代的各种社会网的断然否定”。

工业社会和信息社会聚落敏感性特征比较（settlement-sensitive characteristics） **表6-2**

比较内容	工业社会	信息社会
就业形式	以按部就班的常规就业为主	以非常规就业为主
环境	污染型为主	清洁型为主
经济基础	以能源为基础	以信息为基础
资源利用	以有限的资源利用为主	以累积性资源利用为主
组织形式	正式的	非正式的
居住形态	专门化住宅区	混合型住宅区
工作程序	严格排列	灵活排列
操作规程	专家操作	自己操作
交通	公共交通	私人交通
通讯	电报	电话

① 杨伯溆. 全球化：起源、发展和影响. 北京：人民出版社，2000

续表

比较内容	工业社会	信息社会
工作时间	固定上下班时间	自由上下班时间
储蓄存取	通过银行职员	通过机器
娱乐媒体	剧院	电视、录像
工作地点	办公室	家庭
办公自动化	大型计算机	个人计算机
企业空间组织	规模经济	范围经济
产品	统一性	多样性
城市形态	工业城市	后工业城市
城市空间组织	中心地等级结构	网络结构
民主参与	代表制民主	参与制民主

资料来源：顾朝林等. 经济全球化与中国城市发展（第二版）. 北京：商务印书馆，2000

阎小培的《信息产业与城市发展》① 与吴启焰的《大城市居住空间分异研究的理论与实践》②，顾朝林等《经济全球化与中国城市发展》③ 均是十分有价值的城市地理学领域的研究成果。前两者分别就信息产业对城市结构的影响问题与城市社会结构分异影响下的居住空间分异问题做了理论探讨，并分别以广州和南京两大城市作为案例进行了实证分析；而后者则针对跨世纪中国城市发展战略进行了探讨。

6.2.6 上海信息化进程

自20世纪60年代起，全球性的经济结构重组一直持续至今，并伴随着区域性的重新分工合作以及随之紧随而来的全球分工。就国家层面而言，在美国和西欧、日本等发达国家，这一产业结构的重组显得尤为显著；就城市层面而言，则显得复杂得多，在整体而言较不发达的亚洲，一些城市和区域，包括香港、新加坡、台湾等，在产业结构重组的进程中已明显表现出纳入全球一体化的轨道中的态势。上海作为中国最大的城市以及经济中心、金融中心，在产业结构重组的进程中正表现出加速之势。

值得注意的是，无论就西方发达国家而言，还是仅就上海这一城市局部而言，产业结构的重组在开始时间上，与本地区信息技术革命的兴起恰好重合④。这一轮的产业结构重组是人类社会生产率提高的直接结果，其中，信息技术的发展对于生产效率提高乃至生产模式变革的推动力是不容忽视的。

1. 信息经济是上海产业转型、升级的原动力

作为信息化进程的重要特征之一，在上海产业结构的转型与升级的过程中，作为六大

---

① 阎小培. 信息产业与城市发展. 北京：科学出版社，1999

② 吴启焰. 大城市居住空间分异研究的理论与实践. 北京：科学出版社，2001

③ 顾朝林等. 经济全球化与中国城市发展——跨世纪中国城市发展战略研究. 北京：商务印书馆，2000

④ 西方发达国家的产业结构重组与信息技术革命的第一次浪潮均发生在20世纪60年代，上海则在20世纪80年代末90年代初引来了城市整体产业的升级与信息技术领域生产与应用的跨越。

支柱产业之首的信息产业，其增长速度大大超过第三产业的平均增长速度。据统计，2001~2002年度，上海第三产业的增加值上升幅度为9.80%，而同期上海信息产业的增加值上升幅度则为15.71%（已扣除信息产业增加值中与其他行业交叉的部分）。更重要的是，信息产业对其他支柱产业存在显著的推动作用，这是由其自身特点所决定的：信息产业是以电子计算机、电子通信及网络技术为载体的高科技产业，由信息产品制造业、信息产品销售业、信息服务业所构成，其产品可能是获取信息、处理信息的工具，更可能是信息本身①。

统计数据显示，即使不计入信息产业增加值中与其他行业交叉的部分，自1998年至2002年的4年间，上海信息产业增加值占国民生产总值的比例的增长幅度达到55.2%（见表6-3、表6-4）。

上海六大支柱产业增加值（2000~2002年）　　表6-3

指　标	2000	2001	2002
增加值（亿元）	1989.53	2206.60	2423.52
信息产业	338.18	422.67	489.07
金融业	685.03	619.99	584.67
商贸流通业	431.43	488.01	529.04
汽车制造业	166.05	218.44	284.63
成套设备制造业	129.73	155.53	178.86
房地产业	251.70	316.85	373.63
增加值占国内生产总值比重（%）	43.70	44.50	44.80
信息产业	7.40	8.50	9.00
金融业	15.10	12.50	10.80
商贸流通业	9.50	9.90	9.80
汽车制造业	3.60	4.40	5.30
成套设备制造业	2.90	3.10	3.30
房地产业	5.50	6.40	6.90

注：1. 信息产业增加值含有与其他行业的交叉重复因素，本表中“增加值占国内生产总值的比重”已经扣除重复计算因素。

2. 商贸流通业中不包括餐饮业增加值。

资料来源：上海统计年鉴，2003

上海信息产业增加值（1998~2002年）　　表6-4

指标	1998	1999	2000	2001	2002
增加值（亿元）	212.93	266.74	338.18	422.67	489.07

① 信息产业涉及的领域包括七大部分：集成电路及其原材料、各类通讯产品、计算机设备、各类软件产品、数字式音频视频产品、电真空器件和电子元器件、网络技术及其服务（转引自：蒋以任“以信息化带动工业化——实现上海工业跨越式发展”2001年2月3日）。

续表

指标	1998	1999	2000	2001	2002
信息产品制造业	103.47	142.28	195.82	258.54	296.29
信息产品销售业	10.56	11.88	12.59	14.89	16.38
信息服务业	98.90	112.58	129.77	149.24	176.4
增长值指数（以 1998 年为 100）	100.00	126.70	163.20	196.20	231.10
信息产品制造业	100.00	141.00	201.10	252.70	299.50
信息产品销售业	100.00	115.50	126.80	152.30	169.10
信息服务业	100.00	113.00	128.10	143.40	168.30
结构（%）	100.00	100.000	100.00	100.00	100.00
信息产品制造业	48.60	53.30	57.90	61.20	60.60
信息产品销售业	5.00	4.50	3.70	3.50	3.30
信息服务业	46.40	42.20	38.40	35.30	36.10
信息产业增加值 占国内生产总值比重（%）	5.80	6.60	7.40	8.50	9.00

资料来源：上海统计年鉴，2003

事实上，信息产业对上海产业经济发展变迁的影响绝不仅限于信息技术产品的制造与销售方面，信息化进程的重要表现之一在于所有的社会经济活动均围绕信息处理、传递与创新而展开。创新是社会发展的根本动力，在信息化进程中，这种动力表现得比过去任何时候都更强烈，当“各种关键因素能够不断流动时，它就成为一种创新环境，这些关键因素是构成信息技术创新产品的基础，它们是新的科技信息、高风险资金和创新的技术劳动力”①，在这里参照卡斯泰尔的分析，促进信息化进程正常运行的重要因素包含了以下 3 个方面：

（1）科技信息的需求，激发了对科技研究开发的投入，包括资金和政策两方面的投入。从表 6－5 中可以看到上海在最近数年以来对以信息技术为代表的科技领域的研究投入与成果。其中，2002 年的科技研发经费支出与 1990、1995、2000 年相比较分别上升了 9.1 倍、2.1 倍、33.4%，在国内生产总值以每年 2 位数增长率取得不断上升的同时，科技研发经费支出占国内生产总值的比例仍旧呈增长态势。这为上海的信息化进程提供了技术保障；

（2）高风险资金的需求，激发了与全球接轨的金融体系的建立。从表 6－3、表 6－6 中可以看到，金融业是近年来上海产业结构转型过程中发展最快的行业之一，其发展速度远高于第三产业内各行业的平均发展速度。在 1990～2002 年间，共 13 年的历年第三产业内各行业年增加值的排序上，金融保险业仅有 2 次位居第二，其余 11 次均位居第一。这为上海的信息化进程提供了资本保障；

（3）创新的技术劳动力的需求，激发了“人才高地”的建设，以及对教育培训体系

① ［美］曼纽尔·卡斯泰尔．信息化城市．崔保国等译．南京：江苏人民出版社，2001

的投入与完善。从表6－7中可以看到上海近年来高等教育的发展与信息技术人才队伍的壮大。其中，2002年的用于教育的财政支出与1990、1995、2000年相比较分别上升了9.2倍、1.9倍、23.8%，2002年高等学校毕业生数与1990、1995、2000年相比较分别上升了59.5%、39.4%、35.0%。这为上海的信息化进程提供了劳动力保障。

上海科技研发投入与成果（1978～2002年） **表6－5**

指　　标	1978	1990	1995	2000	2002
科技成果（项）	694	2092	1350	1102	1418
从事科技活动的科学家、工程师（万人）		11.20	11.03	11.58	11.61
科技研究与开发经费支出（亿元）		10.13	32.60	76.73	102.36
科技研究与开发经费支出 相当于国内生产总值的比例（%）	0.48	1.36	1.32	1.69	1.89

资料来源：上海统计年鉴，2003

上海1990～2002历年第三产业增加值（亿元） **表6－6**

年份	第三产业	交通运输、仓储及邮电通信	批发和零售贸易、餐饮	金融保险	房地产	社会服务	卫生体育和社会福利	教育文艺及广播电影电视
1990	241.17	62.44	51.84	71.07	3.75	14.80	6.01	12.73
1991	309.07	79.77	63.68	83.18	12.19	23.47	6.34	17.33
1992	402.77	95.92	96.31	98.93	20.48	30.84	8.24	21.55
1993	573.07	119.21	158.82	140.51	26.38	45.57	12.73	29.51
1994	780.09	148.44	206.44	214.75	39.09	61.74	17.74	39.81
1995	991.04	169.76	269.49	245.45	91.29	83.01	23.88	44.80
1996	1248.12	204.32	316.15	347.84	124.26	96.06	28.88	56.16
1997	1530.02	227.88	380.78	459.63	147.51	120.06	33.77	64.70
1998	1762.50	244.42	412.04	512.21	185.40	160.45	43.51	89.93
1999	2000.98	271.97	445.77	577.56	210.53	191.77	54.72	115.69
2000	2304.27	315.42	485.30	685.03	251.70	221.45	62.94	137.66
2001	2509.81	344.85	550.35	619.99	316.85	272.06	71.86	164.03
2002	2755.83	382.82	602.29	584.67	373.63	328.86	88.96	196.50

资料来源：根据上海统计年鉴，2003

上海高等教育发展（1978～2002年） **表6－7**

指　　标	1978	1985	1990	1995	2000	2002
高等学校在校人数（万人）	5.06	10.79	12.13	14.41	22.68	33.16
高等学校招生数（万人）		3.75	3.24	4.43	8.13	10.92
高等学校毕业生数（万人）		1.93	3.46	3.96	4.09	5.52
每万人拥有大学生数（人）	46		94	110	172	249

续表

指　标	1978	1985	1990	1995	2000	2002
获博士学位人数（人）		57	300	606	1307	1735
获硕士学位人数（人）		1371	2746	2742	4546	6191
高等学校专任教师数（万人）	1.63	2.43	2.58	2.15	2.05	2.29
用于教育的财政支出（亿元）	2.05		11.35	39.44	93.79	116.07

资料来源：上海统计年鉴，2003

以上事实从一个侧面表明，信息化进程对上海社会经济领域的影响，不仅仅限于狭义的信息制造、销售及服务行业。信息化给工业化带来崭新的巨大发展空间，信息化激发了金融服务业的兴起，信息化强化了通信业的地位，信息化催生了全新的信息处理与传递业，等等。

以美国商业部统计局对“信息处理产业”的界定为例，该定义将14种产业纳入信息处理产业的范畴（见表6-8）。其涉及的广度相当可观，由此可见，信息相关产业确是新经济的核心。因此，信息化是上海现代化的核心变量，信息经济是上海产业转型、升级的原动力。

信息处理产业范畴　　　　**表6-8**

序　号	SIC　码	产　业
1	——	所有产业的中心管理机构
2	45	航空运输
3	47	运输服务业
4	60	银行业
5	61	信用代理
6	62	证券、日用品的经济与服务
7	63	托运
8	64	保险代理、经济和服务
9	67	产权及其他投资公司
10	73	商务服务
11	81	法律服务
12	82	教育（私营）
13	86	会员制组织
14	89	各种服务（工程和会计）

资料来源：美国商务部统计局．县级商业模式——1983及1985年美国概要（转引自［美］曼纽尔·卡斯泰尔．信息化城市．崔保国等译．南京：江苏人民出版社，2001．P158）

2．信息技术产品的应用普及

上海信息化进程在信息技术产品的应用普及度方面的发展速度相当惊人。在电子通信应用方面，电话普及率在2002年突破100%（达到103.6%），移动电话户均拥有量接近于1（达到94.4%），且2001～2002年度移动电话拥有量的增长率达到45.7%；在电子计算机应用方面，自2000年至2002年，2年间拥有量翻了1倍，达到51.2%的拥有率；在网络技术应用方面，国际互联网的用户数量在2001～2002一年间增长了三成（35.5%），按2002年末全市总人口1334.23万计算，全市上网人数占总人口的比例达到31.5%，是全国平均数的12倍有余。

从统计数据来看，在电话、电子计算机、电子通信及网络技术的应用与普及上，上海已具有与美国等发达国家初步相当的水平①（见表6－9）。

上海电子计算机、电子通信及网络技术的应用与普及（1978～2002年）　　**表6－9**

指　标	1978	1990	1995	1998	1999	2000	2001	2002
年末电话用户（万户）	9.38	45.69	223.27	431.00	484.00	549.00	616.00	672.00
住宅电话普及率（%）				68.8	79.0	89.8	97.1	103.6
移动电话用户（万户）				127	204	362	626	912
移动电话通话量（亿次）							59.84	78.20
每百人拥有移动电话（部）				9.7	15.5	27.4	47.2	68.4
每百户拥有移动电话（部）			0.2			28.8		93.4
每百户拥有传真机（部）								2.2
每百户拥有家用电脑（台）			2.2			25.6		51.2
国际互联网用户（万户）							310	420

资料来源：上海统计年鉴，2003

3. 信息基础设施的发展建设

以政府为主导的"信息港"② 建设，促使信息基础设施成为上海近年来基础设施的新重点（见表6－10）。信息应用系统（见表6－11）的建设成果已初具成效，例如，"一卡通"③的普及应用，其速度之快可见信息技术应用在上海市民的日常生活中的生命力之旺盛。

上海在信息基础设施建设上的投入（1990～2002年）　　**表6－10**

指　标	1990	1995	2000	2002
新增程控交换机（万线）	95.23	476.60	1091.64	1227.25
新增移动通信设备（万部）		4.21	1.60	24.82
电话交换机容量（万门）	74.17	345.71	685.40	811.00

资料来源：上海统计年鉴，2003

① 在普及率的绝对数量上，上海的统计数字与发达国家差距不大，甚至在部分项目上有超过发达国家平均值的现象，但有资料表明，在实际的信息化程度上，差距仍较显著，这是由于信息化的评价不仅限于数量的比较，还包含质量的考量，以互联网的使用为例，上海互联网使用就其目的而言，低层次的看新闻、发邮件所占的比重非常大，而与社会经济活动更相关联的电子商务、即时信息查询与交换等方面，尚处刚刚起步的阶段。

② 上海"信息港"规划被列入《上海国民经济和社会发展"九五"计划与2010年远景目标纲要》，包括平台、主干网、应用系统三部分。

③ "一卡通"工程由上海市政府主导实施，包括金融IC卡、城市交通卡、社会保障卡三部分，1999年底开始试运行，并已在3年内完成推广普及。该工程的实施效果加速了信息化建设。

上海市确定实施的20项重点信息应用系统 **表6－11**

市政府行政机关办公决策服务系统	人大常委会信息系统
财政税务信息系统	统计信息系统
工商行政管理信息系统	法院信息系统
就业培训管理信息系统	人事人才管理信息系统
中校幼教育信息系统	商业信息系统
市人口信息系统	技术监督信息系统
卫生信息系统	房地产市场信息系统
审计信息系统	医药商贸信息系统
市城市规划信息系统	气象信息系统
公共信息服务系统	公共文化信息系统

资料来源：上海科技进步报告，1999

4. 信息型消费支出的比重上升

与政府主导的信息基础设施建设相对应，上海市民的信息型消费支出占总消费支出的比重也在增长中。表6－12的统计数据显示，上海城市居民在信息技术设备、信息资源获取以及教育方面的消费支出占总消费支出中的比例也在不断上升，其增长速度远大于非食品部分消费支出的总体增长速度，且呈加速度增长之势。自1980年至2002年，上海城市居民家庭人均消费支出构成中，食品的比重下降了16.6%，衣着、家庭设备用品及服务2项的比重合计下降了11.2%，而在支出比重上升的项目中，值得注意的是，上升最快的并不是居住部分，而是交通和通信的消费支出，其占总支出的比例上升了7.1%。如果将考察的视线聚焦于更近的1990年至2002年间，交通和通信部分的消费支出比例上升速度则会更加显著（见表6－12、表6－13、图6－2）。信息化在生活领域的影响日渐显著，信息化生活的崭新图景日趋浮现。

上海城市居民家庭人均消费支出构成百分比（1980～2002年） **表6－12**

年份	食品	衣着	家庭设备用品及服务	医疗保健	交通和通信	教育文化娱乐服务	居住	杂项商品和服务
1980	56.0	14.3	9.0	1.3	3.6	8.9	4.8	2.1
1985	52.1	15.3	11.9	0.5	3.0	9.2	4.3	3.7
1990	56.5	10.8	10.1	0.6	3.0	11.9	4.6	2.5
1995	53.4	9.6	10.9	1.9	5.5	8.6	6.8	3.3
2000	44.5	6.4	7.7	5.6	8.6	14.5	9.0	3.7
2002	39.4	5.9	6.2	7.0	10.7	15.9	11.4	3.5

资料来源：上海统计年鉴，2003

上海城市居民家庭人均消费支出构成的百分比演变（1980～2002年） 表6－13

年份	食品	衣着	家庭设备用品及服务	医疗保健	交通和通信	教育文化娱乐服务	居住	杂项商品和服务
1980～2002	－16.6	－8.4	－2.8	5.7	7.1	7.0	6.6	1.4
1990～2002	－17.1	－4.9	－3.9	6.4	7.7	4.0	6.8	1.0

资料来源：根据表6－12计算整理

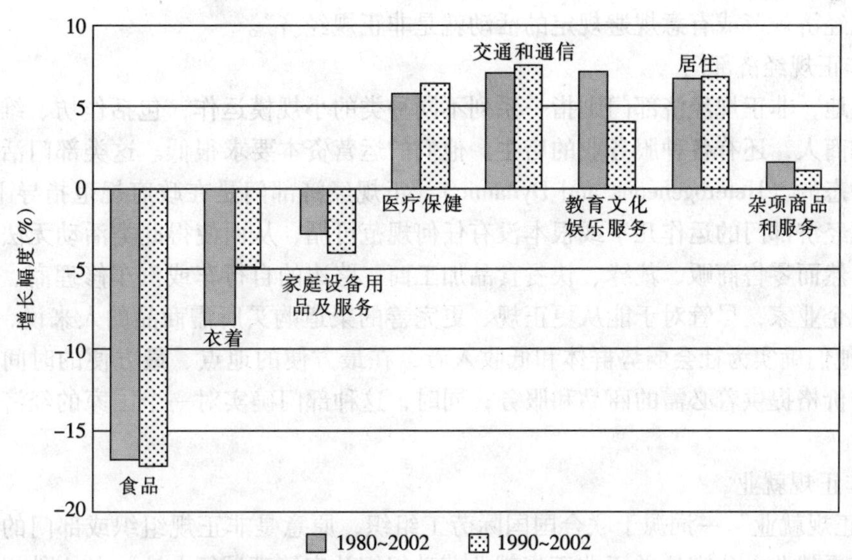

图6－2 上海城市居民家庭人均消费各项支出占总量的比例的演变（1980～2002）

资料来源：根据表6－12计算整理

6.3 上海的非正规经济活动

与上海信息化进程同步的城市产业结构的调整，掀起了城市劳动力市场的一场剧烈震荡。一方面由于信息化带来的对劳动力素质要求的提高迫使劳动力在三类产业结构中的构成产生变化，造成相当部分的劳动力被淘汰出正规经济部门；另一方面伴随上海和区域快速城市化进程，农村及外来人口涌入城市，而其中相当部分的劳动力由于素质及城市就业制度的门槛无法进入城市正规经济部门，这就是上海目前无法回避的非正规经济活动正在悄然蔓延的问题。

6.3.1 非正规经济的概念

1. 非正规经济

正规经济（Formal Economy，或 Official Economy）是指除了生产活动之外的，相关的大规模和服务性的活动。它以大规模的资本主义生产模式为基础，也包括政府工作人员和其他高收入专业人士。

对于非正规部门术语的定义和用途至今尚未取得共识，主要是因为这个部门运作极不规范，并且在官方的统计中缺乏记录。许多术语曾被用来描述这个部门，例如“传统部门”（Traditional Sector），“第三难民营”（Tertiary Refugee Sector），“杂货经济部”（Bazaar Economy）和“边缘部门”（Marginal Sector）等都被用来描述这个部门。

“非正规经济”这一概念最早在20世纪70年代由国际劳工组织（ILO）提出。它主要是指规模很小的商品、生产、流通和服务单位，如微型企业、家庭作坊型的生产服务单位、独立的个体劳动者的经济活动；此外，在正规部门的非全日制就业、临时就业等劳务活动也属于非正规经济。台湾学者吴永毅认为：“当社会活动被制度化而产生了正规经济，不被正规经济规范或有意规避规定的活动就是非正规经济”。

2. 非正规经济部门

相应地，非正规经济部门则指一系列不同种类的小规模运作，包括作坊、维修店、街头小贩和商人，还有各种服务业的店主。他们的运营资本要求很低。这类部门活动是相当异质与动态的（Heterogeneous and Dynamic）。正规经济部门是在政府规范指导下运作的，而非正规经济部门的运作几乎或根本没有任何规范可循，从而使得此类活动无法解释和缺乏记载。然而零售商贩、裁缝、快餐食品加工商、路边的自行车或汽车修理商、铁匠、鞋匠等微型企业家，尽管对于能从更正规、更完善的渠道购买所需商品的人来说，“有碍观瞻”，但他们确实为社会弱势群体和低收入者，在最方便的地点、最方便的时间，以最能被接受的价格提供着必需的商品和服务；同时，这种部门确实对一个国家的经济结构有着影响。

3. 非正规就业

“非正规就业”一词源于联合国国际劳工组织，原意是非正规组织或部门的就业。根据上海市再就业办公室《关于非正规就业劳动组织认定管理试行办法》的文件规定，上海市提出的非正规就业，是指下岗失业人员个人或组织起来，通过参与社区的便民利民服务、市容环境建设中的公益型劳动，为企事业单位提供各种临时性、突击性的劳动及以家庭手工业、工艺作坊等形式进行生产自救，又无法建立或暂时无条件建立稳定劳动关系的一种就业形式。上海市的非正规就业通过各级非正规就业劳动组织开展，由社区就业服务载体予以管理。

4. 非正规就业劳动组织

根据上海市开业指导服务中心的解释，非正规就业劳动组织是指组织下岗失业人员开展非正规就业，帮助其获得一定收入和社会保障的社会劳动组织。非正规劳动组织不必工商登记，3年内享受免税费、贷款担保、免费培训等优惠扶持政策。主要包含2种类型的劳动组织：

一种是自主型劳动组织，是由下岗失业人员自己寻找经营服务项目，以自主就业的形式组织起来进入社区的劳动组织，其特征是：自愿组合、自筹资金、自主经营、自负盈亏；另一种是公益性劳动组织，是地区政府根据安置就业困难人员需要，由政府有关部门帮助建立的劳动组织，如社区公益性劳动组织、培训实习和劳务输出基地等，是非盈利性社会劳动组织。公益性劳动组织主要承担安置经上海市认定的失业困难人员、协保困难人员、失业特困人员、协保特困人员等4类就业困难人员的任务，并享受安置上述4类人员的岗位补贴，每人每月200元为限。

由以上对非正规经济的描述可以看出，本书所理解的非正规经济部门具备以下4个基本属性：

（1）非正规经济部门属于第三产业部门；

（2）非正规经济部门属于非国有经济部门；

（3）非正规经济部门属于劳动密集型产业部门；

（4）非正规经济部门属于城市的非基础产业部门。

需要明确的是，本书所使用的“非正规经济”概念仅仅包括社会认值的（Socially Desirable）有收益的经济活动（Gainful Economic Activities），而且被社会认为是值得的。因此它排斥被认为是反社会的一些活动，诸如犯罪、乞丐、卖淫和贩毒等反社会行为[①]。

6.3.2 世界城市非正规经济活动状况

1. 全球现象

非正规经济（Informal Economy）这一概念最早是20世纪70年代由国际劳工组织（ILO）提出的[②]。非正规经济活动既与各国的经济发展水平有关，也与各国的具体经济结构、社会特征、文化历史有关。一般来讲，经济发展水平较低，人均GDP不高的国家，其非正规经济活动的程度和范围可能相对较大。因此，非正规经济活动既不是一国经济转型时期的暂时现象，也不是发展中国家所特有的现象，而是一个长期存在的全球性的社会经济现象。

国际劳工组织（ILO）最近的报告指出，世界上非正规劳动力已占工人总数的一半。它已不是一个边缘性的或临时性的现象，而是在所有的国家迅速增加，尤其是发展中国家。由于发展中国家的城市化进程与发达国家所经历的相比，有着不同的文化、经济和政治背景，一方面城市人口快速增长，另一方面却缺乏相应的就业机会，导致低收入弱势群体为谋生计不得不到非正规经济部门（Informal Economic Sectors）中去工作。长期以来一直为主流社会学说理论漠视和忽略的非正规经济活动（Informal Economic Activities），正在对城市的今天和明天发生潜移默化的作用。

2. 发展中国家的特征

在发展中国家的特大城市，除了基础设施和服务的匮乏、城市建成区全面的退化和衰败等因素外，最不利的因素是土地用途的不规范。这些不规范的或错误的土地利用政策导致了与工业联合体毗邻的简屋和贫民窟的产生，同时也引发了许多城市功能的问题，如拥挤和陈旧的道路系统，匮乏的街区入口，不协调的土地利用模式，以及城市内部其他的社会经济问题。在这些城市中，明显的特征之一就是社会经济结构乃至物质结构的剧烈反差。发展中国家的城市呈现了双极的特征——即两种地区同时存在：富人区和贫民区，规划区和无规划区。这些城市一方面是拥挤的、贫穷的、无秩序的、蔓延的、无规划的居住区；但另一方面是富裕的、秩序井然的、规划良好的居住区。大部分城市都存在着这两种以不平等为基础的地区——即规划的和无规划的地区，抑或正规和非正规经济部门的地区。随着城市化的加剧以及失业率的提高，非正规经济和非正规部门活动渐渐地取代了部

---

① 王伟强，Gerald Chungu. 非正规经济活动对城市中心区的影响——以赞比亚为例. 城市规划汇刊，2001［6］

② 国际劳工局. 世界就业报告1998～1999. 中国劳动社会保障出版社，2000年

分正规的生产模式，形成了发展中国家城市新的社会政治体制及自然特征①。

近年来对非正规经济活动的研究在许多发展中国家中普遍活跃——在非洲和拉丁美洲，都有专门研究非正规经济的部门和团体。台湾在20世纪80年代开始，也有类似的研究成果诞生。经济发展水平较低，人均GDP不高的国家，其非正规经济活动的程度和范围可能相对较大。因此，非正规经济活动既不是一国经济转型时期的暂时现象，也不是发展中国家所特有的现象，而是一个长期存在的全球性的社会经济现象。

2000年国际劳工大会局长报告所提供的数据表明，非正规就业在亚非拉发展中国家普遍呈增长趋势。1990～1994年间，拉丁美洲80%、非洲93%的新增工作岗位是由非正规部门创造的。目前非洲、拉丁美洲和亚洲非正规部门就业人员占整个就业人数比例分别为57%、36%和32%，联合国业已将非正规经济形态纳入研究议程，对非正规经济的研究正成为当前社会经济研究的热点问题②。

非正规劳动和非正规劳动力市场的存在和发展，也越来越显现出它的积极意义。非正规劳动力市场的灵活性、多样性不仅仅表现在雇佣形式和工资价格制定的灵活性、敏感性之上，还表现在对消费市场多样化、个性化需求能够快速反应，组织批量生产的灵活适应能力之上，这种落后配置生产诸因素的能力使之为一般劳动力市场增加了弹性，具有创造新的工作岗位的巨大潜能；特别是在经济结构调整过程中，非正规劳动力市场较低的准入门槛，为低技能群体提供了重要的就业空间，也为不同技能的劳动力在不同部门之间的置换过程，提供了一个重要的缓冲带，避免了大量结构性失业群的出现。

3. 资本与劳动力的博弈

发展中国家近年来的非正规经济活动的活跃出现，是经济全球化的刺激下的结果。当前世界上，以资本与劳动力为双方的博弈中，劳动力一方正处于非常不利的境地。因为国际资本正在“全球化”的大旗下，试图创建一个统一的世界市场。于是，他们轻而易举地超越了民族国家的界线，可以在世界上到处流动，在降低成本、攫取利润方面他们有太大的自由度。而劳动力一方，因为受到民族国家疆界的限制，劳动力市场被分割，他们流动的余地很小。因此，一方面，发展中国家的劳动力大多只能在国界之内自己与自己竞争，另一方面，他们还要受到其他发展中国家的可能发起的劳动力价格的恶性竞争的威胁。资本随心所欲地从本国“出逃”，首先使劳动力成本较高的发达国家的失业率上升。继而，影响到正在崛起的发展中国家，从而使失业问题蔓延到全球的大部分地区。

全球化在导致竞争的加剧的过程中，促进了新技术的传播和新的工作组织形式的形成，同时也加剧了劳动者因技能等差异带来的分化，出现了一部分易受劳动力市场排斥、就业前景有限、被国际劳工组织称之为“脆弱工人”的群体。

所谓脆弱群体，国际劳工组织解释为最容易受到经济衰退和就业形势恶化影响、有较高的受劳动力市场排斥风险的群体。这一群体是由缺乏工作经验的年轻人、长期失业者、老年失业者和残疾工人组成的（在上述的每一类群体中，妇女更为脆弱）。据《世界就业报告》分析，在经济衰退时期，高风险群体失业水平明显上升；在经济扩张时期，这一群体从经济增长中获益又相对较少。所以这一群体致贫率极高。未来在全球化带来的剧烈竞

---

① 王伟强，Gerald Chungu. 非正规经济活动对城市中心区的影响——以赞比亚为例. 城市规划汇刊，2001［6］

② 国际劳工局. 世界就业报告1998～1999. 中国劳动社会保障出版社，2000年

争过程中，一个国家的经济成功将越来越依赖于对新技术的掌握和劳动力素质，所以在劳动者中间以技能差别形成的分化也更为深刻，这点在经济结构的调整时期尤为显著。脆弱群体本身因人力资本投入不足或无力进行再投入，难以适应劳动部门新需要，因而最易跌入长期失业者队伍。而长期失业现象则被发达国家视作最顽固的社会痼疾之一。

非正规劳动力市场的存在，恰恰对这些“脆弱工人”来说，具有非常重要的“生存战略”意义。因此，在发展中国家非正规劳动力市场普遍得到较快发展，正如世界银行1990年的《世界发展报告》中所说：“在许多发展中国家中，非正规部门在提供就业和收入方面发挥着突出的作用”。国际劳工局《世界就业报告》也强调：“在大多数发展中国家，非正规部门是城市地区就业的主要源泉”，“由于许多发展中国家的正规部门越来越趋向资本或技术密集型方向发展，正规部门就业增长率远低于非正规部门”，大批劳动力受雇于非正规部门已成为发展中国家就业趋向的“一个最新特征”。据国际劳工局非正规部门统计专家组提供的部分拉丁美洲、亚洲国家1998年的统计数据，这些国家在1996年就业于非正规部门的劳动力，占城市就业的比例均在34%～57%之间。

6.3.3 中国城市非正规经济活动状况

20世纪90年代以来，我国社会经济结构发生了一系列引人注目的变化。城市化水平迅速提高，无论是城市人口和建成区面积都已成倍增长。一方面农村人口的大量迁移以及城市下岗失业职工的日益增多，使得社会经济体系中的非正规经济活动和非正规就业成为一支不可忽视的经济因素；另一方面发展乡镇企业、创造更多的就业需求和增收门路，使农村丰富的劳动力资源得到充分利用、多渠道增加农民收入又对发展非正规经济活动和非正规就业提出了客观要求。

1. 世界银行的关注

在世界银行的另一份报告《共享增长的收入：中国收入分配问题研究》中，专门谈到了收入的两极分化对中国发展的影响：“中国的决策者应该为收入的两极分化担心吗？在（世界上的）其他地方，严重的收入不均阻碍了增长，削弱了扶贫活动而且助长了社会紧张局面。中国的收入不均仍属中等……但是，如果不加控制，中国收入不均的某些方面可能阻碍中国未来的增长和稳定”。除了世界银行以外，联合国开发署以及其他的国外学者均对中国城市劳动力市场的现状表现出关注。

> *“中国劳动力市场经历了3个明显不同的时期，20世纪80年代，正规就业部门对新增劳动力的吸收率高达50%，其中乡镇企业就占了1/2强；第二阶段是20世纪90年代前半期，正规就业的扩展远快于劳动人数的增长，如1990～1994年，正规就业部门吸收新增劳动力的147%；但到了1995年以后情况发生剧变，由于受亚洲金融危机等因素影响，经济增长速度减缓，正规就业的年增长人数从1994～1995年的1370万猛减至1995～1996年的860万和1996～1997年度的140万。非正规就业部门吸收劳动力的比例（包括自我雇佣的农民和失业者），从1995～1996年度的4%增加到1996～1997年度的81%。以个体、私营企业为例（目前在个体私营企业中，大量的是自我雇佣和采取计件、计时，临时性、季节性雇佣方式），在1979年时，个体和私营企业吸收新增劳动力在全部新增就业人数中的所占比重仅为1.88%、3.7%，而到*

1997 年已分别提高到23.1% 和3.7% 了”。这一转折使得非正规劳动力市场作用如冰山露出一角，凸现了出来。

——托马斯 . G. 罗斯基《中国：充分就业前景展望》①

“当前的中国正经历两个转变，即从指令性经济向市场经济的转变，从农村、农业社会向城市、工业社会的转变。迄今为止这两个转变取得了令人瞩目的成功。”“然而快速增长和结构变化在解决许多问题的同时，也带来了新的挑战：有不完全改革引起的时而出现的宏观经济不稳定；就业得不到保证；越来越大的环境压力；社会不公平增加；难以削减的贫困。如果这些问题得不到解决，它们会削弱持续增长，从而使中国的前景黯淡。”

——世界银行《2020 年的中国：新世纪的发展挑战》②

“中国也面临人类发展方面的巨大挑战。这些挑战中，有过去遗留下来的，也有在近20 年——即从计划经济转变到市场经济的过程——当中新产生或变得更加复杂了的。其中最严峻的是诸如失业率不断增长、社会和经济的不公平的加剧、没有保障体系足以应付变化的条件、妇女承担了变化带来的不公平的负担，中国自然环境日益恶化和毁灭等问题带来的威胁。本报告出版之时，国企改革正举步维艰，它将使上述一些问题进一步恶化，陷入危机。”

——联合国计划开发署《中国：人类发展报告——人类发展与扶贫 · 1997》③

2. 我国主流经济学界的漠视

然而，到目前为止，不论是我国经济界还是统计界都没有正式引入非正规经济的概念④。如果按照国际通用标准来衡量，非正规经济在我国早已存在。特别是改革开放后，我国的非正规经济和非正规就业发展迅猛，已成为国民经济的重要组成部分，在补充和调剂正规经济或主体经济，提高城乡居民收入水平，缓解社会就业压力等方面起到了必不可少的作用。因此有必要引进非正规经济概念，开展非正规经济统计，取得系统性的统计资料，为政府的宏观经济管理与决策提供依据，为其他包括城市规划部门在内的各种部门服务。

即使长期以来非正规经济活动被主流学说所漠视，事实上这些活动仍然相当程度上改变了城市中心区的自然特征。虽然这一过程与官方的有关规范在某些方面相抵触，但是非正规经济活动为社会提供必须的服务和对国民经济发展所起的作用是不容否定的。我国政府要正视现实，有必要采取一些积极的措施，以引导非正规经济活动的健康成长。

由于利益主体对利益的追求之于社会发展是一种根本的动力。从非正规部门的活动入手分析，研究其对城市发展的作用，揭示其中规律性的内容，就避免了从空间到空间研究

① 托马斯 · G · 罗斯基. 中国：充分就业前景展望. 管理世界，1999［3］

② 世界银行. 2020 年的中国：新世纪的发展挑战. 中国财政经济出版社，1998

③ 联合国计划开发署驻华办事处. 中国：人类发展报告——人类发展与扶贫 · 1997（中文版）

④ 国家统计局：历年《中国统计年鉴》。

的局限性，利于剖析空间系统背后的社会、经济、政治及文化成因，认识它们对城市空间的建构作用。我国城市工作者也应重视与鼓励其增长，而不是预防与控制其发展。因此，研究非正规经济的现状以及它在我国国民经济运行和发展中的地位和作用，无疑非常有助于国家的宏观经济和城市管理和决策。

3. 不可回避的事实

也正因为非正规劳动对容纳多层次的劳动力、扩大就业所具有的巨大可能性，近年来在我国也得到较快发展。在我国，正规劳动部门与非正规劳动部门的分割产生于两种不同的原因。一种是市场性分割的结果，是劳动力市场自身运作的结果；另一种则是体制性原因造成的分割。早在1978年以前，中国城镇就存在有非正规部门和非正规就业，只是规模非常有限，因为政府那时实行通过计划体制统分统配、由正规劳动部门吸收、城镇居民普遍就业的政策，所以只有很少一部分居民由于某种原因，被排斥在体制之外，不得不实行非正规就业，如那些走街串巷的小贩、从事修理服务业的匠人、小手工业者；从事季节性工作和做零工的人，如保姆、搬运工、为街道工厂领料加工的“家庭妇女”（他们在统计上往往被算作无业人员）。非正规部门由于多是“小生产”，被视为滋生资本主义的温床，所以处于被抑制的状态，在很长一段历史时期规模和数量都非常小。

进入改革开放阶段，非正规就业领域开始发展，由于政府通过体制内吸收城镇新增劳动力的能力已趋饱和，已无法“包”下所有城镇居民的就业问题，于是非正规就业作为计划性就业的拾遗补缺部分得以存在。进入20世纪90年代，促使非正规就业发展的动力除了体制性分割力量外（如城市对进城务工的农民工就业的种种限制），市场也开始发挥强有力的配置作用，特别是一部分因被体制抛出或受到排斥的劳动力开始自谋出路，通过市场实现再就业，也只有在这个意义上，非正规就业才具备了形成劳动力市场的条件。

6.3.4 我国非正规劳动力市场的供给和构成

现代城市化与经济增长相辅相成。发展中国家城市的特征表现为经济二元论——即两个经济部门同时存在。一方面是正规的或资本主义的经济部门，另一方面是非正规经济部门①。当前小规模的非正规经济部门活动主要是以下两方面因素导致的结果：第一，由郊区向城市移民产生的快速城市人口增长；第二，迟缓的经济增长和正规经济部门的瓦解②。而构成城市非正规劳动力市场主要来自3个部分，（1）农村剩余劳动力；（2）城市失业工人；（3）重新返回劳动力市场者。而农村剩余劳动力和城市失业工人是我国目前非正规经济部门主要从业群体。

1. 城市化与农村剩余劳动力

发展中国家城市化的特点，仍然以农村人口向城市迁移为主（见图6－3）。由于卫生条件改善，婴儿死亡率降低，加上农村经济增长赶不上农村人口增长，导致大量农村劳动力失业，甚至饥饿，这一切推动大量饥饿的失业农民进城，希望寻找工作机会和较佳的生存条件。这种乡村人口向城市集中的现象被人们称之为生计城市化（Subsistence Urbanization）。这些人移入城市后，一部分进入内城贫民窟区，一部分居住在城市外缘的木屋区。

---

① 王伟强，Gerald Chungu. 非正规经济活动对城市中心区的影响——以赞比亚为例. 城市规划汇刊，2001［6］

② 蔡昉. 二元劳动力市场条件下的就业体制转换. 中国社会科学，1998［2］

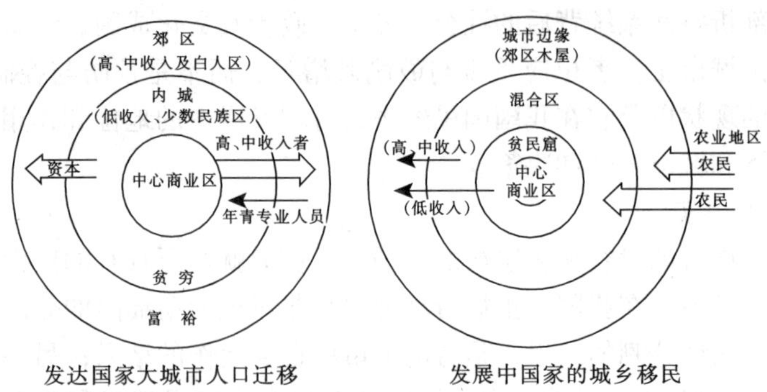

发达国家大城市人口迁移　　发展中国家的城乡移民

图 6-3　发达国家大城市人口迁移和发展中国家的城乡移民

资料来源：许学强，周一星，宁越敏等编著．城市地理学．高等出版社，1996．第 68 页

在生活方式上他们具有二重性，一方面有限地发展了城市性格，另一方面继续维持了相当部分的农村规范和社群关系。在经济上，传统经济与现代资本主义经济相结合，出现了不少家庭工厂、乡里企业，农村集市也在这些城市里以摊贩的形式出现，给移民提供了不少的就业机会。

从经济学角度看，这种就业属于非正规就业，因为这些作坊性的工厂、小家庭商店和摊贩实际接纳的劳动力大大超过其营业额所必须的劳动力，因而这是一种低度就业，对城市经济发展的作用不大。

20 世纪 80 年代以来，我国经济逐渐走上正常的发展轨道。据《2001 年中国劳动和社会保障统计公报》统计，目前中国农村约有 1.5 亿剩余劳动力需要转移，中国正在进入城市化的加速期①。大量进入非正规劳动力市场的，首先是流入城市的农民工。长期以来在农村滞留了大量的剩余劳动力，因改革以来转移障碍的减少，开始在城乡之间大规模流动。

东、中、西部地区城市化程度（1997 年）　　**表 6-14**

	人口（亿人）	每百万人拥有大城市（个）	每亿人拥有大城市（个）	每百万人拥有中小城市（个）	每亿人拥有中小城市（个）
东部	4.58	17	3.7	264	58
中部	4.83	9	1.9	256	53
西部	2.82	7	2.5	114	40
全国	12.23	33	8.1	634	151

资料来源：根据国家统计局中国统计年鉴（1998）计算

在西方工业化过程中，离开土地的农民往往先进入城市非正规劳动部门，然后再进入正规部门。也就是说，非正规部门往往成为进城务工的农民进入正规部门的过渡，一个必经的培训基地。而在我国，因为制度性的原因造成两种劳动力市场的隔离，农民工目前能

① 劳动和社会保障部、国家统计局，《2001 年中国劳动和社会保障统计公报》

够进入正规劳动力市场的较少（个别行业如纺织业的国有企业雇佣了一定数量的“农民合同工”），进入非正规劳动力市场的农民工则极少有机会进入正规劳动力市场。

因为体制性隔离的存在，农民身分限制着这些流入城市的农民工进入正规劳动力市场，特别是在就业形势严峻的情况下，城市劳动力市场往往筑高就业准入的门槛（例如，各城市都自行制定有对农民工从事行业的诸多限定，提高对农民工的管理费，把雇佣农民工的成本提高到对雇佣者不具吸引力的程度；有些城市的再就业基金就是从收取农民工的管理费、就业调节金中抽取的），所以农民工也只能大量进入准入门槛相对较低、雇佣形式灵活的非正规劳动力市场。

在市场取向改革中成长起来的非国有经济，从一开始，其就业与工资决定就是一种市场行为。首先，其就业吸纳乃至产业选择都是从中国劳动力丰富的特点出发。面对这种供给状况，市场化的就业决定本身就具有创造就业的功能。其次，这些部门是在计划控制之外得到发展的，无须履行吸纳超出需求的劳动力的责任。而吸收农村劳动力不仅满足非国有经济发展的需要，同时总体上也降低了这些部门发展的成本。

农村劳动力转移：估计与预测（单位：百万人）① **表 6-15**

指标	1978	1990	1996	2010	2020
乡村劳动力资源	306	420	453	543	612
流入城市（I）	–	14	60	172	252
流入城市（II）	–	14	60	116	156
乡村非农产业	22	87	130	186	216
农业劳动力 I*	284	319	263	185	144
农业劳动力 II*	284	319	263	241	240

资料来源：国家统计局 1995～1996，农业部 1995，劳动部就业司课题组 1997 等。

2. 城市下岗失业职工

失业是当今发达市场经济国家和计划经济向市场经济转轨国家普遍存在的经济现象。它不仅关系着千家万户的切身利益，也关系到一国经济和社会改革、发展和稳定大局的大问题。因此，失业问题自然成了各国政府宏观经济调控关注的焦点。多年来，随着中国经济的增长，随着中国经济成功地实现了“软着陆”，经济的平稳增长开始取代高速增长，逐渐完善的市场经济体制取代了传统的计划经济体制，失业问题也涌到了前台。面对中国国内宏观经济形势开始呈现出新的特点，失业问题成了政府宏观经济调控最为关注的问题，也是中国今后几年乃至 21 世纪所面临的首当其冲的难题。

a. 国企隐性失业

中国经济正面临着 1978 年以来又一个失业高峰，而国有企业隐性失业的显性化是形成就业压力最为重要的方面之一。对国有企业隐性失业的成因，理论界讨论很多，主要可

① 农业劳动力是由乡村劳动力资源减去流入城市的部分和在农村非农产业就业的部分得到的。

以归结以下几个方面①：

（1）计划体制下的“统包统配”的就业制度；

（2）福利式就业刺激了过度的劳动力供给；

（3）资本的浪费性使用，弱化了吸纳劳动就业的能力；

（4）国家经济结构的快速调整及企业的经营不善；社会保障制度不完善；

（5）个人择业观念的陈旧等。

国有企业隐性失业的规模，不同的学者有不同的估计。有部门统计，全国国有企业的富余人员大约为1500万②。根据国际劳工组织和中国劳动部在1995年联合进行的一次“企业富余劳动力调查”所得数据来看，该调查数据显示城镇各类企业的综合隐性失业率为18.8%。那么按照有1亿多国有企业职工计算，富余职工人数为2000万左右。中国社科院牛仁亮和国家计委的研究结果大约为3000万。国家劳动部劳动研究所夏积智则估计，我国国有企业的富余人员在3000～4500万之间。

利用1995年第三次全国工业普查的资料来对国内市场主导的经济部门与政府控制的国有企业的全员劳动生产率等进行比较，可以按市场经济效率测算出国有企业的冗员率。从表6－16可以看到，国有企业无论是总量规模，还是对国家的贡献，仍然占主导地位，但是受诸多因素的影响，国有企业效益状况是不够理想的，显示国有企业全员劳动生产率是最低下的。据此推算，国有企业冗员率在45%左右。

不同经济类型经济效益的差异比较（%） **表6－16**

经济类型	市场占有率	利税占有率	全员劳动生产率（元/人）	成本费用利润率	总资产报酬率	净资产收益率	资产利税率
国有企业	49.31	56.91	18985.0	2.72	8.72	4.10	8.01
私营工业	0.25	0.33	25713.7	2.56	18.51	24.58	17.06
股份制企业	5.10	7.24	31435.9	8.23	10.68	10.27	11.33
三资企业	17.04	13.89	36154.6	4.15	8.22	7.43	7.48

b. 下岗工人再就业

下岗失业职工中年龄偏大、技能单一的，通常在劳动力市场处于不利的位置，结构调整产生的结构性应力对他们形成排斥，使他们再就业空间狭窄，重返正规部门或以正规形式再就业的可能性很小。因此，很多人被挤压进非正规劳动力市场。

根据最新的调查样本结果③，下岗失业人员的就业结构转向第三产业的占88.5%，继续从事加工制造业的占9.6%，转入第一产业的占1.9%。他们的从业类别是：受雇就业的占51.3%，自营就业（自谋职业）的占48.7%。

在受雇就业方面：用工单位的性质为非公有制单位的占77%（包括个体私营经济组

① 中国就业转型：从隐性失业、就业不足到效率型就业．经济研究，1996［5］；牛仁亮，劳力．冗员失业与企业效率．中国财政经济出版社，1994

② 富余人员，即指在企业中难以安排岗位或无确定岗位的多余而闲散的人；冗员率＝富余人员/职工总数。

③ 薛昭．对我国发展非正规部门和鼓励非正规就业的几点认识和建议．2001

织占49.8%），公有制的占23%（国有企业、集体企业、机关企事业分别占7.2%、4.5%、11.3%）；受雇人员的就业形式——做临时工、劳务工、小时工、季节工的分别占59%、18.6%、10%、5.2%，而建立固定期限具有相对稳定劳动关系的合同工仅占6.8%；受雇人员的职业身份——个体私营工商户的雇员占25%，各类劳动就业组织的从业人员（主要从事社区服务业和保洁、保绿、保安、保养等公益性劳动）占11%，家庭工人（如家政服务员等）占15%，零散工（承接临时搬运、泥瓦工等各类杂活）占10%，政府机关和其他企事业单位的临时用工或外部工人（如分包送净水、送售报刊、代理收费、商品促销、打印装订、手工加工、保洁、保安和供餐等）占39%。

在自营就业方面，从业的门类主要有：以商业零售为主的个体摊贩、店铺，约占60%；以家庭住所为经营场地，从事居民服务业和家庭手工业，如开办小饭桌、少儿托管、领养残疾儿童、开设公用收费电话以及从事裁剪缝纫、刺绣、编织、制作玩具等，约占24%；以至有简易交通工具，从事运输服务业，如运客、送货、接送孩子、收购废旧物品等，约占6.5%；从事各种修理服务业，如修鞋、修锁、修表、修理各类车辆和家用电器约占4.6%；兴办文教科卫服务业，如开办保健咨询服务、脚病修治所、摄影图片社、计算机软件销售业务、收藏品中介、美容美发培训、野生动物养殖科研、婚姻介绍中心、婚庆晚会主持等，约占3.8%；少数个体劳动者已开始走向合伙联手，共同承揽大宗劳务，如建筑装修、清洗服务、大件搬运、承包山林河滩搞种养殖业等，有的已准备向正规小企业过渡，约占1.5%①。

这些数据表明下岗再就业能再度进入国有、集体企业等正规部门，并获得相对稳定职业的只是很少数，而通过非正规就业的比重仍很大。

从未来的前景看，下岗职工待业时间越长，他们重返正规劳动部门的可能性就越小。经济结构调整带来生产要素的重组，其结果之一就是正规部门将吸收更强更新鲜的劳动力，把年龄技能都老化了的劳动力“抛”了出来。这些被“抛”出来的劳动者中，一部分人通过培训，获得必要的技能，得以重返职工劳动部门，但相当一部分人就业往往只能选择对技能、年龄、性别要求不那么高的非正规部门。

下岗—再就业，就劳动者而言，是一次剧烈的分化和新的结构性调整，劳动者将因年龄、性别和技能的差异被重新配置而形成分层。正在形成中的正规劳动力市场，将吸收其中最强最新鲜的劳动力，而把弱质劳动力驱赶入非正规劳动力市场。据估计，今后中国大约有1/4～1/3的下岗职工，约300～400万人将从正规部门就业岗位中退离出来，进入非正规部门就业②。

3. 重新返回劳动力市场者

非正规劳动力市场供给的第三个来源，是一度已经退出劳动力市场的重新返回者。重返劳动力市场的情况在国外很普遍，最多见的是采取阶段性就业的妇女，她们在结婚生育时退出劳动力市场，在孩子稍大时候又重返劳动力市场。但此时等待她们的通常只有非正规就业部门和采取非正规就业形式。

因为我国没有实行阶段性就业，所以这种情况极少，但不排除以后将会增多的可能。

---

① 郭继严，王永锡主编．2001～2020年中国就业战略研究．经济管理出版社，2001．P132

② 胡鞍钢．关于降低我国劳动力供给与提高劳动力需求重要途径的若干建议．1998．11

另一部分重新返回者是退休人员。在我国，退休老年职工“补差”现象自20世纪80年代始就存在的，但这两年因为企业自行办内退、退养的人员不断“低龄化”，而这些提前退出劳动力市场的男女职工特别是女性，仍处在劳动力年龄段、家庭赡养负担亦重，就业意愿强烈，他们强烈要求再次重返劳动力市场，使得重新返回者的供给源也十分丰富。但此时无论是政策的限定还是自身的条件，都决定了他们只能选择进入对年龄要求不那么苛刻的非正规劳动力市场。

6.3.5 上海政府扶持的“4050”工程

“4050工程”①是上海政府有意识地引导城市下岗工人再就业的政府工程。在结构调整和国企改革中，上海面临150万人下岗分流。从企业内部下岗分流再就业，到再就业服务中心过渡，直至现在的劳动力市场化，上海市政府有意识地引导，用了5年时间，基本渡过了下岗工人走出服务中心，进入社会安置的高峰期，避免了与新一轮劳动力调整高峰的叠加。

“4050”人员是指上海市处于劳动年龄段中40岁以上的女性、50岁以上的男性，其本人就业愿望迫切，但因自身就业条件较差、技能单一等原因，难以在劳动力市场竞争就业的劳动者。其中，有相当一部分是原国有企业的下岗人员。这些人经历了老三届、插队、文革等事件，又普遍文化低、家底薄，是找工作最困难的人群。上海市目前有100万下岗工人，其中三四十万属“4050”的下岗工人。图6-4反映的是上海历年城镇失业率的情况，明显地可以观察到自1985年以来，上海城镇失业率呈持续上升态势。

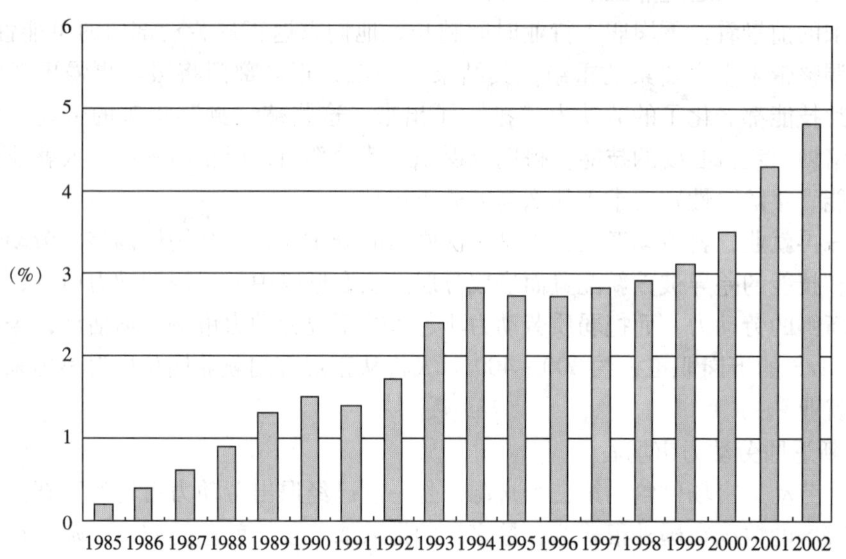

图6-4 上海城镇登记失业率（1985~2002）

资料来源：上海统计年鉴，2003

① “4050工程”的资料来源于笔者从上海市劳动和社会保障局、上海市开业指导服务中心、上海市再就业培训中心等机构的调研。

“4050”工程，是2001年起上海市委、市政府推出的针对“4050”人员的就业困难群体度身定制就业岗位的专项工程，仅2002年前3季度已经公布了3批“4050”项目。针对这部分普遍年龄较大、文化较低困难群体，政府将目标投向了非正规就业这一国际劳工组织及其相关部门一直在研究的就业形态。上海引进这一概念并结合上海转轨时期的特点，予以中国式的改造和创新。“4050”工程鼓励正规部门创造非正规就业机会，这既可以提高工作效率与竞争力，又可以创造较为灵活多样的就业方式。非正规就业由政府进行准入认定，规范从业范围，组建社区服务载体，开展日常管理，并配套提供免费培训，参加基本社会保险，减免税费，提供小额贷款担保等。上海开业指导志愿团是顺应发展非正规就业而应运而生的，开业志愿团进行的开业指导服务，在孵化小企业，拓宽就业渠道中起到了助推器的作用。

国际联合劳工组织将“4050”工程誉为“上海模式”和“解决非正规就业和消除城市贫困的新模式”。其社会价值，不仅对创造“4050”人员的就业岗位，而且对帮助整个失业群体灵活就业都有指导意义，因此引起了全国乃至全球的关注。

随着产业结构进程加速，今后一个时期内，就业困难群体还可能扩大，就业增岗难度也可能增加。在这种历史条件下，仅仅依靠正规就业、安排就业是远不能解决社会就业的。“4050工程”的经验之一，在于它鼓励正规部门创造非正规就业机会，这既可以提高工作效率与竞争力，又可以创造较为灵活多样的就业方式。因此，非正规就业和灵活就业将成为今后解决社会就业的主要方向和发展趋势。

6.3.6 不容忽视的上海外来人口

在上海的劳动力结构中，外来流动人口是一个不可忽视的重要组成部分。2002年，外来流动人口总数达到387.11万人，与户籍人口的比例为1∶3.45，可见其确是一支“大军”。更重要的是，以2002年末统计数据为例，外来流动人口中在沪居住时间达到1年以上的达到222.31万人，占总数的57.4%，其中在沪居住时间达到5年以上的达到70.17万人，占总数的18.1%，这些人员事实上已经加入到上海的产业结构与劳动力结构重组的进程中，并成为其中非常重要的一部分力量。

表6－17显示的是上海外来流动人口的文化程度状况，可以看到，外来流动人口的平均文化程度相当低（高中以上文化程度者仅为总量的14.9%），这就决定了他们在加入到上海的劳动力结构中时，大部分必然走入低技能、低报酬的职位中去。表6－18显示的上海外来流动人口职业构成验证了这一点。在各类职业中，专业技术人员仅占总量的3.8%；近半数的外来流动人口从事建筑施工和制造加工业；另有大量的外来流动人口进入了低技能要求服务行业，占总量的27.4%。在这些从业门类中，从事餐饮服务人员、居民生活服务人员①和建筑施工人员3项职业的外来流动人口，比上述从事此3项职业的本地户籍人口的总就业量还大。

---

① 总计有19.49万外来流动人员从事居民生活服务业，是户籍人口2002年该职业总就业量的3.9倍，可见该行业是外来流动人口全面代替本地人口从事的主要行业之一，也许这一事实有助于解释在上海户籍人口就业结构演变中，作为低技能职位之一的居民服务业，在2000至2002年间本地户籍人口从业人员下降了86.95%之巨的原因。

第五次人口普查上海外来流动人口文化程度 **表6－17**

指　标	总　计	小学以下	初　中	高　中	大专以上
人数（万人）	350.02	104.67	193.35	39.18	12.82
所占比例（%）	100	29.90	55.24	11.19	3.66

资料来源：根据上海统计年鉴（2003）计算整理①

第五次人口普查上海外来流动人口职业构成 **表6－18**

类　别	从业人数（万人）	所占比例（%）
总计	284.28	100
各类专业技术人员	10.77	3.79
机关事业单位人员	1.54	0.54
商业服务人员	39.46	13.88
餐饮服务人员	18.81	6.62
居民生活服务人员	19.49	6.86
农林牧渔人员	20.74	7.30
制造加工人员	73.47	25.84
建筑施工人员	55.53	19.53
运输设备操作人员	8.29	2.92
废旧物资回收人员	4.51	1.59
其他	31.66	11.14

资料来源：根据上海统计年鉴（2003）计算整理

注：本表仅指15周岁及以上在沪从事经济活动的外来流动人口。

6.4　“数字鸿沟”与“财富鸿沟”

6.4.1　劳动力结构的两极分化

20世纪90年代以来，随着上海在经济全球化影响下开始的产业结构重组，同时也带来了就业结构的重组，在两个端点上表现得尤为显著：代表着信息化进程的高端信息产业、金融保险业等以及传统低端的零售餐饮业，在不同的层面上，共同对新生就业岗位贡献显著（见表6－19）。

上海社会就业结构分布及演变（2000～2002年）② **表6－19**

类　别	2000年末 从业人员（万人）	2002年末 从业人员（万人）	增长量 （万人）	增长幅度 （%）
总计	745.24	792.04	46.8	6.28
按产业分				

---

① 第五次人口普查时间是从2000年11月1日零时开始。

② 本统计表取自各行业从业人员统计表，在我国的统计分类中，从业人员指在各级国家机关、政党机关、社会团体及企业、事业单位中从事一定社会劳动并取得报酬或经营收入的全部劳动力，包括在岗职工、再就业的离退休人员、民办教师以及在各单位工作的外方人员和港、澳、台方人员等，不包括不在岗但劳动关系仍在本单位的离岗人员（下岗人员），这一指标反映了一定时期内全部劳动力资源的实际利用情况。

续表

类　别	2000年末 从业人员（万人）	2002年末 从业人员（万人）	增长量 （万人）	增长幅度 （%）
第一产业	88.61	84.24	-4.37	-4.93
第二产业	313.45	320.93	7.48	2.39
第三产业	343.18	386.87	43.69	12.73
按行业分				
农、林、牧、渔业	88.61	84.24	-4.37	-4.93
采掘业	0.07	0.05	-0.02	-28.57
制造业	273.37	283.49	10.12	3.70
电力、煤气及水的生产和供应业	5.69	5.72	0.03	0.53
建筑业	33.40	31.67	-1.73	-5.18
地质勘查业、水利管理业	0.92	0.70	-0.22	-23.91
交通运输、仓储及邮电通信业	32.58	32.34	-0.24	-0.74
批发和零售贸易、餐饮业	92.86	115.54	22.68	24.42
批发业	14.06	11.47	-2.59	-18.42
零售业	68.91	90.32	21.41	31.07
商业经纪和代理业	0.94	1.61	0.67	71.28
餐饮业	8.95	12.14	3.19	35.64
金融保险业	9.90	12.62	2.72	27.47
房地产业	8.72	8.79	0.07	0.80
社会服务业	80.69	94.36	13.67	16.94
公共服务业	20.81	21.21	0.40	1.92
居民服务业	38.55	5.03	-33.52	-86.95
信息、咨询服务业	6.39	7.64	1.25	19.56
卫生、体育和社会福利业	18.57	15.23	-3.34	-17.99
卫生	15.44	13.41	-2.03	-13.15
体育	0.99	0.91	-0.08	-8.08
教育、文化艺术及广播电影电视业	34.13	30.22	-3.91	-11.46
教育	29.98	26.57	-3.41	-11.37
文化艺术业	2.89	2.32	-0.57	-19.72
广播电影电视业	1.26	1.33	0.07	5.56
科学研究和综合技术服务业	10.36	9.18	-1.18	-11.39
国家机关、政党机关和社会团体	16.02	16.58	0.56	3.50
其他行业	39.35	51.31	11.96	30.39

资料来源：根据上海统计年鉴（2003）有关数据汇总整理

然而从行业增长率、职位数增长百分比与职位数增长绝对值之间的不一致现象（见图

6－5），说明导致上海就业结构重组的最大表现并不是来自于信息产业、金融保险业、房地产业等似乎代表着新经济形象的高端行业部门，而是低端服务业的职位数增长主导了就业结构重组，信息化背景下的劳动力结构重组也许非但没有显出“信息技术度”上升的状况，反而可能是那些劳动密集型的职位得到了最主要的增长（见图6－6）。这表明，由于上海处于工业化与信息化同时进行的特殊状态，制造业产值的绝对值并未下降，仍以相当可观的速度在增长，但同时绝大部分新诞生的就业岗位来自于第三产业中的服务行业。

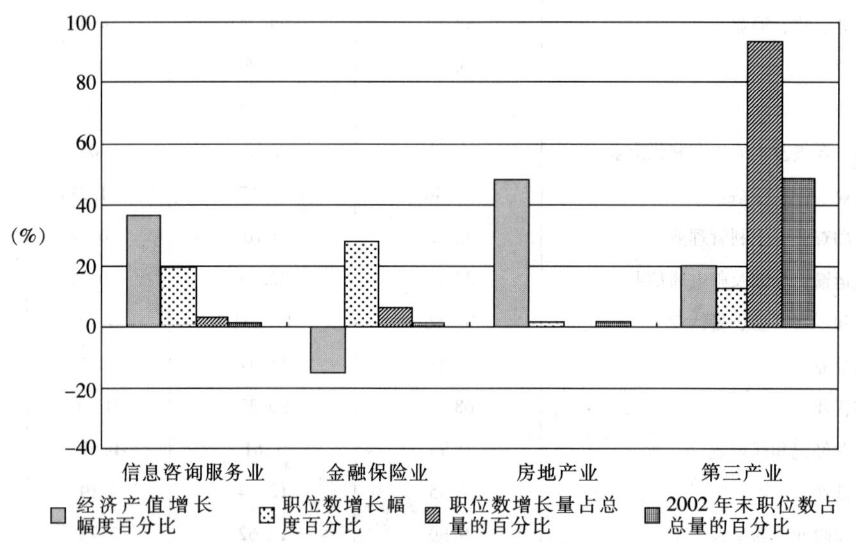

图6－5　关于信息咨询服务业、金融保险业、房地产业的职位数增长幅度百分比与绝对值的不一致（2000～2002）

资料来源：根据上海统计年鉴（2003）有关数据整理所得

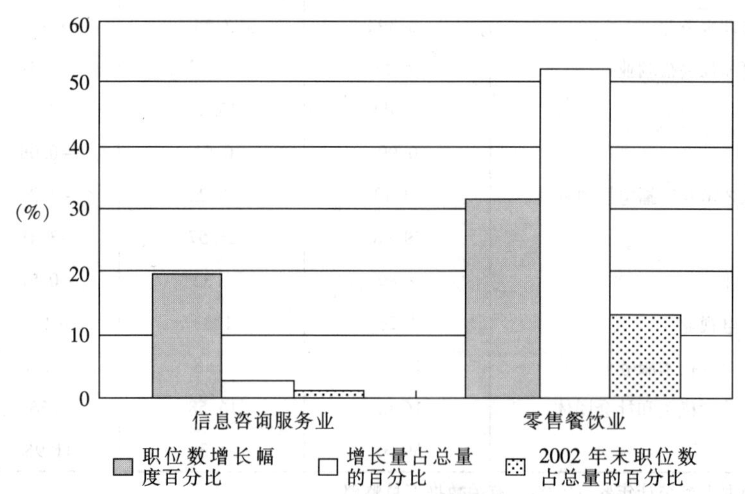

图6－6　信息咨询服务业与零售餐饮业的比较（2000～2002）

资料来源：根据上海统计年鉴（2003）有关数据整理所得

产业结构的重组伴随着劳动力结构重组的阵痛。城市经济结构重组、国营企业体制改革以及信息化的进程导致大量显性及隐性的失业工人。由于信息经济带来的大量新工作机会所包含的高知识含量与信息处理能力要求，与产业结构调整带来的大量失去原来职位的劳动力的知识能力无法相互适应，被逐渐淘汰的劳动力与新劳工市场需求之间的结构性不匹配，被掩盖在总就业岗位数量没有显著下降反而略有上升的表象之下[①]

同时，伴随着快速城市化过程，农民工大量涌入城市，但其中仅有一小部分转化为城市工人。因为信息化进程所导致的这一次劳动力结构的重组与转移，相对于人类社会经历的上一次重大的劳动力结构重组与转移，有着本质不同。上一次的劳动力结构重组发生在工业化的驱使背景下，核心的转移行动发生在由农民向产业工人的角色转换的过程中，农民从土地上走出来，进入城市寻找工作，从而成为产业工人，并没有大量的知识与技能准备需要花长时间去完成学习，更不会出现随时变化的技术信息需要应付（如20世纪90年代风起云涌的乡镇企业运动）。因此，面对信息化的进程所影响的城市产业结构的重组，上海外来流动人口的进入与劳动力结构的二极分化之间的关系表现为以下两个相互对应的方面：

一方面，由于文化程度的局限，以及“这些新移民[②]由于其自身较脆弱，因此无法远离种族、阶级和语言等诸方面的歧视，法律地位的合法性也飘忽不定”[③]，从而为大量的低薪职位的产生以及两极化的职业结构提供了必要的劳动力支持；

另一方面，外来流动人口无论加入到制造业的低技能岗位中去，还是从事零售餐饮服务业，他们最大的竞争优势均在于其劳动力成本的低廉，这必然会诱使资方压低平均薪酬，从而进一步迫使要求更高报酬的本地职工被挤出原先稳定的就业结构，激化了种种矛盾与冲突以及社会结构的重组。

城市失业工人和外来劳工这两部分社会群体由于同时受到城市产业结构调整的影响，不得不游离于城市主流社会及正规经济部门，从而进一步加深了城市劳动力结构两极分化。

6.4.2 数字鸿沟与财富鸿沟之间的激化

劳动力结构两极化不仅表现为实质的“财富鸿沟”，同时也表现为由于信息等新技术应用能力的两极化而产生的“数字鸿沟”[④]。这两大“鸿沟”实际上是相互重合的，即“财富鸿沟”的两边分别是经济收入（尤其所从事的职业决定）、教育程度（由信息化背景下高薪职位的必然要求决定）截然对立的两个阶层，而这两点恰巧是“数字鸿沟”形成的本源。这一两大“鸿沟”的时空重合直接导致了社会结构的二元分异。

---

① 这种现象主要是由于“对产品的新需求抵消了技术过程造成的劳动力减少现象”（参见［美］曼纽尔·卡斯泰尔．信息化城市．崔保国等译．南京：江苏人民出版社，2001．P189）。

② 需要说明的是，中国大城市中大量的流动人口与这里卡斯泰尔所指的“新移民”有一个很大的不同，这在于他们的收入消费异地化模式，被约束的消费欲望和能力决定了他们在城市中的经济和文化地位与认同感往往更加糟糕。

③ ［美］曼纽尔·卡斯泰尔．信息化城市．崔保国等译．南京：江苏人民出版社，2001．P236

④ “数字鸿沟”（Digital Divide）问题是全球信息化进程中，不同国家、地区、行业、企业、人群之间由于对信息、网络技术发展、应用程度的不同以及创新能力的差别造成的“信息落差”、“知识分隔”和“贫富分化”问题。

事实上，“财富鸿沟”与“数字鸿沟”之间，不仅在时空上相互重合，而且还呈相互促进使对方进一步加剧的态势。换而言之，处在信息化进程“高端”的、从事新兴高薪职业的、具有高教育程度保障下的电子化信息处理与交流能力的人们，更多地从信息化进程的中获利，更容易从电子化的信息流通模式中找到更多新生的福利机会，进而得到更好的工作机会和更多的技能培训，而处于信息化进程“低端”的人们，所面临的完全是相反的境遇。如此循环往复，“信息强势阶层”与“信息弱势阶层”之间的距离越来越远，原先稳定的社会结构必然被瓦解而走向二元分异。

关于“财富鸿沟”，表6－20显示了自1985年至2002年，上海城市居民不同收入阶层的家庭人均可支配收入的变化动态，在此期间，随着各家庭人均可支配收入全面上升，标示出人们生活水平的提高以及社会总体财富的增长，但有一个事实同样引人注目：在此期间，最低收入户的人均可支配收入上升了5126元，上升幅度为8.7倍；而最高收入户的人均可支配收入上升了29971元，上升幅度高达19.2倍。这表明两极化的趋势正在加大。

上海城市居民家庭人均可支配收入（1985～2002）（单位：元）　　**表6－20**

年份	人均可支配收入	最低收入户	低收入户	中等偏下户	中等收入户	中等偏上户	高收入户	最高收入户
1985	1075	665	818	918	1043	1216	1377	1648
1986	1293	865	979	1106	1256	1445	1643	1970
1987	1437	920	1087	1231	1380	1610	1884	2304
1988	1723	1094	1278	1451	1678	1953	2284	2789
1989	1975	1226	1476	1664	1919	2229	3129	3104
1990	2182	1388	1634	1836	2104	2470	2845	3449
1991	2486	1519	2089	2092	2134	2753	3281	4163
1992	3009	1770	2168	2503	2936	3441	3952	5020
1993	4277	2312	3236	3380	4017	4821	5900	7547
1994	5868	2967	3761	4559	5405	6456	8234	11608
1995	7172	3486	4587	5412	6600	8005	10032	13796
1996	8159	4007	5147	6092	7528	9257	11147	15639
1997	8439	4080	5369	6475	7939	9659	11834	15916
1998	8773	4148	5626	6740	8132	9997	12126	16452
1999	10932	5655	6837	7949	9534	11893	15221	24006
2000	11718	6169	7607	8815	10529	12892	16135	23849
2001	12883	6103	7700	9170	11155	13812	16935	30615
2002	13250	5791	7574	9294	11629	14488	18750	31619

资料来源：上海统计年鉴，2003

事实上，最低收入户与最高收入户的人均可支配收入增长率差异拉大，正是发生在

1991 年以后①，这与信息化进程在上海兴起的实践相吻合，其中，2001 年与 2002 年的最低收入户人均可支配收入更是呈负增长之势（见图 6 - 7），“财富鸿沟”正在悄然扩大②。在表 6 - 20 的收入水平分层标准的基础上，进一步检视上海各不同收入阶层的城市居民家庭人均消费性支出的详细分布状况③，可以发现，在“财富鸿沟”扩大的背景下，“数字鸿沟”也同步加深。

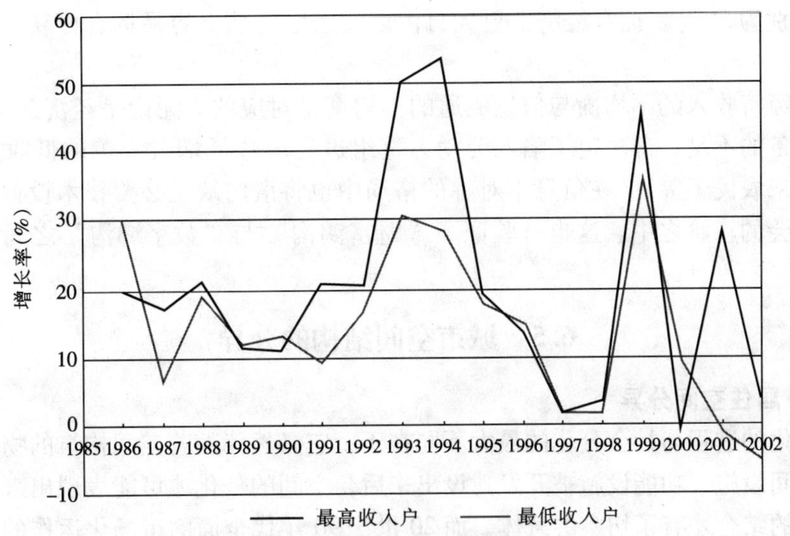

图 6 - 7　上海城市居民最高收入户与最低收入户家庭人均可支配收入历年增长率的比较（1985 ~ 2002）

资料来源：根据表 6 - 20 计算整理

1. 在通信支出项上，高收入户、最高收入户与其他收入等级差距显著，高收入户与最高收入户人均通信支出与最低收入户的相应数值之比分别为 3.68∶1、3.53∶1，大于它们之间在人均总支出量上的差距，可见收入较高的家庭在信息传输与交流上的投入相对值更大；

2. 在教育支出项上，情况较为复杂：就教育支出的总量而言，低收入户令人吃惊地排在第一位，但在其中的成人教育费支出分项上，低收入户却排在最后，高收入户与中等偏上户占据了前 2 位④，可见虽然低收入家庭努力投入于知识的学习（主要是对下一代的

① 在 1991 年以前的 5 个年度的统计中，有 3 个年份（1986、1989、1990）最低收入户的家庭人均可支配收入增长速度比最高收入户更快，而在 1991 至 2002 年的 12 个年份的家庭人均可支配收入年增长率的比较上，仅 2 次（1997、2000）出现同样的趋势，另有 1 次（1995）较为接近。

② 事实上，财富两极分化的现实也许远大于本文在此采用官方统计资料进行严谨分析的结果。例如，按国家统计局的公布数字可推算出中国城市人口 2002 年可支配收入总计达 2.5 万亿 ~ 2.7 万亿元，但当年全国工资总额只有 1.1 万亿元 ~ 1.2 万亿元，差额近 1.5 万亿元，该部分所谓的“灰色收入”实际上大部分落入了较富裕的阶层手中。参见：“《财富时空》调查：中国人的收入有多‘灰’”（http://cn.news.yahoo.com/040329/55/215no.html）。

③ 根据上海统计年鉴（2003）相关数据分析所得。

④ 最高收入户由于大多已具有相当高教育程度，在该项上仅位居第四。

基础教育)，但就整体而言，职业技能与知识的培养机会多掌握在较高收入的家庭手中；

3. 在文化娱乐用品支出项上，各收入等级家庭的人均支出与其人均可支配收入总量基本成正比（惟一略有例外的仍然是低收入户），最高收入户、高收入户在该部分的人均支出额非常高，与最低收入户的相应数值之比分别为3.01∶1、3.88∶1，大于它们之间在人均总支出量上的差距，可见收入较高的家庭在信息技术设备拥有上的投入相对值更大；这一点还可以在家用电脑一项的支出上，高收入户在该部分的人均支出与最低收入户的相应数值之比分别为3∶1①，拥有经济上更大自由度的家庭自然更容易拥有更新、更优秀的电脑设备。

因此，经济收入的不均衡与信息流通的不均衡是对应的，无论是经济购买力的限制，还是知识储备的不足，都决定了陷入劳动力重组进程中“低端”一侧的低收入家庭（城市贫民及外来农民工等），在信息不对称的格局中也将滑向缺乏必要技术设备、技能培训乃至福利机会的尴尬之中。这也就验证了“财富鸿沟”与“数字鸿沟”之间的历史重合与相互激化。

6.5 城市空间结构的分异

6.5.1 居住空间分异

空间分化的进程与社会分化的最大不同在于，它必然伴随着空间构筑的物化行为，只有具体的空间设施、功能设施被开发建设出来后，空间的分化才可能表现出来，社会分化与空间分化的结合才有了切实的载体。而20世纪90年代全面的市场化运作的上海住宅房地产开发建设，是这一时期社会分化的空间体现，并在相当程度上强化了这一社会分化趋势。

上海近年来住宅开发建设的总量增长迅速，该增长主要来自于处于销售价格高低两端的两类住宅的开发建设，中低端住宅市场增长绝对值相当大，但与此同时，高端住宅市场却在以快得多的速度增长②，且市场对高端住宅的需求有进一步趋旺的现象。这一不同品质、价格住宅开发建设的不均衡现象，所表现出来的分化趋势，与劳动力结构的两极分化以及相应的社会结构分异趋势之间，相互映衬，显示出社会结构与空间结构的同步分化。

住宅开发建设在品质类型、销售价格上的不均衡格局提示出社会结构分化背景下空间结构的相应演化的隐约景象，而住宅开发建设在地区分布上的不均衡性则将完全展现出城市空间分异的趋势，而这种分异是由新近分化形成的位于“鸿沟”两侧的各社会阶层共同促进的结果。

住宅开发建设的不均衡分布格局正在显现。在城市中心区，以静安、卢湾、徐汇、长宁为代表的苏州河南岸地区，正在吸引越来越多的中、高档住宅开发资本的到来，这中间

---

① 最高收入户由于大多在家庭中早已购置了电脑，故该数值仅列第3位，但其在文化娱乐用品上的总支出却高达平均值的1.86倍。此外，有意思的是，低收入户在家用电脑上的投资位列第2位，这可能包括了该部分家庭普遍开始第一次购置电脑的因素，更与该收入阶层家庭在子女教育上的大投入相对应，也反映出“信息弱势阶层”的某种努力。

② 据最新的统计显示，2003年上海房价整体上涨了约20%，平均每平方米住宅单价达5148元，与90.8%的有意愿购房市民的购房总价期望在40万元以下的情况相距甚远。可参见：“高房价阴影笼罩上海，房价全国最贵且增速最快”（http://cn.realestate.yahoo.com/040414/55/21me7.html）

固然有其历史文化背景的因素，但更重要的原因来自于某一特定的社会阶层对它们的青睐，这一特定的社会阶层正是信息化进程中以其信息处理、交流能力的优势而把握新增高新职位、取得经济优势地位的所谓“信息强势阶层”。

在这一演化过程中，设在长宁区与徐汇区的虹桥经济技术开发区和漕河泾新兴技术开发区起了很关键的作用[①]，正是由于它们的存在与发展，使得这两个地区吸引了比其他地区多得多的专业技术人员与管理人员。这两大开发区的主要产业门类决定了其从业人员大多具有较高的受教育程度，且能够在信息化进程中瞬息万变的职场挑战中迅速找到或调整自己的定位，从而进入那些要求较高技能、具有较高薪酬的就业岗位，从而代表了处在“财富鸿沟”与“信息鸿沟”高端一侧的“信息强势阶层”。他们具有了远高于平均水平的购买力，在社会结构的二元分异过程中趋向最高端，必然要求形成某种社会阶层内部的自我认同，而这种要求在物质空间上的显现则首先在住宅空间的选择上得到表现。房地产开发资本只不过是及时地附和了这种特定住宅空间选择的要求罢了，对应于该阶层的高购买力与高标准生活追求的，则自然是高于平均水平的住宅价格。

此外，“信息强势阶层”选择了他们自己的特定居住地域之后，为在经济回报之外寻求进一步的文化回报[②]，发现了这一特定地域上的特有历史文化“气质”，并成功地在与现代媒体的联合中，创造了所谓“雅皮士”的情趣与风尚，而包括房地产开发在内的各种社会资本更是趁机大做文章，以此为主题对相关服务行业进行重新包装，甚至不惜占有历史资源构筑以盈利为目的且面目全非的“历史文化舞台”[③]。

而对“信息弱势阶层”或一般的城市平民而言，留给他们选择的是那些远离信息技术产业就业机会、原先居住条件相对较差的、改造更新难度较大的城市地区，这也就能解释为什么苏州河北岸的地区的房价相对低得多——那里是制造业工厂、铁路、化工厂等的传统集聚地。与此同时，大量的外来流动人口也同样在这些区域里寻找廉价的落脚点，他们的到来使得原本已经断续的社区人文网络加速走向割裂。大量低层次劳动力的聚居直接导致了整体居住环境品质的相对水准进一步下降，从而进一步抹杀了可能有助于改善地区整体环境的成规模高品质住宅开发的可能性。

城市居住空间的分异既有在宏观空间位置上的差异性，也有在微观层面上，即在同一地理区位上反映其重叠性。特别在旧城区改造，以及郊区住宅的开发中，分异的空间是交叠在一起的，即一旁是崭新时尚的摩登建筑，另一旁则是败落失修的平民居住区。这些现象已在第四章中予以阐释。

6.5.2 非正规经济活动加剧了空间分异

非正规经济活动受其经济特征决定，必然选择成本最低的方式进入城市空间。因此，

---

① 20世纪90年代初期，在上海市民的城市空间概念中，“虹桥”和“漕河泾”还表现为某种距离非常遥远的近郊飞地的意象，但在10余年后，这两大开发区已处在上海房地产开发最高端的地区的包围之中了。

② 在信息化进程中，“信息强势阶层”掌握的不仅仅是经济上的主导权，也在文化乃至政治上趋于夺得掌控权，成为无形中的“统治阶层”。

③ 这一类的问题在最近一段时间里似乎成了学术界讨论的热点之一，但与见仁见智的学术讨论在同时进行的，却是速度快得多、成效大得多的“对城市历史文化资源的商业开发”，大有席卷全上海各地区乃至全中国各大城市之势，开发商搭台收钱、“历史文化”作秀的情景一再被克隆，令人不可不感叹商业资本的巨大威力。

非正规经济的大部分活动在城市空间中是随机的、流动的，或是临时的。上海的非正规经济活动在城市中的很多地方显而易见，一般来说它们最可能在城市的居住区周围和商业区附近的地段形成规模。根据实地调查发现，上海非正规经济活动的选址一般遵循以下的规律：

1. 靠近许多大型零售商厦、超级市场以及正规专业市场的入口处。这样，从事小商小贩的群体在意摊位租金最小甚至零投入为目标的情况下，就能够依托大型商场的人流，争取到客源。例如在上海西南的徐家汇商业圈周围，自发地形成了许多摊贩集中的网点，天钥桥路两侧的人行道上，几乎布满了各式各样的小贩，形成了大商厦门前摆地摊的城市风景。

2. 居住区入口、轨道交通换乘站点等交通流量大的地点。由于非正规经济活动主要以提供低成本的服务业为主，更需要遵循薄利多销的市场原则，否则将难以生存。在社区入口和交通枢纽的周围，上海的政府部门已为非正规经济就业提供了相当数量的商铺和临时摊位，以满足其需求，然而这常常使得周围的环境更加拥挤和恶化。位于上海火车站地下的上海地铁一号线与明珠线换乘处的一条宽 8m、长 200m 的封闭的通道内，竟然在其两侧搭建了近百家微型店铺，造成了人流的拥堵和严重的安全隐患。

3. 许多二级批发市场仓库、货源集散地的周围。由于非正规经济从业者经营销售的货物，大多依靠正规经济部门单位的批发供应，而正规经济部门为了降低运输及销售成本，从而促进了许多非正规经济活动实际上已经成为了正规经济部门的业务延伸。因此，在这些批发仓贮集散地的周围，往往聚集了大量的非正规经济的活动。

4. 政府提供的“入室经营”的场所。非正规经济活动希望获得稳定而长久的经营场所，而不是打游击战的“练摊式”经营。因此，当地方工商管理部门为许多马路及时提供“入室经营”的场所时，只要成本允许，大部分非正规经济劳动者是愿意进入的。对他们而言，能够得到政府部门的承认，即可享受到相当部分的保障政策，也是表明社会给予的认同，这是非正规经济劳动者所渴望的。如目前上海普遍在城区中兴建的室内菜市场及农贸市场。

5. 城市的“三不管”地带。仍有许多非正规经济活动选择了成本最低的街道、马路、停车场、城市边缘等疏于管理的地区，尤其是一些执法的盲区，如几个行政区的交接地段。这样它们的经营成本相对固定经营场所而言则更小，从而可以获得更多的利润。如每到夏季随处常见的路边销售西瓜等时令蔬果的地摊，春节期间临时搭起的烟花爆竹销售点等。

从积极的角度分析，非正规经济活动促进了城市经济和文化的多样性，为城市空间带来活力和生机，然而它们对城市空间的消极影响更应引起城市工作者的重视。

1. 对城市尺度的改变。在中心城区，一方面是精心设计施工的建筑物，另一方面则是简陋或破败的临时违章建筑，低质量的仅满足最基本商铺需求。在城市边缘区，农村人口聚集在低价低廉的地区，成为他们主要工作及居住的场所。在这些地方，农村的生活方式依然被保留着，从而滞缓了城市化的进程。

2. 对城市街区的破坏。街道及人行道是非正规活动占用最多的城市空间。街道主要由 2 个主要功能：一是联合中心区域，二是支持或消弱区域之间的联系。除了基本的通行功能外，街道还支持更多其他的功能，如提供行人休闲、庇荫的功能，提供室内外空间之间相互转换的灰色空间等。简·雅可布也曾指出："如果街道看上去富有活力，城市就充满生机，如果街道看上去死气沉沉，城市就缺乏活力"。然而非正规经济活动对街道的占用，则有矫枉过正的作用。街道因侵占而变得拥挤，基本的通行功能受到干涉，而人行道则成为了市场的延续。人们被剥夺了街道所能提供的休憩、庇荫及室内外过渡空间的享受，同时正规合法的商业经营环境更被喧宾夺主，街道环境因此变得混乱及嘈杂。

3. 对开放空间的蚕食。在中心城区，政府利用闲置的土地引导设立露天市场，以容纳各种类型的非正规经济活动，但非经济活动往往超出了限定的空间，向周围的其他空间延伸及侵蚀。同时在城市中心区的广场和大型绿地地区、未开发被闲置的土地上，均可见流动的或临时的各类摊贩的活动，从而影响了中心区开放空间的质量。在外围城区尚未开发的地块上，更是可见空间被蚕食的现象。各类外来人口的修车铺、洗车铺、零售小店、装修材料店等有规律地占据着城市的道路及空地。

非正规经济活动进一步激化了城市空间分异，并在相当的程度上甚至更加恶化了空间分异的矛盾。

6.6 政府对城市空间分异的反应

6.6.1 公共部门的政策

信息化进程中城市社会结构与空间结构的分异现象，对公共部门试图通过制定政策措施对社会状况加以优化改良（提供公共物品）的努力提出了挑战。

政府主导下的城市规划担负着通过对城市空间资源配置的控制与引导，优化城市空间结构，进而改良社会形态、缓解社会矛盾的职责。但在具体操作上，由于可能存在的种种不可避免的误导与错觉，在进行选择与决策时面临效率与公平的两难境地，不同阶层在选择自由度上的不对等，使得公共物品的分配天平倒向了"强势阶层"一边，无形中否定了公共部门在公共物品提供行为的本质上的福利属性。城市规划的误判虽然未必导致城市空间结构的恶化，但却极有可能导致城市空间结构与社会结构的二元分化的加剧，进而对公平原则构成威胁，有悖于其通过空间干预实现社会改良的精神本源。

然而，信息化本身并非是这一局面的罪魁祸首，相反，技术的革新为公共部门带来了新的机会。城市规划通过在民主参与方式、实施监控体系两方面与技术革新的结合，有可能得以向效率与公平协调统一的目标迈进。但是，这一变革必须基于对信息化进程以及在此背景下城市社会结构、空间结构的演化趋势及根源的清醒认识，并将政府主导的、得到法定强制力保障的专业性的技术活动作为手段，通过以对物质环境条件的控制与引导，实现对社会问题的关切与补救，而不仅仅是更多的精力被用在粉饰门面上，却未触及基本的社会问题。

6.6.2 重视弱势群体

首先要为非正规经济活动正名。非正规劳动力市场在我国，长期以来不是被置于边缘任其自生自灭就是视作临时安置富裕劳动力的权宜之计。所以当前特别需要为非正规劳动正名，给它在发展国民经济，扩大就业中以适当的地位，采取积极政策扶持这一市场发展。非正规劳动力市场虽然有灵活、门槛低、容易进入等优势，但因其同时具有的边缘性、脆弱性和低收入、贫困发生率高的特点，所以特别需要政策性扶持。非正规劳动力市场现有问题不在于供给（下岗职工对原企业的“粘连”现象，将随着下岗与失业并轨而消失），而在于如何通过政策支持得到发展，以创造更多的就业机会。

上海目前正在进行的“4050”工程正是政府有意识地引导非正规经济活动的一种积极探索。上海针对非正规经济活动，政府除表明了积极的支持态度，并且还倡导制定了一系列有利于非正规经济发展的就业政策和税收保护政策。试图通过非正规就业改变弱势群体的贫穷现状，依靠多种就业方式（正规就业、弹性就业、非正规就业、自谋职业等），降低失业率，促进城市的经济发展。

然而作为政府公共政策的重要方面之一的城市规划，对非正规经济活动所带来的挑战仍然未有充分准备。尽管毋庸置疑该部门的重要性，但目前的城市规划仍把非正规经济活动视为边缘部门，使其不能与正规部门一起规划。发展国家共同面临的城市规划的反应值得我们引以为鉴①：

- 防止和控制发展的争论羁绊了城市结构本身具备的某种发展的潜能；
- 城市规划师采用二元论的方法，两个经济部门被当作独立的部分，从而需要用不同的解决方法分别处理。他们没有认识到非正规和正规经济部门之间隐藏的本质联系；
- 精英分子决定了市中心的面貌和功能的标准而排斥理性的规划决策。近几年，许多政府和城市精英们主张建立城区外围的高级购物中心，以舒缓市中心的拥挤。这种解决方法从长远而言是消极的，因为它加速了市中心的衰败和贫富分化；
- 过分的政府干预限制了规划师理性和专业的决策能力；
- 非正规部门对整个城市社会经济系统难以产生贡献。

但是，随着城市的变化和扩展，公共资源不断地被缩减。当非正规部门日益壮大时，发展中国家城市的规划和管理的新的方法必将出现，从而使其城市在21世纪仍能保持为社会生产的独立体。

6.6.3 城市规划关注的方向

一般而言，发展中国家的规划在城市财富和权力分配的永久存在中，扮演着重要角色②。

- 规划已从不适合的西方原则和模式为基础，演化到以不同的社会、经济和文化环境为依据；
- 复杂的、不可更改的、合法的、控制城市发展的要求和框架，在许多情况中与日常的社会经济现状极少关联；
- 规划受支配于代表少数社会精英分子所向往的理想浪漫主义。城市大众（贫民）被排斥于参与到规划的过程之中。文盲率和纯粹的生存问题将城市大众排斥在公众参与之外；
- 规划机构的多重性和无逻辑的组织。机构间的协调功能由于当地政府部门的分裂而残缺不全，同时规划机构继承了殖民地时期的机制，因此在一些国家，规划仍以种族歧视和家长式统治政策为基础；

---

① 王伟强，Gerald Chungu. 非正规经济活动对城市中心区的影响——以赞比亚为例. 城市规划汇刊，2001［6］

② 同上

• 匮乏的财政和装备造成对发展的控制无效。

规划的特殊关注应将非正规部门的活动融入政府及当地规划部门主要的政策框架之中。从发展中国家市中心的情况可见，采取行动以阻止当前劣境的继续已迫在眉睫。因此，规划的特殊关注应着眼于：

• 经济发展——创造环境以鼓励现有的正规企业继续发展，同时促进非正规经济部门的增长。

• 城市更新——任何改善之举必须鼓励商业多样性及公平竞争。它们必须促进创造更广阔的赚钱机会。重建计划必须在同一地块上将非正规部门和正规部门一视同仁。

这些特殊的关注和相应的行动应以下列主要原则为基础：

• 了解最基本的问题。任何行动的动机应该毫不含糊。问题诸如为谁规划？谁应该在这些规划行动中受益？任何理由，无论短期的、中期的、长期的目标都应该清晰明了。

• 了解所有参与者的作用。

• 完全接受社会经济和文化的现实，即非正规部门是较大的城市经济的一部分，它不应与其他部门孤立。它和正规部门的联系应该加强，其内在的优势应得以提升。

• 提供具备必要的法律上、管理上、财政上的措施规划，以应不测。

• 像任何经济活动一样，非正规部门和正规企业活动取决于同样的因素——区位优势。两者均企图占据最优越的区位，无论是市中心还是其他地方。未来的规划和设计应该对此引起重视。

• 非正规部门因为资本薄弱难以独自与大企业抗衡。它们的竞争力在于他们的集体行动。应该鼓励分属不同部门的小中型企业灵活地提升集体专业化水平以增强其竞争力。上海淮海路的华亭服饰市场是这种集体专业化的一个佳例。在这里小型企业家集中起来可与大型百货商店竞争。

• 规划应该认识到人们的活动与非正规活动的选址间的紧密联系。因此专门的设计方案应该考虑公交车站和非正规活动，如零售业的结合。

• 虽然资本是不可缺少的，地方当局不应囿于财政能力而限制对城市环境的改善。相反，他们应该注意到非正规部门作为潜在的收入来源而加以精心的管理和规划，并在正规经济的大框架中一起考虑。

• 公共——私人合作关系应该加强。

• 公众的参与应该在各方面加强。

以上所列的对于非正规部门引起的问题的可能的解决方法并非是毫无遗漏的。事实上特殊的措施还应依据实际变化的因素和社会经济及文化情况而制定。

6.7 本章小结

上海20世纪90年代快速的城市经济发展中，信息化的进程和非正规经济的活动增长同步发生的事实同样重要，它们之间亦存在着一定相互作用的关系，而它们的共同作用则加速了上海社会的两极分化，从而在城市空间形态中留下鲜明的空间分异的烙印。

信息化进程表现在生产与生活两个方面，具体体现为新经济与产业结构重组、信息技术的发展与普及应用。在信息化进程中，生产领域的劳动力结构重组与生活领域的信息不均衡格局加剧，分别导致了“财富鸿沟”与“数字鸿沟”的产生与加大，两大鸿沟的重合与相互激化使得信息化进程中城市社会结构的二元分异显得难以避免。而城市社会结构的分异在特定房地产开发市场的媒介催化作用下，导致了原先城市均质空间结构的解体，激发了空间结构的二元分异。

信息化和城市化的快速进程导致城市失业工人和外来劳工这两部分社会群体由于同时受到城市产业结构调整的影响，不得不游离于城市主流社会及正规经济部门，形成了城市中不可回避而忽视的非正规经济活动，从而进一步加深了城市劳动力结构两极分化。非正规经济活动进一步激化了城市空间分异，并在相当的程度上甚至更加恶化了空间分异的矛盾。

信息化促进上海的现代化进程是不可逆的大势所趋，而“财富鸿沟”所导致的社会阶层分异及弱势群体的产生更是不容忽视的政府公共政策必须考虑的重要方面。因此，有必要对非正规经济活动予以正名。虽然上海政府已经开展了“4050”工程，对城市的非正规经济活动给予了充分的扶持，但作为重要的公共政策之一的城市规划尚未对此有所反应。政府主导下的城市规划面临新的挑战，引发我们对信息化进程中那些新出现的、容易被忽视的公平公正问题的重视与再思考，进而在充分认识信息化进程中城市社会、空间结构演化机制的前提下，选择更为正当的立场、职能与手段，对二元分异中的城市空间结构加以更为有效的控制与引导。

第七章　上海城市空间的未来

7.1　上海城市空间发展的反思

1990年代的上海，在浦东开发开放国家战略的推进下，社会经济制度受到了经济全球化、管理分权化、快速市场化的强烈影响，上海越来越迅速地加入世界经济的体系中，并将世界城市作为发展的目标及定位。这一时期上海经济呈现出高速的增长，在城市建成环境中吸收了大规模的来自本地及国内外的资本，城市建设呈现出大规模的开发热潮。从1990年到2000年，是上海发生巨变的10年，这10年的建筑建设量相当于上海1990年以前近150年的建设量，快速的城市开发使得上海的城市空间形态呈现明显的演化过程。

以历史唯物辩证法的观点看待世界，任何事物的存在都具有其两面性或矛盾性。上海20世纪90年代城市空间形态的演变，是在特定的社会经济环境下，特定的生产关系和生产方式下的产物。上海20世纪90年代的高速发展是毋庸置疑、举世瞩目的。通过浦东这一上海经济振兴的“起爆器”，上海已复兴成为中国经济最重要的中心城市，并逐步迈向世界。但是在上海20世纪90年代的发展中，仍存在着许多不可漠视的由于制度、全社会的意识形态和价值观的阶段性发展制约所产生的问题，进而在城市空间留下深刻的时代烙印。

2002年12月3日中国成功获得以“城市，让生活更美好”为主题的2010年上海世博会的举办权，这正是对中国和上海10年改革开放、文化进步、社会文明、竞争实力的直接证明，同时也表现出更加开放地融入世界的姿态。综合类世界博览会，被视为展示各国经济、科技和文化综合实力的“经济奥林匹克”，推动世界经济、社会发展的“助推器”。中共中央政治局委员、上海市委书记、市长陈良宇表示，上海如能举办世博会，无疑就像装上了一个加速器、一个辐射源，不仅中国、上海收益，也会有更多的国家和人口从中获益①。

2010年世博会是上海继20世纪90年代浦东开发开放以来所面临的又一次重大的历史机遇，而经济全球化、管理分权化、快速市场化的全球趋势仍然将是未来上海发展的宏观背景，因此，我们更有必要以辩证历史唯物观去反思上海20世纪90年代发展的成功与失误，为上海未来的发展建立一个更科学的视野。

7.1.1　全球化下上海城市发展的矛盾之一——现实与未来的博弈

1. 资本的话语霸权

全球化的过程从制造业的全球化开始，进入金融的全球化，而以文化的全球化完成全球化的基本过程。但其中真正关键的部分，即全球化的本质，乃是资本的全球性自由流

---

① 上海世博会：中国的期待，世界的机会. 新华网，2002－12－01. http：//www.xinhuanet.com

动。自由流动的全球资本受趋利性的动机所驱使不断在全球市场上寻找投资机会。当一些城市符合全球资本的目标——有广阔的市场、低廉的劳动力、有效的政府、宽松的政策环境，使跨国公司可以实现其利润目标时，它们就会对这些城市表示兴趣。资本转移的结果总是以全球资本的胜利和地方城市的让步而告终。因此，在资本的全球性自由流动过程中，其话语霸权地位似乎是坚不可摧的。

以自由流动的全球资本为主导的经济全球化已显示出强大的生命力，并对世界各国经济、政治、军事、社会、文化等所有方面，甚至包括思维方式等，都造成了巨大的冲击。尽管它在推动全球生产力大发展，加速世界经济增长，为少数发展中国家追赶发达国家提供了一个难得的历史机遇的同时，也加剧了国际竞争，增加了国际风险，并对国家主权和发展中国家民族工业造成了严重冲击。但是，作为世界经济发展的大趋势，任何一个国家既无法反对，也无法回避，惟一的办法是如何去适应它，积极参与经济全球化，在参与经济全球化中求得本国利益最大化，从而实现现代化。

著名的经济学大师斯蒂格利茨认为中国作为全球化的受益者，主要体现在 FDI（Foreign Direct Investment，外国直接投资）方面。中国正处在经济制度的转型时期，正积极地打开国门改革开放，随着发达国家和地区新一轮产业结构的调整，中国已经逐步成为全球传统制造业的接收地。全球化对中国城市的主要冲击表现为促使城市化进程和产业结构重组的加速。

全球资本对上海的青睐是促进上海 20 世纪 90 年代快速发展的动力之一，对上海 10 年的发展的积极作用不容忽视。上海浦东的开发是中国及上海主动加入世界经济一体化的国家战略，浦东的开发开放吸引了全世界资本的关注和投入，为上海城市产业结构重组提供了契机及空间，促进了浦东和上海建成环境的发展以及城市空间结构的演进。在 20 世纪 90 年代，伴随着城市经济总量的不断扩大，上海的产业结构经历了战略性重组，第二和第三产业发展迅速，而外商投资的主要领域正是第二和第三产业。随着上海政府体制“简政放权”的改革，各级政府亦积极地在地区发展中灵活运用地理区位优势、土地资源的优势、企业改制的契机，积极地吸引来自国内外的资本，为地方经济的发展注入了活力，同时也创造了崭新的城市空间形态。

资本的趋利性表明，外商企业（其中包括跨国公司）对上海的“区位优势”所提供的获利空间是满意的。被海内外媒体誉为“全球最具活力和商机的”浦东，迄今已吸引来自 98 个国家和地区的 1 万多家外资企业，利用合同外资 220 多亿美元，其中 180 家世界 500 强企业在浦东投资了 350 个项目。而位于城市边缘区的长征镇也通过发挥“区位优势”（低廉地价及一系列优惠条件）引入全球品牌的企业，带动了地区经济的活跃发展。

但是，上海 20 世纪 90 年代的高速增长之所以得益于全球资本的流入并不是孤立的。自由流动的全球资本受趋利性的动机所驱使永远不断在全球市场上寻找投资机会，而上海恰恰符合了全球资本的目标——有广阔的市场、低廉的劳动力、有效的政府、宽松的政策环境，能使跨国公司可以实现其利润目标。正是在这个阶段，上海振兴地方经济的总体利益和全球资本的利益是一致的，因此它们可以结成同盟，城市就形成了一部“增长的机器”而高速发展。而城市的高速发展却掩盖了其所付出的让步和代价。

2. 跨国资本与地方政府的角力

全球资本与地方城市的发展是一场永不停息的角力。

对于城市长远发展来说，政府寻找的是一种持续“稳定性”的利益——稳定的增长、稳定的就业、稳定的税收。为了实现稳定性的利益，地方政府愿意以一定的让步来吸引全球资本，比如提供低价的土地、基础设施建设，以及提供优惠的税收政策等，其最终目的是为了地区的稳定发展①。

然而，全球资本的流动性却正是对稳定性的挑战。众所周知，资本的全球性流动是跨国公司为了降低成本，增加利润而在全球寻找机会。全球资本的利益实质上是一种“流动性”的利益②。一旦跨国公司在其他地区寻找到新的“区位落差”和利润增长，必然导致资本向新的目标转移，从而影响原有城市的稳定。资本转移永远是以资本的话语霸权取胜，以地方城市的让步而告终。这样的资本转移永远是动态的、没有终点的。

因此，全球资本的“流动性”的利益与地方城市的“稳定性”的利益之间存在着根本的矛盾。这个矛盾是动态的，此起彼伏的，有阶段性的。二次大战以后，全球经济转型的周期越来越快，加速了全球资本的流动，也加速了这对矛盾出现的周期。

全球资本的“流动性”与地方城市“稳定性”利益的这对矛盾已在中国其他地区开始表现出来，值得我们借鉴。1990 年代末，国际工业资本开始从一些特区转移到一些非特区的城市。例如深圳的加工制造业迁到了广东东莞，电子工业转移到了江苏昆山。值得注意的是，电子工业原先有意转向上海，然而昆山做出了比上海更大的让步，最终换取了外资。

因此，全球资本的“流动性”利益与地方城市“稳定性”利益的矛盾是绝对的，全球资本与地方城市的利益同盟则是暂时的。全球资本与上海的同盟能持续多久，上海能否在参与经济全球化中求得本地社会经济整体利益的最大化，这是面对 2010 年世博会的新契机，上海未来发展必须更科学地思考的问题。

3. 可持续发展

面对 2010 世博会，人们更多的是憧憬它将给中国、上海及区域经济发展带来的机遇和动力。政府和专家们正在一再强调要紧抓世博机遇，利用世博效应最大限度地提升上海城市综合竞争力，在综合实力、城市功能、社会发展等各方面实现新的跨越。

政府强调世博会将为制造业带来的十大机遇③，诸如：

> *战略布局调整；产业结构调整加速技术创新；吸引内外资加大投资制造业；促进开发区整合并形成新产业集群；加速长三角制造业整合和促进都市圈的形成；促进制造业对外贸易发展；加速发展生产服务业；凸显上海制造业品牌效应；创造更多就业机会。*

利用世博效应提升上海的综合实力，一些专家更强调④：

① 张庭伟. 对全球化的误解以及经营城市的误区. 城市规划，2003［8］，P6～14

② Fitzgerald，J. and Leigh，N.，2002. *Economic Revitalization：Cases and Strategies for Cities and Suburb*. Thousand Oaks，CA：Sage

③ 世博会将带来十大机遇：“上海制造”对接 2010. 四川在线，2003－06－08. http：//www.sconline.com.cn

④ 王方华主编. 世博会与上海经济. 上海交通大学出版社，2003

进一步完善城市基础设施，加快构筑世界级城市的基础设施框架；积极推进产业结构调整，大力发展现代服务业；抓抢国际产业新一轮转移的机遇，积极吸引外资；提高科技创新能力，加强人才培养；进一步扩大对外开放，强化上海城市的聚集和辐射能力，等等。

观察这些对未来发展的思路，不由得使我们与20世纪90年代上海快速发展的方式进行比较。1990年代上海的经济发展走了一条加速攀升的道路，每年的经济增长速度明显高于全国的平均水平，但是这种发展的动力来自直接的投资推动。根据世界城市化发展的规律，在城市化加速阶段，由于大型基础设施或大型项目的启动，或者其他政策方面的因素，城市化水平以及经济总量会在短期内得以迅速提高。政府通过基础设施的改造，土地的出让来改造城市环境，并借此来推动经济的发展，从长远发展而言是一种不可持续的发展方式。由于土地资源的稀缺性以及排他性，仅以投资推动型为主的经济增长模式将会成为强弩之末，最终潜力丧尽。

1990年代上海的发展是未来的一面镜子。面对未来，我们应该从中汲取教训，应该站在上海更长远持续稳定发展的利益高度，而不仅是10年、20年，去重新设计和审视我们的发展策略。不可否认以投资推动型为主的经济增长模式在今后的若干年内仍会发挥积极的效应，而逐步走向可持续发展的综合经济增长模式，应该是未来的发展趋势。只有这样，上海才能在参与经济全球化中持续地求得本地社会经济整体利益的最大化。

7.1.2 全球化下上海城市发展的矛盾之二——政府与市场的博弈

1. 有效而强势的政府

1992年上海开始实施的“简政放权”制度（市与区/县政府在人事、行政、财政与审批等自主权的下放），即“二级政府、三级管理”，极大地调动了区县政府的积极性。通过税制改革、政府行政架构的调整及行政权利下放，极大地激励了各级区县（镇）政府积极创制，勇于使用开发土地的法定权力及开创筹措资金的多种渠道，快速地刺激了地方经济的发展。浦东的开发开放是中央政府由上而下对上海的分权，赋予了上海前所未有的发展的空间，从而重振了其中国经济中心的地位，并逐步跻身世界城市之列；而上海边缘城区如长征镇的发展则是调动了自下而上的地方政府发展的积极性，使城市边缘地区的城市社会经济形态及空间形态发生了剧烈的变迁，加速了上海城市化的进程。

1990年代上海高速发展离不开高效而强势的政府运作。

作为国家战略实施的浦东开发，从一开始就带着强烈的政治色彩。浦东的开发开放是自上而下政府意志主导下得以进行的，离开了这一根本的政治动力，浦东不可能成为上海经济振兴的“起爆器”，使上海复兴成为中国经济最重要的中心城市，并逐步迈向世界。虽然在浦东具体实施开发过程中大量地引用了市场运作的机制，但无论在财政资源调配、城市基础设施投入、组织管理机制都无不呈现出政府的高度控制。浦东就是在这种特定的社会经济架构快速制造出的城市空间，而这个社会和空间的互动是高效而匹配的。

长征镇的城市形态发生的巨变也不是自然发生的，正是长征镇政府积极主动地运用市场机制，并积极地干预市场等综合作用下的产物。长征镇政府自下而上地区发展的内在驱动力，促进了政府制度的创新，进而在地区发展中灵活地运用地理区位优势、土地资源的优势、企业改制的契机，积极地吸引来自国内外的资本，为地方经济的发展注入了活力，同时也创造了崭新的城市空间形态。

纵观上海10年的发展，一直都是政府在“当家作主”，然而政府更多的关注主要集中于宏观的地区发展层面，如长征镇特殊的社会形态的演进（从农村社会进入城市社会）、经济结构的调整（农业经济向城乡经济转移），招商引资促进第三产业发展等方面，这些都涉及到社稷民生的根本利益。这种当家作主的高度责任感、政府主导的市场化的改革模式对地区发展具有积极的贡献。但任何事物均有其两面性，当家作主的精神在以经济发展导向为主的“企业家”政府决策中有时难免有所偏差，而忽视了民众利益的真正所在，这也是中国目前强势政府的共同特征。政府不可能是无所不能的，只有倾听来自民间的声音，才能使政府真正地为人民服务。

2. 企业家政府

1990年代的上海正处于加速的经济、社会变革时期，5年为一任期的城市政府在具体实施管理城市的职能时，往往在长远与短期利益上犹豫。每年的财政收入增幅、GDP增幅都成为考核政府政绩的指标之一，国家与地方分税制的实施也迫使地方政府对于短期效益追逐的强化，促成了企业家思维模式与运作方式。这也是在经济全球化影响下，伴随着分权化和市场化，中国地方政府的一种价值取向。而全球城市的发展亦验证了类似的趋势：

> *在许多地方，地方政府的态度已经发生转变，从管理方法向企业家主义转变。后者视城市为产品，需要销售。这种新态度及其过分强调城市结构重组以利于吸引全球业务的观点已经导致了城市规划的决策过程中经济利益占据主导地位。…… 因此产生如下后果：独特的城市政策制定形式、特殊的城市规划优先权和项目，以及社会极化。*①

这种企业家思维模式与运作方式在较短的时期内明显地刺激了地方经济的发展，但也造成各个区县政府之间在各类社会资源上的竞争。从而造成区域内各城市之间，城市内各区县之间的恶性竞争。正是这种竞争以及“企业化政府”的运作模式，致使地方政府的决策主要服从资本的利益。上海市在20世纪90年代中期的开发热潮中，整个上海市土地供应总量和房屋建设总量的失控，就是政府丧失对住宅市场的引导与调控的主动性的印证。

城市经营是一把双刃剑，运用得好，可以提高城市政府提供公共服务的效率，有利于居民福祉的增进；倘若运用失当，城市政府甚至可能蜕变成为利用行政权力谋取自身利益最大化的利益集团。因此，在未来上海城市的发展中，城市决策者应合理地善用城市资源，以可持续发展的根本利益为出发点，正确地经营城市，实现城市持续稳定的发展目标。

3. 平衡市场利益

上海城市的发展尚处在现代化加速攀升的阶段，城市的发展与建设仍然需要大量资本注入的支撑。资金注入是城市开发建设的前提，多样化融资渠道的开辟是其城市建设活动

① 联合国人居署编. 全球化世界中的城市——全球人类住区报告2001. 司然等译. 中国建筑工业出版社，2004

顺利进行的重要原因。融资的关键在于兼顾私人投资者的利益，有效利用私人投资者的想法。

完全市场经济是中国城市经济体制改革的方向，但是政府不可放弃干预而任由市场这支“看不见的手”来左右城市的发展，这也是党的十六大确定的政府在中国市场经济改革中的定位。因此，政府要善于平衡不同利益集团的关系，即考虑公共利益，也兼顾资本集团的利益，从而使资本与政府之间的博弈达到新的均衡，最终实现城市空间形态塑造的优化。城市规划作为政府公共政策的重要部分，有责任成为政府平衡市场的有力工具。

对于经济全球化和城市规划之间的关系的理解，联合国全球人类住区报告 2001 认为可以分为两个层面：

> *第一，城市决策者认为在全球化背景下，城市之间为吸引全球自由流动的投资而展开竞争，因此需要在城市政策中给城市化以特殊优待；第二，城市决策者的这种反应导致权力集中在城市精英之中而缺失了地方民主*[①]*。*

因此，在全球化下，城市规划和民主主义成为一种发展的趋势。从城市可持续发展的角度，从社会发展的民主化进程着眼，未来的上海发展应该更加重视公共服务供给和公共问题的解决，并在地区发展过程中提倡和鼓励专家参与、公众参与地方决策，为地区持续稳定的发展奠定理性的基础。

7.1.3 全球化下上海城市发展的矛盾之三——社会与空间的博弈

1. 住宅市场化

20 世纪 90 年代，在市场经济的条件下，上海房地产开发建设主体呈现出前所未有的多元化，政府包揽全部住房与服务设施的计划、建设、供给、分配的时代已经一去不复返了，市场化主导下的房地产开发是上海近年来经济增长的最引人注目的亮点之一，同时也切实为长期困扰上海的城市居民人均居住面积的提高作出了贡献。

城市住宅市场化开发的最直接促动力是开发商对巨额开发利润的追求，因此，政府的土地供给、制度政策，以及消费者对住宅产品的需求和喜好等都影响着开发商的投资决策。而各项制度改革更激发了社会各个利益阶层对住宅市场化开发过程中各项利益的追求积极性。

上海 1990 年代住宅市场化开发是政府（及其下属部门）、住宅的开发者（开发商和投资商）以及住宅的使用者（城市居民为主）共同表现的舞台。他们为了追求各自的特定利益，在推动住宅的市场化开发进程中扮演着不同角色，继而影响了城市住宅空间的格局。房地产商在“企业家政府”的市场化导向下，主宰了住宅空间格局的变化；而城市居民在有限的选择下被动地接受了这一空间的变化。

1990 年代，上海由于采取各级“企业家政府”的运作模式，致使政府的决策主要服从资本的利益，从而丧失对住宅市场的引导与调控的主动性。甚至自 2000 年 1 月始，除

---

① 联合国人居署编著．全球化世界中的城市——全球人类住区报告 2001．司然等译．中国建筑工业出版社，2004．P35

了极小部分的廉租屋还被保留在政府的职能之内外，政府已不直接参与住宅的建设，致使上海成为中国大陆住宅市场化最彻底的城市了。政府从以前的福利分房到完全依靠市场，从一个极端又走到了另一个极端，这不利于社会的稳定和住宅市场各方利益的平衡，特别对城市社会日益显现的两极分化而产生的住宅弱势群体是灾难性的打击。

2. 城市空间分异

市场化的开发条件使得经济规律和土地级差效益发挥了作用。内城区的工业企业被置换到郊区，旧城改造中城市核心区人口向城市外围疏散。1990 年代的上海城市住宅空间呈现出圈层动态更替的变化，而在此变化过程中由于房地产开发行为的趋利性引导，又具体表现出住宅品质的不均衡开发，以及各类品质住宅的不均衡分布，住宅空间的分异现象已卓然显现。

住宅从来就不纯粹是住人的机器，它反映了城市社会空间的矛盾。即便在发达国家住宅的市场化开发过程中，政府仍然承担着两个方面的义务。一是政府直接提供住宅；这是对住宅市场化开发的有益补充。任何国家都不可能实现住宅的完全市场化供应，政府必须向中低收入者提供福利住房，廉价出租或出售，以保障他们的基本生活需要。从 2003 年下半年开始，上海政府已开始调整政策导向，大力支持并在政策上倾斜于中低价城市住宅的建设，以平抑住宅市场所引发的社会矛盾，促使住宅市场的健康发展。

市场化住宅开发显示了城市的阶层分异，而城市规划的一个重要任务就是帮助弱势群体。要使城市所有的市民都能享受到高品质、且能够负担的住宅，就必须关心住宅的公共利益，为市民创造公共利益。

市场化的住宅开发过程透露了这样的信息：在上海市目前经济快速发展的时期，企业团体和城市管理部门中精英阶层的意愿成为城市发展的主导力量。因而要切实反映公众意愿，必须健全公众参与体系和监督评价体系。

3. 社会分化强化了空间分异

在上海 1990 年代快速的城市经济发展中，信息化的进程和非正规经济的活动增长同步发生，加速了上海社会的两极分化，从而在城市空间形态中留下鲜明的空间分异的烙印。

信息化进程表现在生产与生活两个方面，具体体现为新经济与产业结构重组、信息技术的发展与普及应用。在信息化进程中，生产领域的劳动力结构重组与生活领域的信息不均衡格局加剧，分别导致了“财富鸿沟”与“数字鸿沟”的产生与加大，两大鸿沟的重合与相互激化使得信息化进程中城市社会结构的二元分异难以避免。而城市社会结构的分异在特定房地产开发市场的媒介催化作用下，导致了原先城市均质空间结构的解体，又激发了空间结构的二元分异。

信息化和城市化的快速进程导致城市失业工人和外来劳工这两部分社会群体由于同时受到城市产业结构调整的影响，不得不游离于城市主流社会及正规经济部门，形成了城市中不可回避而忽视的非正规经济活动，从而进一步加深了城市劳动力结构两极分化。非正规经济活动进一步激化了城市空间分异，并在相当的程度上甚至更加恶化了空间分异的矛盾。

信息化促进上海的现代化进程是不可逆的大势所趋，而“财富鸿沟”所导致的社会阶层分异及弱势群体的产生更是不容忽视，是政府公共政策必须考虑的重要方面。2010 年上海世博会将促进上海城市信息化的进一步发展，同时也会带来更多的社会问题。因此，政府主导下的城市规划将面临新的挑战，引发我们对信息化进程中那些新出现的、容易被忽视的公平公正问题的重视与再思考，进而在充分认识信息化进程中城市社会、空间结构演化机制的前提下，选择更为正当的立场、职能与手段对二元分异中的城市空间结构加以更为有效的控制与引导。

7.1.4 全球化下上海城市发展的矛盾之四——资本与文化的博弈

全球化的过程从制造业的全球化开始，进入金融的全球化，而以文化的全球化完成全球化的基本过程。

1. 城市与建筑的批判

2000 年 3 月号的《新周刊》曾对中国兴起的第一次城市运动而引发的城市败笔进行了一次总结和批判，中国城市 10 大败笔分别是：

(1) 强暴旧城

旧城的破坏业已成为20 世纪中国城市建设者们最短见的城市行为。

(2) 疯狂克隆

越来越多的人发现中国城市越来越相像，当代中国建筑能贡献给人类文化什么东西呢?

(3) 胡乱“标志”

以最新最高最现代的建筑作为城市的标志性建筑，是目前中国城市标志性建筑和景观热中的一大误区。

(4) 攀高比赛

高楼大厦成了中国城市现代化的代名词。密密麻麻的高楼大厦真的就是中国现代化标志吗?

(5) 盲目国际化

截至1996 年底，全国有86 家城市喊出建立国际大都市的口号。

(6) 窒息环境

欲望的扩张和对金钱的渴望窒息了建筑艺术。

(7) 乱抢风头

一个地域的多个建筑很难协调成一组和谐优美的城市交响乐。

(8) 永远塞车（或扎堆市中心）

不考虑城市远郊开发，只在市中心周围地区规划建设，结果必然是“摊大饼”，首当其冲的后果是永远塞车。

(9)“假古董”当道

各地仿古建筑的大兴土木，不惜以破坏城市生态为代价。

(10) 跟人较劲

看上去面光光、住进去心慌慌，这就是没有亲和力的城市和建筑所能带给我们的物质和精神生活。

2002年11月的《新远见》杂志也对中国城市的现状进行了又一次的批判，虽然有点悲观，但这一次更加辛辣，它对城市形象及新城市运动批判共有11项：

(1) 疯狂CBD

当国内近20个大中城市在一二年间相继挥笔特书CBD文章的时候，则让人感到“运动来了”。是经济发展到一定阶段需要CBD，还是只有先建了CBD才能经济发展?

(2) 空壳开发区

开发区这个词已经没有10年前那么响了。作为上一次激情的标志，中国几乎到了县县有开发区的地步。据统计，目前国家级高新技术开发区就有53个，地方还有多少就没人能够说得清了。

(3) “自残”商业街

老字号是一种文化，所以商业街也是城市的一种文化。各个城市对老字号很重视的时候，对商业街也很重视。各个城市对老字号不重视的时候，商业街就要改建了。正确的改建是一种进步。而头脑发热的盲目跟风，则叫自己毁自己。学名“自残”。

(4) 发烧海洋馆

现在，世界内陆最大的海洋馆和亚洲地区最大的海洋水族馆都在中国，前者在北京，后者在上海。在北京，目前就有3个海洋馆。广州有1个，深圳有1个，连离海较远的成都也都有1个。发着烧的海洋馆是城市间盲目攀比和雷同趋向的又一个体现。

(5) 跟风国际化

2年以前，《新周刊》就对盲目国际化进行了批判。有篇文章说，到1996年，全国已有86个城市喊出要建立国际大都市的口号。而到现在，这个数字已改为182个。

(6) 强暴生态

很多城市提出要建设生态之城。但在生态城市的建设中，很多城市又在毁坏着生态。

(7) 旧城绝杀

几百年风雨打造的城市，在今天的城市领导人看来，只不过是一张白纸，可以任意勾画、涂改，再勾画、再涂改。大量特色街道消失在推土机的车轮下。还有哪个旧城是原封不动的?现在是最后的绝杀。

(8) 非常广场

有名的国家都有有名的广场；有名的城市都有有名的广场。所以，没有有名的广场，说明城市没名。超级广场，不是给市民造的，那是给当官的人造的。所以它不同寻常，也叫“非常”。

(9) 变态街区

金融街、世纪大道、“中国最大的中华民族百家姓故居文化风景线”、欧洲街等等，大街小巷从形态到名字都变了。更重要的是，都怪里怪气的，本来在国内吧，稍一迷糊又像在国外。

(10) 以穷人为中心

城市空心化，是世界上很多城市发展中都曾出现过的问题，而今在中国越来越多

的大城市里迅速暴露出来。

(11) 消失的城市

前10 个是城市之病，而这一个是城市之死。城之将死，等不及也。

对照这些辛辣的中国城市批判，我们不禁会汗颜地发现上海的城市和建筑空间有多少的相似之处。

2. 空间利润化

在追求城市现代化的过程中，中国城市建设正处于多、快、好、省地大跃进时代，发展速度十分惊人。有些时候，往往只注重过程的求新求变，缺乏理想的城市终极目标。城市空间的发展变化缺乏宏观的把握，缺乏文化的底蕴。在急速的城市化进程中，往往无暇估计理想的城市发展模式，注重土地的开发甚于城市化的品质①。而追求最大经济效益和城市建设的短期行为则使得传统的城市空间在推土机下被摧毁，被颠覆。

1990 年代是中国建筑数量发展最快的 10 年，也是生产了大量建筑垃圾的 10 年。上海同样也快速地制造出不少的建筑垃圾。

享誉国际的建筑大师矶崎新先生在 2003 年访华时深有感触地说：中国发展很快，已成为世界最大的建筑市场，对国外建筑师确实有很大吸引力，但目前城市建筑千篇一律，缺乏个性，到处都是新建的高楼大厦，鳞次栉比，尤其是闹市区各自都想标新立异，而总体风格上恰恰变得缺乏个性，空间视觉紊乱，与城市禀赋、自然环境不协调。他认为“上海是个胆小的巨人”，有建筑、少艺术，就是这个道理②。

当上海以“一年一个样，三年大变样”自诩和骄傲时，它标识的是城市之间的另一场竞争——速度之争。每一个城市的领导者都惟恐变化太小，变得太慢，落在人后，因为领导人的任期是短暂的。建设的速度进一步加快了，并且将开发的权力下放到各区，鼓励各区之间开展开发速度的竞赛。

在急功近利的开发方式下，房地产开发商与投资者拥有的资本话语权、政府及企业的文化及审美价值观，无不对本地建筑师的创作空间产生了制约。大部分的建筑师（无论是国际的，还是国内的）已不得不向资本低头，成为了城市金牙工程的设计者。

整个城市就像满嘴镶金牙的小商人，虽然金光闪闪，实际上是非常没有文化③的。摩天楼已经成为金钱与权利的象征。其实这些建筑具有很高的历史学意义，见证了这个时代的建筑品味和文化价值。

杨东平在“对城市建筑的文化阅读”中有一段评论值得我们深思：

当社会向市场化、世俗化转变之时，建筑从过去更为重视具有恒久价值的审美感受、意识形态的超越性力量、统治者的意志和权威，以及精英阶层的文化趣味，转为重视和强调现实的功利、即时需要、时尚潮流等等。权力的结构也发生了转移，从建筑和文化精英控制转为纯粹的商业操作。在许多情况下，地方政府放弃了其应有的职

---

① 郑时龄. 理性地规划和建设理想城市. 城市规划汇刊，2004［1］. P1~5

② 城市建筑缺个性——国际建筑大师评点城市建筑. 中国房地产报，2003-09-24

③ 王明贤. 南方周末

责，成为房地产商的合伙人。新的工作机制于是成为“规划听领导的，领导听老板的”。这种不甚健康的商业化，必然意味着历史传统文化的流失和建筑精英文化落榜，意味着城市的平庸化、低俗化、麦当劳化。一座座失去记忆的城市被大量复制，一批批速成、单调的建筑迅速填充着城市的空间，粗暴地改变着人们的视觉。在新人类的词典中，“广场”不再是巨大的政治和物理空间，而只是建筑物的前庭路口；“花园”是楼旁狭窄的绿化带，“森林”则是郊外草木稀疏的苗圃。“世界公园”式谐谑、游戏的建筑，假冒的明清建筑和仿欧洲古典建筑纷纷出笼，加入着世纪末大众文化的狂欢①。

2010年上海世博会，一个新的机会让上海在全世界面前展示，我们难道还要沿用这样的生产方式，制造更多的城市建筑垃圾吗?!

3. 地方化与全球化

全球化已成为一个以西方世界的价值观为主体的“话语”领域，在建筑领域表现为建筑文化的国际化以及城市空间的趋同现象。无论是北京、上海，或是中国香港特别行政区、中国台北、曼谷、汉城，以及纽约、芝加哥，城市中的大部分地区都失去了个性，彼此十分相似。全球化淡化了中国建筑和东方文化的主体意识，尤其在美国文化的冲击下，城市空间越来越向曼哈顿看齐，对此造成的中国城市空间和形态的趋同不可熟视无睹。

然而，我们城市的决策者们仍将曼哈顿的空间模式视为城市和建筑的参照物，以能建成曼哈顿式的城市空间为荣。“筹建全球首个E-CBD，陆家嘴欲超曼哈顿”，一个宏伟的计划正在酝酿中②。追赶曼哈顿的雄心壮志通过社会媒体连篇累牍地鼓吹，向社会大众放大着信息，引导了全社会的集体意识：即西方发达城市，尤以美国的发达城市居多，代表了现代化城市的范本。这种全民无意识符合城市决策者们的理念，对社会文化价值认同是十分危险的引导，必须引起我们的警惕。

郑时龄教授对城市建筑文化的评价，促使我们有责任地面对2010年上海世博会所提供的舞台，反思我们的建筑文化价值观，进而创造并向世界展示真正的属于中国上海城市精神的城市和建筑：

城市建筑具有历史学的意义。每座城市都有属于她的独特的建筑，这是城市创造力和城市精神的表现。从更深的层次上看，城市建筑体现了城市和社会的理想、信仰、制度、伦理和价值观。建筑代表着人们对环境、对未来的态度，建筑反映了一座城市或一个民族、一个国家的价值观。建筑体现了国家的意识形态、社会制度、城市的性质、政府的机构、政策和管理，建筑也是我们对生活与工作的伦理和态度的产物。

建筑又是时代的产物，是历史的里程碑，代表着进步和繁荣。建筑必然是地域化的，除非是建游乐场，今天的人们不会再去模仿凡尔赛宫和圣彼得大教堂那样的建

---

① 杨东平. 对城市建筑的文化阅读. 天涯，2000［5］

② 上海陆家嘴预投资1000亿元 筹建全球首个E-CBD. 中国智能建筑服务网，2003-08-13. http://www.chnibs.com

筑。历史和建筑都不能复制，否则只不过是一种游戏。从20 世纪80 年代中期以来，中华大地上曾经出现过反历史主义的伪巴罗克式建筑，到处都仿建了西方的柱式、山花和圆顶。今天甚至有人想在浦东的东方明珠电视塔旁边建造一座欧式新古典主义的高层办公楼，戴一顶西方圆顶式的瓜皮帽。抽去新古典主义的思想内涵和社会文化的背景之后，这样的模仿只能是一种意识形态的倒退，是缺乏时代精神的表现。

7.2 上海城市空间发展的对策

“城市”是2010 年上海世界博览会的主题，而以“城市”为主题在世博会历史上尚属首次。

中国把“城市让生活更美好”作为2010 年上海世界博览会主题，在此主题之下的4 个副主题为“城市多元文化的融合”、“城市新经济的繁荣”、“城市科技的创新”和“美好城市社区的重塑”。具体的内容分别是：城市是人类文明的结晶，多元文化的集聚与交融是城市的特质；城市是经济增长和社会发展的发动机，富有活力的城市经济是国家经济实力的象征；城市是科技创新的载体和核心，科学技术的飞速发展加快了城市的更新和生活的改善；城市社区是城市和人类生活的“细胞”，21 世纪将赋予城市社区更新更丰富的内涵。根据“城市，让生活更美好”的主题和4 个副主题的内容，展示活动将包括对“更美的城市”、“更好的生活”以及它们之间关系进行全面的阐释。

实质上，2010 年上海世博会的主题也是上海城市发展的主题，它为未来上海城市的发展确定了清晰的定位。对比20 世纪90 年代浦东开发开放以快速发展经济的主导定位，未来上海的发展将更多地注重在经济发展的同时，全社会文化与社区的多元、和谐、平衡地发展。

“城市，让生活更美好”，什么才能使城市更美好呢？上海世博会直接以城市作为主题，整个上海城市也是展示的对象。那么未来中国的城市，未来的上海城市应当以怎样的形象展示呢？反思全权化大背景下上海城市发展的矛盾，是我们对未来发展决策的基石。

7.2.1 和谐城市

“发展”与“增长”无论在世界范围还是在现代中国城市，都是正在广泛关注的话题。经济学有时把“发展”和“增长”作为同义词使用。现代发展理论认为，发展是社会、经济、政治三者相互联系的进步过程。挪威首相布伦特兰夫人对发展的定义是：“发展就是经济和社会循序前进的变革。”狭义理解，“发展”与“进化”又是同义词。“增长”主要是指国民收入和国民生产总值的提高，是以产出的量的增加作为目标和衡量尺度的。发展比之增长具有更广泛的涵义，既包括增长所强调的产出的扩大和增加，同时也包括生产和分配的结构与机制的变革，社会和政治的变迁，人与自然的联系，生活质量和生活水平的持续提高，以及发展的自由选择和机会公平，等等。发展强调的是经济、社会、政治的“质”的变迁或进化。增长要求回答“有多少”，发展则既要回答“有多少”，还要回答“有多好”。发展与增长存在逻辑上的联系与统一。没有“质”的“进化”的增长是不可持续的。同样，没有量的增长的发展也是不可持续的。对发展说，增长是最基本的，但是过分地重视增长或过分地强调发展都会导致社会发展的不平衡，进而妨碍社会的进步。

发展是个历史范畴，是随着历史进程而变化的，大致经历了四个阶段：第一阶段，人们对发展的理解是走向工业化社会或技术社会的过程，也就是强调经济增长的过程，这一时期从工业革命延续到20世纪50年代前。第二阶段到20世纪世纪70年代初，随着工业化进程，人们将发展看作是经济增长和整个社会的变革的统一，即伴随着经济结构、政治体制和文化法律变革的经济增长过程。第三阶段，从1972年联合国斯德哥尔摩会议通过《人类环境宣言》以来，人们将发展看作是追求和社会要素（政治、经济、文化、人）和谐平衡的过程，注重人和自然环境的协调发展。第四阶段，自20世纪80年代后期以来，人们将发展看作是人的基本需求逐步得到满足、人的能力发展和人性自我实现的过程，以可持续发展观念形成和在全球取得共识为标志。

传统的关于发展的观点是线性的。它假设只有一条单一的轨道供所有的国家循其发展。那些在这一轨道上落后的国家所面临的挑战就是要赶上其他国家，于是最便利的发展方法就是仿效那些走在前面的国家。资金和技术的转化就是达到这一目的手段。传统的发展观鼓励发展中国家摒弃他们的传统。随着城市文明的进步，注重多元化的新发展观正在日益受到重视，即世界各国的城市发展有可能存在许多并行的发展轨道。在很多层次上，即使有共同的长期的发展目标，不同的国家很可能会找到实现这一目标的不同路线。这就促使对创新能力而非效仿能力加以鼓励。传统并不是一种依靠而是一种财富。注重多元化的新发展观还将人的能动作用放在中心位置，重视人类的自身发展、教育以及建立使协同工作更加有效的体制。发展所依赖的资本在很大程度上是社会资本，而非物质资本。

中国的全面、协调、可持续发展，是中国国内和国际社会普遍关注的问题①。在中国共产党十六届三中全会上，提出了中国发展的科学发展观，即“坚持以人为本，树立全面、协调、可持续的发展观，促进经济社会和人的全面发展”，按照“统筹城乡发展、统筹区域发展、统筹经济社会发展、统筹人与自然和谐发展、统筹国内发展和对外开放”的要求推进各项事业的改革和发展。这不仅反映出中国经济及城市发展观念的进步，也是发展战略和政策调整的动向。可以理解这是一种社会可持续地和谐发展的新发展思维。

科学发展观，就是全面、协调和可持续的发展观，将是上海未来城市发展战略及政策制定的基本哲学。上海应从更长远的可持续和谐发展的利益高度，而不仅是10年、20年，去重新设计和审视我们的发展策略，从而逐步走向全面及可持续发展的和谐城市。

7.2.2 市民城市

城市社会的真正内涵，是市民的交往空间、共同文化、政治生活的形成和扩大。市民文化成为城市社会的一个恰当度量。

市民社会（Civil Society）的概念起源于古希腊的城邦（City State），此后也一直是政治学中的重要概念。现代意义上对“市民社会”概念提出解释和描述的是黑格尔的《权利哲学》（Philosophy of Right）和托克维尔（Alexisdc Tocqueville）的《美国的民主》（Democracy in American）。按照这些观点，市民社会是资本主义诞生和发展的重要标志，也是资本主义社会发展的方向②。

---

① 胡鞍钢. 中国新发展观. 浙江人民出版社，2004

② 孙施文，殷悦. 西方城市规划中公众参与的理论基础及其发展. 规划师，2001［3］

随着资本主义制度发展的异化、官僚体制在社会生活中的蔓延以及出现了被哈贝马斯（Habermas）描述为“公共领域的结构转型”，市民社会的理念和社会效用却日渐式微，国家统治和市场主导着社会的运行。前苏联的解体、东欧剧变和西方政府治理方式改革的推进，导致市民社会概念再度流行起来并成为当代西方学术研究的一个热门话题。而对市民社会的定义众说纷纭，没有一个统一的标准。在众多的定义中，以“国家—市场—市民社会”三分法为基础思想的定义颇具代表性。这一定义指出“市民社会是国家和家庭之间的一个中介性的社团领域，这一领域由与国家相分离的组织所占据，这些组织在同国家的关系上享有自主权，并由社会成员自愿结合而形成以保护或增进他们的利益或价值”。市民社会最重要的特征是它相对于国家的独立性和自主权，从另一个角度来讲，正如恩格斯所指出的：“决不是国家制约和决定市民社会，而是市民社会制约和决定国家”。

市民社会的发展是一个历史的过程，这也与市民权利的完善有着极大的关联。早期的民主公民性的实验并没有把参与权授予各类民众，它创立的只是由一部分人所享受的部分自由。而另一部分群体则没有享受到应有的权力，其中最显著的包括妇女、无产者以及种族和民族中的少数群体。简诺斯基（Janoski）通过对市民权利的研究，总结了市民权利发展的基本脉络。他认为，权利是按一定的顺序发展，逐项增进的。首先出现的是基本的法律权利，包括男子和妇女的财产权，以及言论自由和信仰自由，然后是政治权利，有财产的男子、所有男子、妇女、少数民族和土著民族群体先后获得选举权。在这些法律权利和政治权利之后出现了社会权利。最后，在第二次世界大战之后的时期出现了参与权利，包括共同决策权等。正是由于市民权利的不断完善，公众参与城市规划才有得以实现的可能。

此外，市民社会的发展需要使市民都享有自由和一定的权力，要使市民社会各阶层的人民达到全面的平等，仍需要培养一种具有广泛基础的民主公民性思想，这取决于时代广泛的社会和文化条件。这种民主的公民性表现为市民对参与和自决的渴望。也就是说，市民社会的完善、公众参与的有效性很大部分都有赖于市民自身思想素质的提高。只有市民价值得到某种程度的提高，全社会具有了一种广泛基础的市民文化，达成某种共识，有了大致相同的民主公民性，整个社会才能够实现真正的民主自治。

2010 年上海世博会的主题之一是“美好城市社区的重塑”，它将城市社区诠释为城市和人类生活的“细胞”，21 世纪将赋予城市社区更新更丰富的内涵。这一主题是对建立市民城市的重要演绎。

7.2.3 城市治理

由政府管治型（Government）向治理型（Governance）转变，是以市民社会的迅速兴起为基础，对政治力量的滥用起到制衡作用，从而把市民社会与国家协调在一起。

与市民社会讨论相呼应的是“第三条道路”（The Third Way）政治口号的提出。“第三条道路”顺应着资本主义的变迁，是对战后西方世界政治结构的一种突破和创新，是区别于西方政治体制中老左派和新右派的一种对立的政治力量。它产生的目的是要寻找解决西方国家存在的政治、经济、社会、文化价值等诸多领域的问题，“第三条道路”主张确立能够团结各种政治力量的新政治中心，立足于多元化思想的观点，使更多的利益集团的要求都涵盖进来，扩大制度的包容度，建立起一种合作包容型的新社会关系，使每个人、每个团体都参与到社会之中，培养共同体精神。同时主张由政府管治型（Government）向治理型（Governance）转变，依靠市民社会的迅速兴起，对政治力量的滥用起到制衡作用，从而把市民社会与国家协调在一起。

而自1970、1980年代以来，在全球范围内掀起的一股治理（Governance）模式变革，也就是在政治力量和市民社会之间建立合作互动的良性关系。这种变革是在整个社会层面上重新界定政府的职能与角色定位，实现政府与市民社会之间关系的根本变革。这种变革的目的是要改变战后几十年政府形成的职能活动范围和运行机制，力图在政府与市场之间寻求更为有效的提高公民普遍福利及提升国家生产力、竞争力的制度安排和组织创新。

在传统的观念上，政府多少被认为是全知全能的，是完全理性的，并且代表了社会的整体利益。但实际上，政府的理性是有限度的，政府官员也同样类似于“经济人”。他们也有各自的利益，也有各自的部门利益，他们难以甚至不可能完全地代表真正的公共利益。因此，将所有期望系于惟一的权力中心是危险的。正是基于这样的分析，治理理论才倡导发展多元化的、以市民社会为基础的、分权与参与相结合的管理模式，重视公共服务供给和公共问题解决过程中的公民参与。这就是说，在市民社会中，政府不再是实施社会管理功能的惟一权力核心，而是非政府组织、非营利组织、社区组织、公民自组织等第三部门以及私营机构将与政府一起共同承担起管理公共事务，提供公共服务的责任。这种治理模式变革的内在行动逻辑是：市民社会和民间的自组织将成为一种主要的发展潮流，公民的个人责任以及个人对自己决定承担的后果将上升为社会选择过程中的主要法则，多元竞争被不断引入公共物品和服务的提供与生产过程中。而在政府体系中，政府管理职能和权限也不断向地方政府转移，地方治理形成了权力下放、地方自主管理的格局，社会事务的管理则更多地由社区组织承担起来。因此，治理充分体现为政治国家与市民社会的合作，政府与非政府的合作，公共机构与私人机构的合作，强制与自愿的合作。这样，治理的主要特征“不再是监督，而是合同包工；不再是中央集权，而是权力分散；不再是由国家进行再分配，而是国家只负责管理；不再是行政部门的管理，而是根据市场原则的管理；不再是由国家‘指导’，而是由国家和私营部门合作”。

总之，我们可以将治理看作是一种社会成员之间的相互作用关系，这种相互作用存在于组成社会的各个方面。过去对社会问题的解决主要依赖于外在的权力、使用外部知识技能，强调逐个问题地来解决；而治理则更为关注从其内部成员之间的相互作用，强化其自身的能力建设来解决社会问题，即使需要运用外部人员和知识，也需要进行转化，只有通过改变内部成员的行事方式，才能使问题得到消解。从这样的角度出发，我们应当清醒地认识到，城市规划师不可能也不应当站在自以为中立的立场或所谓的专家立场上来讨论规划的问题，而是应当融入到规划实施的过程中，成为规划实施的作用者之一。规划工作人员不仅仅是规划的编制者、规划实施的管理者，而且也应当是规划实施的行动者。

纵观上海10年的发展，一直都是政府在“当家作主”，这也是中国目前强势政府的共同特征。但是政府不可能是无所不能的，只有倾听来自民间的声音，才能使政府真正地为人民服务。2010年上海世博会“美好城市社区的重塑”的主题，为政府现有工作方式转型提供了方向。

7.2.4 城市规划

1. 提倡交往规划

交往规划的核心就是在多元主义的思想前提下，寻求一种“政府—公众—开发商—规划师”的多边合作，其中的公众是包括了医生、军官、教授、学者等以及手工业者、小商人等民众，并且同政府、规划师等共同参与到决策阶段。因此，交往规划是一种拥有广泛民主基础的政治行为。

弗瑞斯特（Forester）在哈贝马斯（Habermas）的社会批判理论和沟通理论的基本框架中，对规划领域进行了全面而综合的论述。依据哈贝马斯的方法论基础，Forester 认为规划中有 2 项非常核心的、但仍未得到广泛重视的活动，这就是倾听（listening）和设计（designing）。在规划过程中，尽管规划师通常只拥有极少的正式权力，但规划师可以运用多种精致的方式影响决策过程。这些方法主要包括：规划师可以倾听某些意见而忽视其他的，引起对某些问题的注意而忽视或弱化其他的问题。他们可以决定在什么时间将什么信息告知什么人，并因此而构成了人们的期望、希望或恐惧。对于设计而言，弗瑞斯特认为它并非只是一种职业技术的把握或运作，而是社会行动者（规划师、顾客等）寻求共同创造意义的过程，这是设计的社会过程的核心：赋予一栋建筑物、一所公园、一个项目或一项计划有意义的形式，而不同的利益团体对此均能认可，对不同的团体都是具有凝聚性和有意义的，并且是可实施的。

2. 规划师——城市经理人

因此，在这样的过程中，规划师不再是站在中立的立场上对城市的未来发展进行筹划，而是直接融入到社会的互动过程之中，他们既在竞争的团体之间充当调停者，同时自己又往往作为某种利益团体而参与到协商之中。为了更好地处理好这样的问题，尤其是在涉及土地开发利益的地方规划工作中，弗瑞斯特提出了应当将这两种类型的角色融合起来，应当进行调停性的协商（mediated negotiation）。规划师要在这样的环境中真正发挥作用，就需要“除了必须有能力进行大规模发展规划外，还要发展商、（现行政策的）辩护士、（政府公共部门与公众之间的）居间调停者、（城市公共设施的）管理人和鼓吹者，有时他本人甚至是一个经理人员”。而在这样做的过程中，更为重要的是规划师必须政治地思考问题和参与行动。弗瑞斯特指出，规划师想要在实践中追求合理性，就必须能够政治地思考问题并政治地行动，但这并非是要规划师去竞选候选人，而是去预测和重新组合权力与无权力之间的关系。规划师只有对权力关系、相互竞争的需求和利益以及政治经济结构的背景进行明确的评价，才有可能对实际的需要和问题做出回应，此时才有可能使用接近于理性的方法。即“想要理性的，就要政治的”（to be rational，be political）。

7.2.5 公众参与

在现代城市社会的多元背景中，对个体进行全面分析的困难性是显而易见的，因此往往将人的群体作为构成社会分析的最基本单元。社会学更是把人群看成是社会发展的主体。每一个群体有着相同的身分或某种团结感，有共同的目标和期待，这样，在面对同样的境况下，他们会做出相同或类似的行动。各种各样的群体，不仅在其自身范围内运动和发展着，而且它们之间也互相作用，并由此构成了一个复杂的网络，形成城市社会的整体结构。城市就是在各类人群不断进行的互相作用过程中发展演变的。在城市规划领域中，公众参与往往表现为群体性的参与。其中有两种主要的形式：一是社区性的参与；一是通过中介性组织的参与。

1. 社区参与

所谓社区（community）是指在一定地域内围绕某种互相作用模式而由多个群体组合而成的实体。各个社区都有各自的利益关系、在城市和社会中的地位和作用，这些往往决定了它们发展的取向和趋向。社区参与（Community Participation）通常是指专业人员、家庭成员、社区组织、行政官员等各方面通过正式或非正式的合作而制定出一系列措施的过程。社区参与的实现是基于社区形式变迁导致的居民“社区意识”的逐步觉醒和提高。社区形式的变迁并不是完全的、鲜明的替代关系，而是在社会基础之上的交互演替。社区意识是社区参与的前提条件。社区参与能够鼓励居民将个人利益与社会和经济的未来相结合进行深入思考，从而促进社区意识在质量上的提高。真正的参与是要有一定权力的。只有将一定的权力赋予个人，才能实现上下之间真正意义上的平等协作。在具体的实践中，社区组织是社区参与的媒介。被赋予了权力的民众不可能总是以个人名义直接与政府规划部门对话，社区组织就是代表了整个社区利益的民间机构。

2. 民间组织的作用

中介性组织的参与主要是通过第三部门（The Third Sector）来实现的。第三部门是指和公共部门、私人部门相对而言的另一个部门，它所指的是各种民间组织，包括非政府组织（Non-Governmental Organizations）和非营利组织（Non-Profit Organizations）以及其他私人组织。

第三部门作为公众参与的主要组织形式之一，是和它的兴起原因有着密切关联的。由于民众对传统政府职能、政治参与形式的不满，对国家能力的不信任，同时，伴随着现代福利国家的危机，世界性的发展危机、环境危机以及全球通讯革命等众多因素，使得第三部门组织迅速崛起，它为公民在追求公共目标的过程中得以发挥个人的主动性和创造性提供了中介。要保证第三部门的健康发展，就必须保证各组织的独立，以及在政治上、经济上的独立。只有这样，第三部门才能作为公共部门与私人部门的中介者而发挥应有的作用。

一个社会中，至少应该有 3 个不同的部门——政府、商业和非营利性部门——都针对公共需要寻求合作共事的方式，才有可能促进民主和经济最大限度的发展。参与的组织形式决定了参与的普遍性和有效性。它是全面贯彻公众参与技术层次体系的组织，也是实现市民真正的参与的一个载体。公众参与是否仅仅停留在“听”或“看”的层面上，与其组织形式的完善与否直接相关。一个好的参与组织形式能够利用各种技术手段，把公众参与从象征性参与层次带入到市民权利的参与层次，实现真正意义上的参与。

7.3 本章小结

20 世纪 90 年代上海城市空间形态的演变，是在特定的社会经济环境下，特定的生产关系和生产方式下的产物。上海 20 世纪 90 年代的高速发展是毋庸置疑、举世瞩目的。通过浦东这一上海经济振兴的“起爆器”，上海已复兴成为中国经济最重要的中心城市，并逐步迈向世界。

2010 年世博会是上海继 20 世纪 90 年代浦东开发开放以来所面临的又一次重大的历史

机遇，而经济全球化、管理分权化、快速市场化的全球趋势仍然将是未来上海发展的宏观背景，因此，我们更有必要以辩证历史唯物观去反思上海20世纪90年代发展的成功与失误，反思全球化大背景下上海城市发展的矛盾，以科学发展观指导我们对未来发展的决策。

未来上海的发展借助2010年世博会的契机，通过建立市民城市的可持续的经济社会一体化发展的进程，逐步迈向和谐城市。城市，必将让生活更美好。

参 考 文 献

中文文献

1. 廖世璋．都市设计应用理论与设计原理．台北：詹氏书局，2000
2. 李允鉌．华夏意匠——中国古典建筑设计原理分析．中国建筑工业出版社，1985
3. 蔡禾主编．城市社会学——理论与视野．广州：中山大学出版社，2003
4. 李东，于保平，刘骏．浦东开发开放与上海产业结构调整．上海综合经济，2000［4］
5. 俞可平等主编．海外学者论浦东开发开放．中央编译出版社，2002
6. 刘卫东，彭俊等．我国大城市郊区土地非农开发及其合理利用模式．科学出版社，1999
7. 陆学艺，张厚义，张其仔．转型时期农民的阶层分化．中国社会科学，1992［4］
8. 杨建荣．‘长征现象’的几点启示．解放日报，2000-05-06
9. 陈良宇．上海现代化建设与投融资体制改革．亚洲开发银行理事会第35届年会，2002
10. 张兵．城市规划实效论—城市规划实践的分析理论．中国人民大学出版社，1998
11. 张庭伟．1990年代中国城市空间结构及其动力机制．城市规划，2001［7］
12. 张庭伟．对全球化的误解以及经营城市的误区．城市规划，2003［8］
13. 上海市"迈向21世纪的上海"课题领导小组．迈向21世纪的上海．上海人民出版社，1995
14. 蔡来兴主编．上海：创建新的国际经济中心城市．上海人民出版社，1995
15. 上海经济增长方式转变综合研究课题组编．创新——上海经济增长方式转变的必由之路．上海人民出版社，1998
16. 宁越敏．新城市化过程——20世纪90年代中国城市化动力机制和特点探讨．地理学报，1998［5］
17. 青岛市建设委员会．经营城市——城市发展方式的革命．2002年9月"经营城市与区域经济发展市长论坛"
18. 王洪钟．经营城市——推动区域经济发展的有力杠杆．中国人事出版社，2002
19. 林家彬．对‘城市经营’热的透视和思考．城市规划汇刊，2004［1］
20. 中国市长协会，中国城市发展报告编辑委员会．中国城市发展报告（2001~2002）．西苑出版社，2003
21. 建设用地短缺：专家眼中的成因和对策．中国经济时报，2003-06-03
22. 郑时龄．理性地规划和建设理想城市．城市规划汇刊，2004［1］
23. 不该忽视城市的文化价值——郑时龄访谈．建筑时报，2003-12-02
24. 郑时龄．全球化影响下的中国城市和建筑．建筑学报，2003［2］
25. 郑时龄．建筑理性论——建筑的价值体系与符号体系．台湾田园城市文化事业有限公司，1996
26. 郑时龄．建筑批评学．中国建筑工业出版社，2001
27. 顾朝林等．集聚与扩散—城市空间结构新论，东南大学出版社，2001
28. 张维迎．博弈论与信息经济学．上海三联书店，上海人民出版社，1996
29. 吴敬琏．计划经济还是市场经济．中国经济出版社，1993
30. 吕玉印．城市发展的经济学分析．上海三联书店，2001
31. 胡耀苏，陆学艺主编．中国经济开放与社会结构变迁．社会科学文献出版社，1998

32. 唐子来. 西方城市空间结构研究的理论与方法. 城市规划汇刊, 1997 [6]
33. 上海经济增长方式转变综合研究课题组编. 创新——上海经济增长方式转变的必由之路. 上海人民出版社, 1998
34. 吴启焰. 大城市居住空间分异研究的理论与实践. 北京: 科学出版社, 2001
35. 边燕杰主编. 市场转型与社会分层——美国社会学者分析中国. 北京: 生活·读书·新知三联书店, 2002
36. 冯尔康主编. 中国社会结构的演变. 河南人民出版社, 1993
37. 侯学钢. 论上海市郊区城市化的动力机制与后续调控. 城市规划汇刊, 1999 [6]
38. 朱国宏主编. 经济社会学. 上海: 复旦大学出版社, 1999
39. 刘少杰. 后现代西方社会学理论. 北京: 社会科学文献出版社, 2002
40. 蔡昉. 二元劳动力市场条件下的就业体制转换. 中国社会科学, 1998 [2]
41. 劳动和社会保障部, 国家统计局. 2001 年中国劳动和社会保障统计公报
42. 牛仁亮, 劳力. 冗员失业与企业效率. 中国财政经济出版社, 1994
43. 郭继严, 王永锡主编. 2001~2020 年中国就业战略研究. 经济管理出版社, 2001
44. 王方华主编. 世博会与上海经济. 上海交通大学出版社, 2003
45. 杨东平. 对城市建筑的文化阅读. 天涯, 2000 [5]
46. 孙施文, 殷悦. 西方城市规划中公众参与的理论基础及其发展. 规划师, 2001 [3]
47. 李郁芳. 体制转制时期的政府微观规制行为. 北京: 经济科学出版社, 2003
48. 上海证大研究所. 长江边的中国——大上海国际都市圈建设与国家发展战略. 上海: 学林出版社, 2003
49. 上海福卡经济预测研究所. 中国究竟在哪里? 上海: 学林出版社, 2004
50. 上海陆家嘴 (集团) 有限公司. 上海陆家嘴金融中心区规划与建筑——深化规划卷、城市设计卷、交通规划国际咨询卷. 中国建筑工业出版社, 2001
51. 黄俪. 国外大都市区治理模式. 东南大学出版社, 2003
52. 尹继佐主编. 2002 年上海社会发展蓝皮书——城市管理与市民素质. 上海社会科学院出版社, 2002
53. 连玉明主编. 2004 中国数字报告. 中国时代经济出版社, 2004
54. 林崇杰等. 市民的城市——城市设计与地方重建的经验. 台湾创兴出版社, 2002
55. 丁致成. 城市多赢策略——都市计划与公共利益. 台湾创兴出版社, 1997
56. 朱喜钢. 城市空间集中与分散论. 中国建筑工业出版社, 2002
57. 胡延平编. 跨越数字鸿沟——面对第二次现代化的危机与挑战. 北京: 社会科学文献出版社, 2002
58. 王伟强, Gerald Chungu. 非正规经济活动对城市中心区的影响——以赞比亚为例. 城市规划汇刊, 2001 [6]
59. 余凌云, 王伟强. 经营城市——浅析当代城市设计的内涵. 城市规划汇刊, 2001 [1]
60. 王伟强, 王玲. 城市公共空间中的公共经济学分析. 城市规划汇刊, 2002 [1]
61. 洪启东. 转化中的后社会主义城市区域——改革开放后上海区域的空间变迁. 台湾大学建筑与城乡研究所博士论文, 1998
62. 齐慧峰. 城市中心商业区的更新与发展. 同济大学硕士论文, 2000
63. 余凌云. 大城市边缘区的城市形态研究. 同济大学硕士论文, 2001
64. 王玲. 住宅的市场化与上海城市形态变迁. 同济大学硕士论文, 2002
65. 张凌. 非正规经济活动对城市形态的影响. 同济大学硕士论文, 2003
66. 黄士正. 国际化进程中的制度变迁——近 10 年北京与上海空间发展管理体制的比较分析. 中国网, 2004-04-22. http://www.china.com
67. 浦东: 最具创新活力的地方, 新华网, 2004-04-21. http://www.xinhuanet.com

68. 上海陆家嘴成亚太新兴国际级“资本集聚极”，新华网，2004－03－29．http：//www. xinhuanet. com
69. 高楼竞赛背后的经济话题．央视国际，2003－11－10．http：//www. CCTV. com
70. 吴晓东．地产10年：泡沫与沉淀．三联生活周刊，2002－09－26．http：//www. lifeweek. com. cn
71. 分析：新住宅运动勿成炒作游戏！新浪财经版，2000－06－28．http：//finance. sina. com. cn
72. 上海世博会：中国的期待，世界的机会．新华网，2002－12－01．http：//www. xinhuanet. com
73. 世博会将带来十大机遇“上海制造”对接2010．四川在线，2003－06－08．http：//www. sconline. com. cn
74. 上海陆家嘴预投资1000亿元 筹建全球首个E-CBD．中国智能建筑服务网，2003－08－13．http：//www. chnibs. com
75. 国际建筑大师黑川纪章谈中国建筑．北京青年报，2002－03－15
76. ［美］Roger Trancik．找寻失落的空间——都市设计理论．谢庆达译．台湾田园城市文化事业有限公司，1997
77. ［美］曼纽尔·卡斯泰尔．信息化城市．崔保国等译．南京：江苏人民出版社，2001
78. ［美］威廉·J·米切尔．比特之城——空间·场所·信息高速公路．范海燕等译．北京：生活·读书·新知三联书店，1999
79. ［美］威廉·J·米切尔．伊托邦——数字时代的城市生活．吴启迪等译．上海：上海科技教育出版社，2001
80. ［美］莫什·萨夫迪．后汽车时代的城市．吴越译．北京：人民文学出版社，2001
81. ［美］克里斯多芬．亚历山大．新的都市设计理论．黄瑞茂译．台湾六合出版社，1987
82. ［美］乔纳森．巴奈特．都市设计概论．谢庆达 庄建德译．台湾创兴出版社，1982
83. ［美］乔纳森．巴奈特．开放的都市设计程序．舒达恩译．台湾尚林出版社，1967
84. ［美］哈米德．胥瓦尼．都市设计程序．谢庆达译．台湾创兴出版社，1982
85. ［美］戴维·莫谢拉．权力的浪潮——全球信息技术的发展与前景1964～2010．高恬，高戈，高多译．北京：社会科学文献出版社，2002
86. ［美］丹尼尔·贝尔．后工业社会的来临．北京：新华出版社，1997
87. ［英］汤林森．文化帝国主义．冯建三译．上海：上海人民出版社，1999
88. ［美］查伦·斯普瑞特奈克．真实之复兴——极度现代的世界中的身体、自然和地方．张妮妮译．北京：中央编译出版社，2001
89. ［美］文森特·帕里罗，约翰·史玎森．阿黛思·史玎森．当代社会问题．周兵，单弘，蔡翔等译．北京：华夏出版社，2002
90. 迪帕·纳拉扬，拉伊·帕特尔，凯·沙夫特等．谁倾听我们的声音．北京：中国人民大学出版社，2001
91. ［德］汉斯－彼得·马丁，哈拉尔特·舒曼．全球化陷阱——对民主和福利的进攻．张世鹏等译．北京：中央编译出版社，1998
92. ［美］曼纽尔·卡斯泰尔．认同的力量．夏铸九，黄丽玲等译．北京：社会科学文献出版社，2003
93. ［美］曼纽尔·卡斯泰尔．千年终结，夏铸九，黄慧琦等译．北京：社会科学文献出版社，2003
94. ［法］让—欧仁．阿韦尔．居住与住房．商务印书馆，1996
95. 贝尔纳．古尔内．行政学．商务印书馆，1995
96. 巴奈特等．浴火重生——美国都市更新的奋斗故事．财团法人都市更新研究发展基金会译．台湾田园城市文化事业公司，1999
97. 约翰·弗雷德曼．世界城市之未来：都市与区域政策在亚太区域的角色．杜韵颖译．城市与设计学报，1997［2/3］：P1～24
98. Amal K．Ali，王洪辉译．分散化是如何进行的——论城市规划的地方决策权（How Decentralization is

Decentralized: Local Power over Decision-making for Planning). 国外城市规划, 2003 [2]
99. 国际劳工局. 世界就业报告 1998 ~ 1999. 中国劳动社会保障出版社, 2000
100. 托马斯·G·罗斯基. 中国: 充分就业前景展望. 管理世界, 1999 [3]
101. 世界银行. 2020 年的中国: 新世纪的发展挑战. 中国财政经济出版社, 1998
102. 联合国计划开发署驻华办事处. 中国: 人类发展报告——人类发展与扶贫·1997 (中文版)
103. 联合国人居署编. 全球化世界中的城市——全球人类住区报告 2001. 司然等译. 中国建筑工业出版社, 2004
104. 柯比意 (Le Corbusier). 都市学 (Urbanisme). 叶朝宪译. 台湾田园城市文化事业有限公司, 2000
105. [美] 约瑟夫·斯蒂格利茨等. 政府在市场经济中的角色——政府为什么干预经济. 郑秉文译. 中国物资出版社, 1998
106. [美] 戈登·塔洛克. 对寻租活动的经济学分析. 李政军译. 西南财经大学出版社, 1999
107. [英] 马克思·布瓦索. 信息空间——认识组织、制度和文化的一种框架. 王寅通译. 上海译文出版社, 2000
108. [英] 约翰·沙克拉编. 一些现代主义以后的设计思考. 卢杰、朱国勤译. 台湾田园城市文化事业有限公司, 1998

英文文献

1. Adams, D. 1994. *Urban Planning and the Development Process.* London: UCL Press
2. Adams, C. D. 1987. "Opportunities for landowner participation in local planning". *Planning Outlook* 30: 66 – 69
3. Alexander, E. R. 1992. *Approaches to Planning, Introducing Current Planning Theories, Concepts and Issues.* Switzerland: Gordon & Breach Science Publishers S. A.
4. Alexander, C., 1977. *A Pattern Language: Towns, Buildings, and Construction*, New York: Oxford University Press
5. Alonso, W., 1964. *Land Use: Toward Location and a General Theory of Land Rent*, Cambridge: Harvard University Press
6. Alonso, W. 1971. *Planning and the Spatial Organization of the Metropolis in the Developing Countries.* Berkeley: Institute of Urban and Regional Development, University of California
7. Balchin, P. N. and Kieve, J. L. 1977. *Urban Land Economics*, London and Basingstocke: The Macmillan Press Ltd
8. Ball, C., 1985. *Sustainable Urban Renewal: Urban Permaculture in Bowden, Brompton and Ridleyton*, Roseville, N. S. W.: Impacts Press
9. Ball, M. (*et. al*) 1985. *Land Rent, Housing and Urban Planning: A European Perspective*, London: Croom Helm
10. Barrow, C. W., 1993. *Critical Theories of the State: Marxist, Neo-Marxist, Post-Marxist*, Madison, Wis.: University of Wisconsin Press
11. Bassett, K. and Shaort, J., 1980. *Housing and Residential Structure: Alternative Approaches*, London: Routledge & K. Paul
12. Beenhakker, H. L. 1996. *Investment Decision-Making in the Private and Public Sectors.* Westport, Connecticut: Quorum Books
13. Bourne, L. S., (ed.) 1971. *Internal Structure of the City*, New York: Oxford University Press
14. Bourne, L. S. and Simmons, J. W., 1978. *Systems of Cities, Readings of Structure, Growth, and Policy*, New

York: Oxford University Press

15. Cadwallader, M., 1996. *Urban Geography: An Analytical Approach*, Englewood Cliffs, N. J.: Prentice Hall
16. Castells, M., 1976a. "Is There an Urban Sociology?" in Pickvance, C. (ed), *Urban Sociology: Critical Essays*, Tavistock
17. Castells, M., 1976b. "Theory and Ideology in Urban Sociology", in Pickvance, C. (ed), *Urban Sociology Urban Sociology: Critical Essays*, Tavistock
18. Castells, M., 1977. *The Urban Question: A Marxist Approach* (translated from the French by Sheridan, A.), London: Edward Arnold
19. Castells, M., 1983. *The City and the Grassroots*, London: Edward Arnold
20. Castells, M., 1989. *The Informational City: Informational Technology, Economic Restructuring, and the Urban-Regional Process*. Oxford: Blackwell
21. Castells, M. and Hall, P., 1994. *Technopoles of the World——The making of 21st Century Industrial Complexes*. London: Routledge.
22. Chapin, F. & Kaiser, E., 1979. *Urban Land Use Planning*, (3rd ed). Chicago: University of Illinois Press.
23. Clark, W., 1992. " 'Real' Regulation: The Administrative State", *Environment and Planning* A 24: P615 ~ 27
24. Golledge, R. and Stimson, R., 1997. *Spatial Behavior: A Geographic Perspective*, New York: Guilford Press
25. Colquhoun, I. 1995. *Urban Regeneration, an International Perspective*, London: B. T. Batsford Ltd
26. Cox, K., 1981. "Bourgeois Thought and the Behavioral Geography Debate", in Cox, K. and Golledge, R. (ed.), *Behavioral Problems in Geography Revised*, New York: Methuen, P256 ~ 79
27. Daniels, P. Q. and Lever, W. F. ed. 1996. *The Global Economy in Transition.* Harlow, Essex: Longman
28. Darin-Drabkin, H. 1988. *Land for Human Settlements: Some Legal and Economic Issues.* New York: United Nations
29. Dean, A. P. 1988. "The State of the Cities: Paradox", *Architecture*, December 1988, p71 ~ 77
30. DiPasquale, D. and Wheaton, W. C. 1996. *Urban Economics and Real Estate Markets*, Englewood Cliffs, NJ: Prentice Halll
31. Ellin, N., 1996. *Postmodern Urbanism*, Oxford: Blackwell Publishers Ltd
32. Fainstein, S. S. 1983. *Restructuring the City: the Political Economy of Urban Redevelopment.* New York: Longman
33. Feagin, J. and Parker, R., 1990. *Building American Cities, the Urban Real Estate Game*, 2nd ed., Englewood Cliffs, New Jersey: Prentice Hall
34. Foley, L. D., 1964. "An Approach to Metropolitan Spatial Structure" in Webber, M. M, et. al. *Exploration into Urban Structure*, University of Pennsylvanian Press
35. Fox-Przeworski, J. Goddard, J. B. and DeJone, M. (ed) 1991. *Urban Regeneration in a Changing Economy: an International Perspective*, Oxford [England]: Clarendon Press
36. Friedmann, J. and Wolff, G., 1982. "World City Formation: An Agenda for Research and Action", *International Journal of Urban and Regional Research*, 6 (3) 309 ~ 344
37. Friedmann, J., 1986. "The World City Hypothesis, Development and Change", *International of Urban and Regional Research*, Vol. 17, P69 ~ 83
38. Friedmann, J., 1995. *Intercity Networks in the Asian-Pacific Region.* Research Proposal
39. Gilbeert, A. and Healey, P. 1985. *The Political Economy Of Land.* Aldershot, Hants: Gower
40. Gittell, R. J. 1992. *Renewing Cities.* Princeton, N. J.: Princeton University Press
41. Goodchild, R. and Munton, R., 1985. *Development and Landowner, an Analysis of the British Experience*,

London: George Allen & Unwin

42. Hall, P., 1984. *The World Cities.* London: Weidenfeld & Nicolson
43. Hall, P. 2002. *Cities of Tomorrow, An Intellectual History of Urban Planning and Design in the Twentieth Century* (3rd ed). USA: Blackwell Publishing
44. Harvey, D., 1982. *The Limits of Capital*, Oxford: Blackwell
45. Harvey, D., 1985. *The urbanization of Capital*, Basil Blackwell Ltd
46. Harvey, D., 1985. *Consciousness and the Urban Experience*, Oxford: Blackwell
47. Harvey, D., 1988. *The social Justice and the City*, Oxford: Blackwell
48. Habermas, J., 1976. *Legitimation Crisis* (translated by McCarthy, T.), London: Heinemann
49. Healey, P. and Barrett, S. M. 1990. Structure and agency in land and property development processes: some ideas for research. *Urban Studies* 27: 89 – 103
50. Healey, P. 1992a. An institutional model of the development process. *Journal of Property Research* 9: 33 – 44
51. Healey, P. 1992b. The reorganization of state and market in planning. *Urban Studies* 29 (3/4): 411 – 434
52. Healey, P., Camron, S., Davoudi, S., Graham, S., and Madari-Pour, A. (eds). 1995. *Managing Cities: The New Urban Context*, John Wiley & Sons Ltd
53. Key, G., and Mott, J., 1982. *Political Order and the Law of Labor*, London: Macmillan
54. Jessop, B., 1990. *State Theory: Putting the Capitalist State in its Place*, Cambridge, England: Policy Press
55. Johnston, R., 1982. *Geography and the State: An Essay in Political Geography*, London: Longman
56. Johnston, R., 1984. "Marxist Political Economy, The State and Political Geography", *Progress in Human Geography* 8: P473 ~ 492
57. Jun, Jong S. and Wright, Deil S., 1996. "Globalization and Decentralization: An Overview", in Jun, Jong S. and Wright, Deil S. (eds), 1996. *Globalization and Decentralization: Institutional Context, Policy Issue, and Intergovernmental Relations in Japan and the United States*, Washington, D. C., Georgetown University Press
58. Knox, P., 1995. *Urban Social Geography: An Introduction*, (3rd ed.), Harlow: Longman
59. Kodtof, S., 1991. *The City Shaped, Urban Patterns and Meanings Through History.* London: Thames and Hudson Ltd
60. Kodtof, S., 1992. *The City Assembled, The Elements of Urban Form Through History.* London: Thames and Hudson Ltd
61. Lamarche, F., 1976. "Property development and the economic foundations of the urban question" in Pickvance, C. (ed), *Urban Sociology: Critical Essays*, Methuen, P117
62. Lavigne, M. c1995. *The Economics of Transition: From Socialist Economy to Market Economy.* Basingstoke: Macmillan
63. Lefebvre, H., 1968. *The Sociology of Max*, Allen Lane.
64. Lefebvre, H., 1976. *The Survival of Capitalism*, London: Allison & Busby.
65. Lefebvre, H., 1977. "Reflections on the Politics of Space", in Peet, R. (ed) Radical Geography, Chicago: Maaroufa Press, P34
66. Leonard, S., 1982. "Urban Manageialism: A Period of Transition?", *Progress in Human Geography* 6: 190 – 215
67. Lipietz, A., 1980. "The structuration of space, the problem of land and spatial policy", in Le Carney, J., Hudson, R. and Lewis, J. (ed), *Regions in Crisis*, Croom Helm
68. Lynch, K., 1960. *The Image of the City*, Cambridge, Mass: MIT Press
69. Lynch, K., 1981. *A Theory of Good City Form*, Cambridge, Mass: MIT Press

70. Manser, J. E. (ed) 1994. *Economics: A Foundation Course for Built Environment*, London: E & FN Spon
71. Mayers, G. and Papageorgious, Y., 1991. "Homo Economics in Perspective", *Canadian Geographer* 35: P380 ~ 399
72. Miliband, R., 1969. *The State in Capitalist Society*, London: Weidenfeld & Nicolson
73. Morrison, K. 1995. *Marx, Durkheim, Weber: Formations of Modern Social Thought*. London: SAGE Publications
74. Nagel, S. S. 1984. *Contemporary Public Policy Analysis*. University, Alabama: The University of Alabama Press
75. Norberg-Schulz, C., 1979. *Genius Loci*. New York: Rizzoli International Publications, Inc
76. Pahl, R., 1975. *Whose city?* (2nd ed.), Penguin
77. Pahl, R., 1977. "Collective consumption and the state in capitalist and state socialist societies", in Scase, R. (ed.), *Industrial Society: Class, Cleavage and Control*, Tavistock
78. Papageorgiou, Y. Y. 1990. *The Isolated City State, an Economic Geography of Urban Spatial Structure*, London: Routledge
79. Patterson, P. L. ed. 1993. *Capitalist Goals, Socialist Past: The Rise of The Private Sector In Command Economies*. Boulder: Westview Press
80. Pickard, R. D. 1996. *Conservation in the Built Environment*, Singapore: Longman Singapore Publishers (Pte) Ltd
81. Pomfret, R. W. T. 1996. *Asian Economies in Transition: Reforming Centrally Planned Economies*. Cheltenham: E. Elgar
82. Rex, J. and Moore, R., 1971. *Race, Community and Conflict: A Study of Sparkbrook*, London: Oxford University Press
83. Rondinelli, D., 1981. *Government Decentralization in Comparative Perspective: Theory and Practice in Developing Countries*. IRAS, 2/1981, P133 ~ 145
84. Roweis, S. and Scott, A., 1978. "The Urban Land Question" in Cox, K. (ed), *Urbanization and Conflicts in Market Societies*, Methuen
85. Sassen, S., 1990. *The Global City: New York, London, Tokyo*. London: Sterling Ltd
86. Sassen, S., 1994. *Cities in World Economy*. Thousand Oaks., CA.: Pine Forge Press
87. Scott, A., 1980. *The Urban Land Nexus and the State*, London: Pion Limited
88. Sherwood, F., 1969. "Devolution as a Problem of Organization Strategy" in Daland, R. (ed.), *Comparative Urban Research: An Administration and Politics of Cities*, California: SAGE Publications. P60 ~ 87
89. Slater, D., 1985. "Territorial Power and the Peripheral State: The Issue of Decentralization", *Development and Change*, Vol. 20, No. 3, P501 ~ 531
90. Smith, B. C., 1989. *Decentralization: The Territorial Dimension of the State*, London: George Allen and Unwin
91. Smith, N., 1986. *Gentrification of the City*, Boston, Mass.: Allen & Unwin
92. Smith, N. 2nd ed. 1991. *Uneven Development: Nature, Capital, and the Production of Space*, Oxford, UK: B. Blackwell
93. Smith, N., 1996. *The New Urban Frontier, Gentrification and the Revanchist City*, New York: Routledge
94. Soja, E., 1980. "The socio-spatial dialectic", *Annals of the Association of American Geographers*, 70, P208
95. Soja, E., 1985, "Regions in context: spatiality, periodicity and the historical geography of the regional question", *Society and Space*, 3, P177
96. Stephens, Ross G., 1974. "State Centralization and the Erosion of Local Autonomy", *Journal of Politics*,

Vol. 36, No. 1, P44 ~ 76

97. Suanders, P., 1981. *Social Theory and the Urban Question*, New York: Holmes and Meier

98. Squires, G. D. c1989. *Unique Partnership: The Political Economy of Urban Redevelopment in Postwar America*. New Brunswick: Rutgers University Press

99. Walker, R., 1981. "A Theory of Suburbanization: Capitalism and the Construction of Urban Space in the United States" in Dear, M. and Scott, A. (ed.), *Urbanization and Urban Planning in Capitalist Society*. New York: Methuen, P383 ~ 429

100. Warren, M. 1993. *Economics for the Built Environment*. Oxford [England]: Butterworth-Heinemann

101. Wilson, D., 1989. "Towards a Revised Urban Manageialism: Local Managers and Community Development Block Grants", *Political Geography Quarterly* 8: 21 – 41

102. World Bank Country Study. c1992. *China: Implementation Options For Urban Housing Reform*. Washington, D. C.: The World Bank

103. World Bank Country Study. c1993. *China: Urban Land Management In A Emerging Market Economy*. Washington, D. C.: The World Bank

104. World Bank Country Study. 1995. *China: Macroeconomic Stability in a Decentralized Economy*. Washington, D. C.: The World Bank

105. World Bank, 1995. "Development Brief: Decentralization Good Results Are not Automatic", *World Bank Policy Research Bulletin*, *May-July*, 6 (3), No. 60

106. Yeh, A. G. O. 1985. *Spatial Structure, Planning Ideology, and Urban Redevelopment in the Metropolises of Developed and Less Developed Countries*. Working Paper of Centre of Urban studies and Urban Planning

107. Zukin, S., 1982. *Loft Living: Culture and Capital in Urban Change*, Baltimore: Johns Hopkins University Press